科学与工程计算技术丛书

张轶 / 主编

MATLAB信号处理算法、仿真与实现

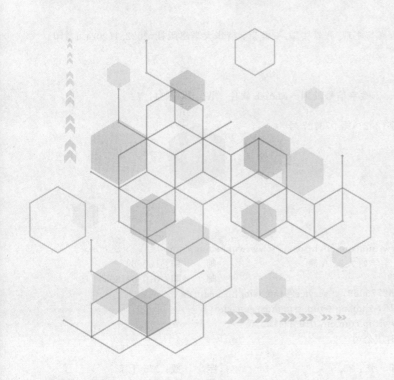

清华大学出版社

北京

内 容 简 介

MATLAB广泛用于数据分析、无线通信、深度学习、数据挖掘、图像处理、计算机视觉与信号处理等领域。本书以数字信号处理为背景,系统讨论了 MATLAB 在信号处理领域的知识与应用,具体包括数字信号处理的基本理论、分析方法、算法的设计与实现、输出结果的数值与可视化展示等内容,涉及信号处理的各个方面,是一本比较全面的参考书。

本书分为 13 章,全面系统地讨论了信号处理的相关问题。其中第 1~7 章介绍了信号的采集、Z 变换、离散傅里叶变换、快速傅里叶变换、噪声分布函数、IIR 数字滤波器以及 FIR 数字滤波器的相关知识和实现方法;第 8、9 章着重对随机信号处理、功率谱分析、小波变换加以阐述;第 10~13 章介绍了 MATLAB 在信号处理领域主要工具箱的使用与设计过程。本书涉及的 MATLAB 代码已经全部调试通过,所附结果均为书中代码运行输出结果,并在代码中备注了较详尽的解释说明。

本书的特点是实用,知识内容与应用实例紧密结合,讲解深入浅出,实例程序既有单个函数的应用方法,又包括整体系统的程序实现,同时也展示最后的分析计算结果。本书可作为高校电子信息工程、通信工程以及计算机科学与技术专业本科生和研究生的教学用书,也可作为科研技术人员的参考用书。

图书在版编目(CIP)数据

MATLAB 信号处理:算法、仿真与实现/张轶主编.—北京:清华大学出版社,2022.1(2024.1重印)
(科学与工程计算技术丛书)
ISBN 978-7-302-57999-1

Ⅰ. ①M… Ⅱ. ①张… Ⅲ. ①数字信号处理—Matlab 软件 Ⅳ. ①TN911.72

中国版本图书馆 CIP 数据核字(2021)第 070727 号

责任编辑:盛东亮 钟志芳
封面设计:李召霞
责任校对:时翠兰
责任印制:宋 林

出版发行:清华大学出版社
　　　　网　　　址:https://www.tup.com.cn,https://www.wqxuetang.com
　　　　地　　　址:北京清华大学学研大厦 A 座　　　　　　邮　　　编:100084
　　　　社 总 机:010-83470000　　　　　　　　　　　　邮　　　购:010-62786544
　　　　投稿与读者服务:010-62776969, c-service@tup.tsinghua.edu.cn
　　　　质量反馈:010-62772015, zhiliang@tup.tsinghua.edu.cn
　　　　课件下载:https://www.tup.com.cn,010-83470236
印 装 者:三河市天利华印刷装订有限公司
经　　　销:全国新华书店
开　　　本:186mm×240mm　　印　　张:25.5　　　　　字　　　数:575 千字
版　　　次:2022 年 1 月第 1 版　　　　　　　　　　　印　　　次:2024 年 1 月第 3 次印刷
印　　　数:3201~3700
定　　　价:95.00 元

产品编号:085005-01

　　2020 年对中国而言是不平凡的一年,是万众一心攻坚克难的一年。近年来,中国在科研上展示了迎难而上的决心和实力,这些成就与信号处理密切相关。探月工程"嫦娥四号"探测器在月球背面成功着陆,这是人类的首次,开启了探月新旅程;中国工业和信息化部正式向中国电信、中国移动、中国联通和中国广电发放 5G 商用牌照,中国进入 5G 商用元年;"天机芯"全球首款异构融合类脑计算芯片登上《自然》杂志的封面;首次验证远距离双场量子密钥分发……

　　MATLAB 主要面向科学计算、可视化以及交互式程序设计的高科技计算环境,将数值分析、矩阵计算、科学数据可视化以及非线性动态系统的建模和仿真等功能集成在一个易于使用的视窗环境中,具有基于矩阵进行运算,绘制函数和数据曲线,实现算法,创建用户界面及连接其他编程语言等特点,为科学研究、工程设计提供了一种全面的解决方案。

　　数字信号处理(Digital Signal Processing,DSP)是基于数字运算方法,实现信号变换、滤波、检测、估值、调制解调以及快速算法等功能的一门学科。数字信号处理具有高精度、高可靠性、可编程控制、可时分复用及便于集成化等优点。在实际应用中,首先需采集原始信号,如果原始信号是连续时间信号,则需经抽样成为离散信号,再经模数转换器转换为二进制数字信号。本书提供了利用 MATLAB 在计算机上解决信号处理问题中涉及的案例分析思路、方法、MATLAB 脚本和大量的例题。

本书特点

　　由浅入深,循序渐进。首先从 MATLAB 在信号处理中的基本函数出发,讲解信号处理各个流程中用到的函数调用方式及实现示例,每章节都有精心设计的 MATLAB 场景分析,最后以系统为单位介绍 MATLAB 实际应用。

　　内容丰富,涉及广泛。本书内容基本涵盖了信号处理的各个方面,在全书的组织过程中,章节安排合理,强调代码的实用化、模块化,配合已有的公式推导参考资料,集中介绍实际应用和项目开发。

　　以功能场景组织内容。例如,在小波工具箱这一节,关于 Display Mode(显示模式)的分类,即按照 Show and Scroll、Full Decomposition、Separate Mode、Superimpose Mode 和 Tree Mode 共 5 种模式展开举例介绍。

　　各章节内容独立,读者可选择阅读。本书各章节间只有基本概念的逻辑关联,在程序实现和数据仿真方面各自独立,读者可以根据课时要求,完成对所需章节的阅读,并不影响阅读的连贯性。

前言

感谢

在本书的编写过程中得到了武汉纺织大学电子与电气工程学院领导与同仁的大力支持,在此感谢电子与电气工程学院和通信工程教研室对于本书的出版给予的大力支持,同时感谢校领导的关心与支持。感谢国家自然科学基金(No. 11804256)、教育部教指委教学改革研究项目(No. 2020-YB-33)、中国纺织工业联合会教学改革项目、研究生教学改革与研究项目、湖北省科技厅项目(No. 2019ADC033)以及湖北省教育厅项目(No. 2019GB033;No. 20Y090)的资助。此外,肖适、夏舸、李劲、王骏和丁磊也为本书的编写提供了较多的帮助,在此一并表示感谢。特别感谢清华大学出版社首席策划盛东亮在整个出版过程中付出的努力,感谢钟志芳编辑细致入微的审查,才使得本书日益完善。

由于作者水平有限,再加上时间、篇幅的限制,书中难免存在疏漏,恳请广大读者批评指正,我们将对本书进行持续更新,以确保内容的实时性和适用性。欢迎读者在使用过程中与我们交流,提出宝贵的意见和建议。

编　者

于武汉纺织大学崇真楼

目录

目录

目录

采样过程所遵循的规律又称为取样定理或抽样定理。采样定理说明
采样频率与信号频谱之间的关系,是连续信号离散化的基本依据。

在进行模拟/数字信号的转换过程中,当采样频率大于信号中最高频
率的 2 倍时（即满足 f-sample.max＞2×f-max),采样之后的数字信号完
整地保留了原始信号中的信息。实际应用中,保证采样频率为信号最高
频率的 2.56～4 倍,采样定理又称为奈奎斯特定理。

如果已知信号的其他约束,则当不满足采样频率标准时,完美重建仍
然是可能的。当不满足采样频率标准时,利用附加的约束允许近似重建,
这些重建的保真度可以使用 Bochner 定理来验证和量化。MATLAB 中
完成此功能的相关函数包括 resample、interp 和 interp2 等。

1.1 基本信号波形的 MATLAB 实现

本小节主要介绍基本信号波形的函数实现,针对常用的采样信号函
数和插值信号函数进行说明,下面分别进行介绍。

1. resample(tscollection)函数

函数调用方法可表示为如下 3 种类型。

1) tscout＝resample(tscin,timevec)

resample 语法注释：tscout＝resample(tscin,timevec)表示使用新
时间向量 timevec 对 tscollection 对象 tscin 重新采样。resample 函数的
使用,与 tscin 参数中的每个 timeseries 插值方法相关联。

2) tscout＝resample(tscin,timevec,interpmethod)

resample 语法注释：tscout＝resample(tscin,timevec,interpmethod)表
示使用指定的插值方法对 tscin 重新采样。如使用线性插值,则
interpmethod 为'linear';如果使用零阶保持,则为 'zoh(zero-order hold)'。

3) tscout＝resample(tscin,timevec,interpmethod,code)

resample 语法注释：tscout＝resample(tscin, timevec, interpmethod,

code)表示将 code 中用户定义的质量代码应用于所有样本。

函数示例如下：

```
ts1 = timeseries([2.2 1.0 1.5 5.1 2.6], 1:5, 'name', 'acceleration');
ts2 = timeseries([4.1 3.7 7.3 5.2 0.8], 1:5, 'name', 'speed');
```

创建 ts1 和 ts2 的 timeseries 对象，程序如下：

```
tscin = tscollection({ts1,ts2})
% tscin 采样时间向量为[1:5]
t = 0 : 0.3 :10;
x = t;
y = resample (x,3,2);
t2 = (0 :( length(y) - 1)) * 2/(3 * 10);
plot(t,x,'>',t2,y,'o');
legend('x','y');
xlabel ('t','fontsize',10);
ylabel('采样对象','fontsize',10);
```

程序运行完成后，命令区窗口显示结果为：

```
Time Series Collection Object: unnamed
Time vector characteristics
        Start time              1 seconds
        End time                5 seconds

Member Time Series Objects:
        acceleration
        Speed
```

工作区窗口如图 1-1 所示。
程序运行后的结果如图 1-2 所示。

2. interp 函数

一维插值是指被插值函数 $y = f(x)$ 为一元函数。
MATLAB 提供 interp1(x,y,xq,'Method') 函数命令
进行一维插值，其中一维插值有 4 种常用的方法：邻
近点插值 Nearest、线性插值 Linear、三次样条插值

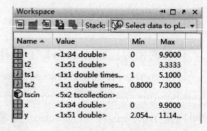

图 1-1　工作区窗口

Spline 和立方插值 Pchip。下面对 MATLAB 这 4 种一维插值方法进行举例说明。

1）邻近点插值 Nearest

采用邻近点插值 Nearest 的程序如下：

```
x = 0 : 0.5 : 2 * pi;
y = cos(x);
```

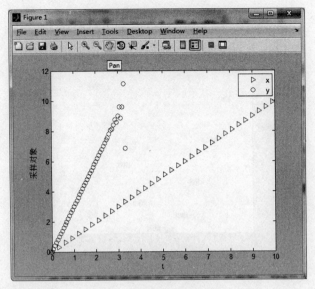

图 1-2　程序运行结果

```
figure ('Position', [50,50,500,400], 'Name', 'Nearest')
x1 = 0: 0.1: 2 * pi;
y1 = interp1(x, y, x1, 'nearest');
% 邻近点插值必须为小写字母
plot (x, y, '>', 'color', 'r', 'MarkerSize', 10);
hold on;
plot (x1, y1, ' * ', 'color', 'b', 'MarkerSize', 10);
hold off;
xlabel ('x', 'fontsize', 10);
ylabel('y', 'fontsize', 10);
```

程序运行后得到邻近点插值的图像，＞表示 $y＝\sin(x)$ 一元函数原有的点，＊表示邻近点插值后的点，如图 1-3 所示。

2）线性插值 Linear

采用线性插值 Linear 的程序如下：

```
x = 0 : 0.5 : 2 * pi;
y = cos (x);
figure ('Position', [100,100,500,400], 'Name', 'Linear')
x2 = 0: 0.1: 2 * pi;
y2 = interp1(x, y, x2, 'linear');
plot (x, y, '>', 'color', 'r', 'MarkerSize', 10);
hold on;
plot (x2, y2, ' * ', 'color', 'b', 'MarkerSize', 10);
hold off;
xlabel ('x', 'fontsize', 10);
ylabel('y', 'fontsize', 10);
```

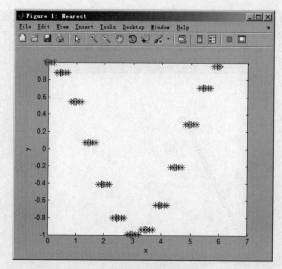

图 1-3　邻近点插值的图像

运行后得到线性插值的图像，>表示 y＝sin(x)一元函数原有的点，∗表示线性插值后的点，如图 1-4 所示。

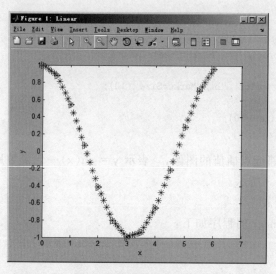

图 1-4　线性插值的图像

3）三次样条插值 Spline
采用三次样条插值 Spline 的程序如下：

```
x = 0 : 0.5 : 2 * pi;
y = cos (x);
figure('Position',[150,150,500,400],'Name','Spline')
x3 = 0:0.1:2 * pi;
```

```
y3 = interp1(x, y, x3, 'spline');
plot(x, y, '>', 'color', 'r', 'MarkerSize', 10);
hold on;
plot(x3, y3, ' * ', 'color', 'b', 'MarkerSize', 10);
hold off;
xlabel('x', 'fontsize', 10);
ylabel('y', 'fontsize', 10);
```

程序运行后得到三次样条插值的图像，＞表示 y＝sin(x)一元函数原有的点，＊表示三次样条插值后的点，如图 1-5 所示。

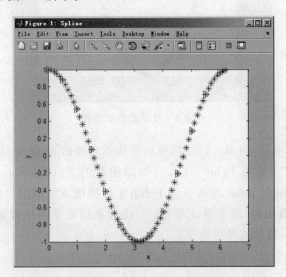

图 1-5　三次样条插值的图像

4）立方插值 Pchip

采用立方插值 Pchip 的程序如下：

```
x = 0 : 0.5 : 2 * pi;
y = cos (x);
figure('Position',[200,200,500,400], 'Name', 'Pchip')
x4 = 0:0.1:2 * pi;
y4 = interp1(x, y, x4, 'pchip');
plot (x, y, '>', 'color', 'r', 'MarkerSize', 10);
hold on;
plot (x4, y4, ' * ', 'color', 'b', 'MarkerSize', 10);
hold off;
xlabel ('x', 'fontsize', 10);
ylabel('y', 'fontsize', 10);
```

程序运行后得到立方插值的图像，＞表示 y＝sin(x)一元函数原有的点，＊表示立方插值后的点，如图 1-6 所示。

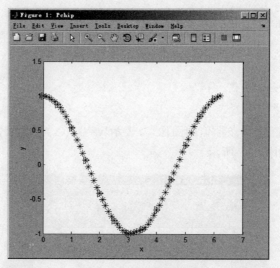

图 1-6　立方插值的图像

本示例借助特定函数 y＝sin(x)分别演示了邻近点插值 Nearest、线性插值 Linear、三次样条插值 Spline 和立方插值 Pchip。(x,y)为原函数的点,(x1,y1),(x2,y2),(x3,y3)和(x4,y4)分别为 Nearest,Linear,Spline 和 Pchip 4 种插值方法插值后函数的点。这 4 种插值方法中,邻近点插值最快,但平滑性最差;三次样条插值平滑性效果最好,但如果输入数据不一致或离得较近,插值效果可能很差。

3. interp2 函数

interp2 的功能实现需要 3 个二维数组作为初始值,然后在它的数据范围内进行插值,并且可以对其范围内的数组和数值进行插值。

```
[X,Y] = meshgrid( - 5:5);
V = peaks(X,Y);
% 给出 X、Y、V 的值
surf(X,Y,V);
[x1,y1] = meshgrid( - 5:0.1:5);
v1 = interp2(X,Y,V,x1,y1);
surfc (xx,yy,vv);
```

程序运行后得到的结果如图 1-7 所示。

此时通过变量窗口查询,包括对变量 v、x、y、v1、x1 以及 y1 等参数的分析,发现数据量明显增加,但图像平滑度改善不明显。

4. 单位抽样函数实现

单位抽样函数的实现程序为:

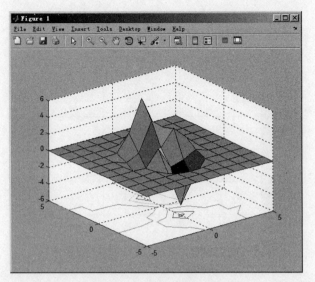

图 1-7　interp2 插值的图像

```
n = 100;
x = zeros(1,n);
xn = 0:n－1;
k = 40;
x(k) = 1;
plot(xn);
stem(xn,x);
grid on;
axis([10 51 0 1.1]);
title('单位抽样函数 δ(n－k),k = 40')
ylabel('δ(n－k)');
xlabel('n');
```

程序运行后得到单位抽样函数的图像,如图 1-8 所示。

5. 单位阶跃函数的实现

单位阶跃函数的实现程序为:

```
n = 100;
Xn = 0:n－1;
k = 40;
j = 59;
x = [zeros(1,k),1,ones(1,j)];
stem(Xn,x);
grid on;
axis([0 100 0 1.01]);
title('单位阶跃函数 u(n－k)')
```

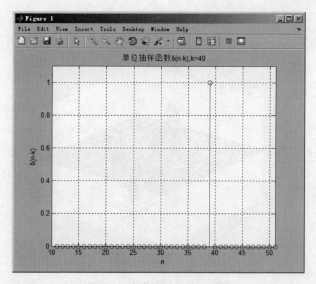

图 1-8　单位抽样函数的图像

```
ylabel('u(n-k)');
xlabel('n');
```

程序运行后得到单位阶跃函数的图像,如图 1-9 所示。

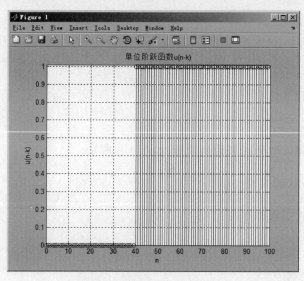

图 1-9　单位阶跃函数的图像

6. 三角函数的实现

三角函数(针对正弦函数)的图像实现程序如下:

```
n = 0:1800;
x = sin(pi/12 * n);
stem(n,x);
xlabel('n')
ylabel('h(n)')
title('正弦函数')
axis([0,100, -1,1]);
grid on;
```

程序运行后得到三角函数的图像,如图 1-10 所示。

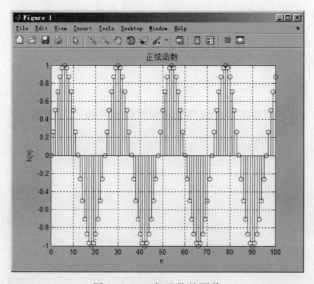

图 1-10　三角函数的图像

7. 指数函数的实现

收敛与非收敛指数函数的实现程序如下：

```
n = 0:40;
a1 = 1.1;
a2 = - 1.1;
a3 = 0.9;
a4 = - 0.9;
x1 = a1.^n;
x2 = a2.^n;
x3 = a3.^n;
x4 = a4.^n;
subplot(221)
stem(n,x1);
grid on;
xlabel('n'); ylabel('h(n)');
title('x(n) = (a1)^{n},a1 = 1.1')
```

```
subplot(222)
stem(n,x2);
grid on;
xlabel('n'); ylabel('h(n)');
title('x(n) = (a2)^{n},a2 = - 1.1')
subplot(223)
stem(n,x3,'fill');
grid on;
xlabel('n') ; ylabel('h(n)');
title('x(n) = (a3)^{n},a3 = 0.8')
subplot(224)
stem(n,x4,'fill');
grid on;
xlabel('n'); ylabel('h(n)');
title('x(n) = (a4)^{n},a4 = - 0.8');
```

程序运行后得到指数函数的图像,如图 1-11 所示。

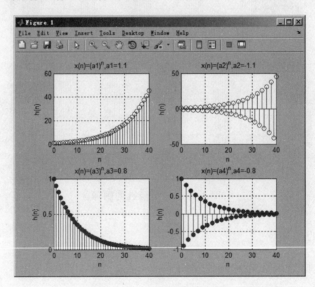

图 1-11　指数函数的图像

8. 随机函数的实现

基于 rand(1,L)产生的随机函数程序如下:

```
n = 0:100;
L = length(n);
x = rand(1,L);
% rand(1,L)产生随机函数
subplot(1,2,1);
% 生成第 1 组图形 x
plot(n,x,'b');
```

```
ylabel('x(t)');
subplot(1,2,2);
%  生成第 2 组图形 x
stem(n,x,'r');
ylabel('x(n)');
```

程序运行后得到随机函数的图像，如图 1-12 所示。

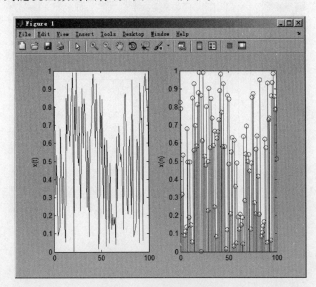

图 1-12   随机函数的图像

9. 方波函数的实现

方波函数图像的实现程序如下：

```
f = 10000;
n1 = 4;
N = 10;
T = 1/f;
d = T/N;
n = 0:n1 * N - 1;
t1 = n * d;
x = square(2 * f * pi * t1,50);
subplot(1,2,1);
stairs(t1,x,'k');
axis([0 n1 * T 1.2 * min(x) 1.2 * max(x)]);
ylabel('x(t)');
subplot(1,2,2);
stem(t1,x,'>');
axis([0 n1 * T 1.2 * min(x) 1.2 * max(x)]);
ylabel('x(n)');
```

程序运行后得到方波函数的图像,如图 1-13 所示。

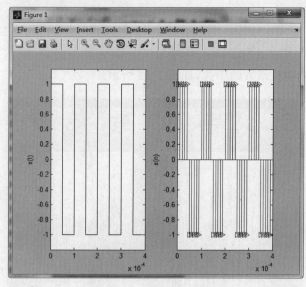

图 1-13　方波函数的图像

10. 三角波函数的实现

三角波函数的实现程序如下:

```
f = 50000;
t = 0:1/f:1;
x1 = sawtooth(2 * pi * 20 * t,0);
x2 = sawtooth(2 * pi * 30 * t,0.9);
subplot(1,2,1);
plot(t,x1);
axis([0,0.2, -1,1]);
subplot(1,2,2);
plot(t,x2);
axis([0,0.2, -1,1]);
```

程序运行后得到三角波函数的图像,如图 1-14 所示。

11. sinc 函数的实现

sinc 函数的实现程序如下:

```
t = (1:20)';
x = randn(size(t));
t1 = linspace(0,20,50)';
y = sinc(t1(:,ones(size(t))) - t(:,ones(size(t1)))') * x;
subplot(1,2,1);
plot(t,x,'>',t1,y)
```

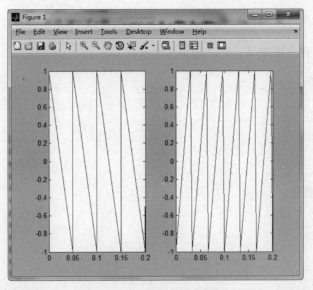

图 1-14　三角波函数的图像

```
grid on;
subplot(1,2,2);
stem(y,t1,'o');
ylabel('x(n)');
xlabel('n');
grid on;
```

程序运行后得到 sinc 函数的图像，如图 1-15 所示。

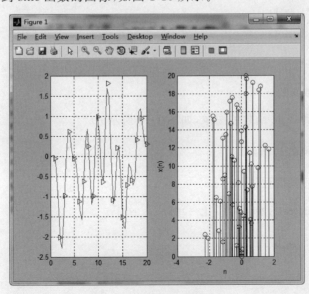

图 1-15　sinc 函数的图像

12. diric 函数的实现

diric 函数的实现程序如下：

```
t = -2 * pi:pi/10:2 * pi;
subplot(2,2,1);
plot(t,sinc(t));
title('sinc');
grid on;
xlabel('t');
ylabel('sinc(t)');
% 生成第 1 组函数波形
subplot(2,2,2);
plot(t,diric(t,5));
title('diric');
grid on;
xlabel('t');
ylabel('diric(t)');
% 生成第 2 组函数波形
subplot(2,2,3);
stem(t,sinc(t),'>');
title('sinc');
grid on;
xlabel('t');
ylabel('sinc(t)');
% 生成第 3 组函数波形
subplot(2,2,4);
stem(t,diric(t,5),'>');
title('diric');
grid on;
xlabel('t');
ylabel('diric(t)');
% 生成第 4 组函数波形
```

程序运行后得到 diric 函数的图像，如图 1-16 所示。

13. gausplus 函数的实现

gausplus 函数的实现程序如下：

```
tc = gausplus('cutoff',20e4,0.9,[],-10);
t = -tc:1e-6:tc;
y = gausplus(t,20e4,0.9);
subplot(1,2,1);
plot(t,y);
xlabel('t');
ylabel('h(t)');
```

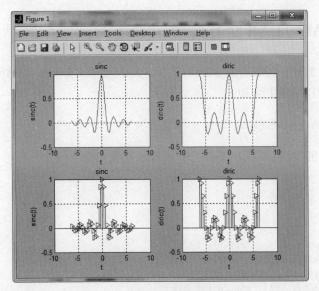

图 1-16　diric 函数的图像

```
grid on;
subplot(1,2,2);
stem(t,y,'>');
xlabel('t');
ylabel('h(t)');
grid on;
```

程序运行后得到 gausplus 函数的图像，如图 1-17 所示。

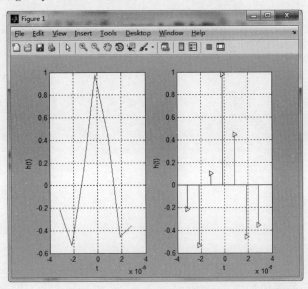

图 1-17　gausplus 函数的图像

1.2 信号的 MATLAB 运算处理

信号的典型运算处理过程包括函数的平移、反折、变换、求导和积分运算,均可以用简洁的程序使其在 MATLAB 上实现。

1. 离散序列函数的平移、反折和变换运算处理

离散序列函数的平移、反折和变换运算处理的实现程序如下:

```
a = 20;
y = - a:1.5:a;
y1 = 2. * y;
f = - [stepfun(y, - 3) - stepfun(y, - 1)] + …
    3. * [stepfun(y, - 1) - stepfun(y,0)] + …
    0.5 * y. * [stepfun(y,0) - stepfun(y,10)];
ff = - [stepfun(y1, - 3) - stepfun(y1, - 1)] + …
    3. * [stepfun(y1, - 1) - stepfun(y1,0)] + …
    0.5 * y1. * [stepfun(y1,0) - stepfun(y1,10)];
subplot(2,2,1);
stem(y,f);
axis([ - a a - 1 7]);
grid on;
xlabel('n');
ylabel('h(n)');
text(15,6,'f[y]');
subplot(2,2,2);
stem(y + 1,f);
axis([ - a a - 1 7]);
grid on;
xlabel('n');
ylabel('h(n)');
text( - 18,6,'f[y - 1]')
subplot(2,2,3);
stem(y,ff);
axis([ - a a - 1 7]);
grid on;
xlabel('n');
ylabel('h(n)');
text(10,6,'f[2y + 4]')
subplot(2,2,4);
stem(2 - y,ff);
axis([ - a a - 1 7]);
grid on;
xlabel('n');
ylabel('h(n)');
text( - 18,6,'f[2 - y]')
```

程序运行后得到的图像如图 1-18 所示。

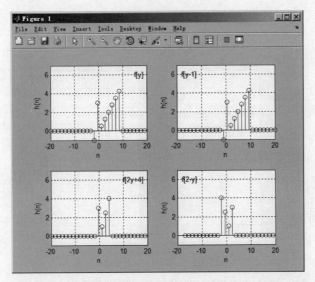

图 1-18　离散序列函数的平移、反折和变换运算处理图像

2. 函数的求导运算处理

函数的求导运算处理的实现程序如下：

```
syms t f;
f = t * (heaviside(t) − heaviside(t − 1)) + heaviside(t − 1);
t = − 1:0.01:2;
subplot(1,2,1);
ezplot(f,t);
title('原函数')
grid on;
ylabel('x(t)');
f = diff(f,'t',1);
subplot(1,2,2)
ezplot(f,t);
title('求导函数')
grid on;
ylabel('x(t)')
```

程序运行后得到的图像如图 1-19 所示。

3. 函数的积分运算处理

函数的积分运算处理的实现程序如下：

```
syms t f;
f = heaviside(t) − heaviside(t − 1);
t = − 1:0.01:2;
subplot(121);
```

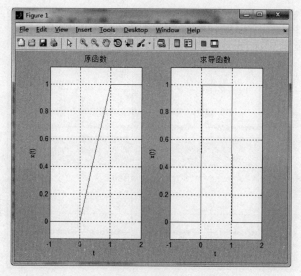

图 1-19   函数的导数运算处理图像

```
ezplot(f,t);
title('原函数')
grid on;
f = int(f,'t');
subplot(122);
ezplot(f,t)
grid on;
title('积分函数')
ylabel('x(t)');
```

程序运行后得到的图像如图 1-20 所示。

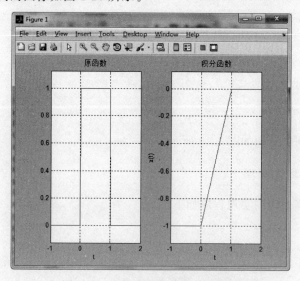

图 1-20   函数的积分运算处理图像

1.3 LTI 连续系统信号时域分析与 MATLAB 实现

对于线性时不变系统的分析,主要从连续和离散两部分来介绍。对于连续系统,包括零状态响应分析、冲激响应分析、阶跃响应分析、线性函数响应分析、三角函数响应分析和零输入响应分析等。

1. LTI 系统 lsim 零状态响应分析

LTI 系统 lsim 零状态响应分析的实现程序如下:

```
t1 = 0;
t2 = 10;
dt = 0.5;
sys = tf([0 0 10],[1 2 100]);
t = t1:dt:t2;
f = 5 * cos(2 * pi * t);
y = lsim(sys,f,t);
subplot(1,2,1);
plot(t,y);
xlabel('t(s)');
ylabel('y(t)');
title('零状态响应')
grid on;
subplot(1,2,2);
stem(t,y,'>');
xlabel('t(s)');
ylabel('y(t)');
title('零状态响应')
grid on;
num = [1 1];
den = [1 3 6];
% h = tf(num,den);                  % 获得传递函数
[A,B,C,D] = tf2ss(num,den);         % 将传递函数转换为状态方程
[u,t] = gensig('pulse',2,10,0.1);   % 采样间隔为0.1,时间长度为10,在2的倍数处信号幅度
                                    % 为1,其余时间为0

x = u;
sys = ss(A,B,C,D);
x0 = [0 0];
t = 0:0.1:10;                       % 此处时间与上面采样时间相同
[y,t,x] = lsim(sys,u,t,x0)          % 模型的输出响应
plot(t,y,'b',t,u,'g');
```

程序运行后得到的图像如图 1-21 所示。

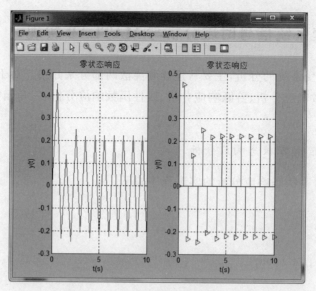

图 1-21   lsim 零状态响应分析图像

2. LTI 系统冲激响应分析

LTI 系统冲激响应分析的实现程序如下：

```
a = [1 0.784 0.879 0.498 0.012];
b = [0.526 -0.387 -0.264 -0.112];
sys = tf(b, a);
T = 3000;
t = 0:1/T:10;
dt = -5:1/T:5;
x1 = stepfun(dt, -1/T) - stepfun(dt, 1/T);
x2 = stepfun(dt, 0);
x3 = t;
x4 = sin(t);
y1 = lsim(sys, x1, t);
subplot(1, 2, 1);
plot(t, y1);
xlabel('t');
ylabel('y1(t)');
title('冲激激励下的零状态响应');
grid on;
subplot(1, 2, 2);
stem(t, y1, '>');
xlabel('t');
ylabel('y1(t)');
title('冲激激励下的零状态响应');
grid on;
```

程序运行后得到的图像如图 1-22 所示。

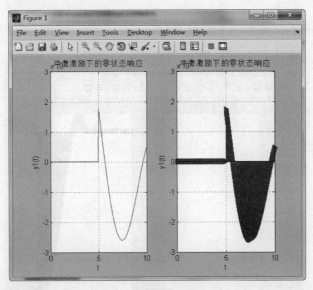

图 1-22　冲激响应分析图像

3. LTI 系统阶跃响应分析

LTI 系统阶跃响应分析的实现程序如下：

```
a = [1 0.784 0.879 0.498 0.012];
b = [0.526 − 0.387 − 0.264 − 0.112];
sys = tf(b,a);
T = 3000;
t = 0:1/T:10;
dt = − 5:1/T:5;
x1 = stepfun(dt, − 1/T) − stepfun(dt,1/T);
x2 = stepfun(dt,0);
x3 = t;
x4 = sin(t);
y2 = lsim(sys,x2,t);
subplot(121);
plot(t,y2);
xlabel('t');
ylabel('y2(t)');
title('阶跃函数响应');
grid on;
subplot(122);
stem(t,y2,'>');
xlabel('t');
ylabel('y2(t)');
```

```
title('阶跃函数响应');
grid on;
```

程序运行后得到的图像如图 1-23 所示。

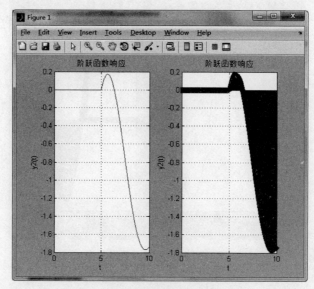

图 1-23　阶跃响应分析图像

4. LTI 系统线性函数响应分析

LTI 系统线性函数响应分析的实现程序如下:

```
a = [1 0.784 0.879 0.498 0.012];
b = [0.526 - 0.387 - 0.264 - 0.112];
sys = tf(b,a);
T = 3000;
t = 0:1/T:10;
dt = - 5:1/T:5;
x3 = t;
y3 = lsim(sys,x3,t);
subplot(121);
plot(t,y3);
xlabel('t');ylabel('y3(t)');
title('线性函数响应');
grid on;
subplot(122);
stem(t,y3);
xlabel('t');
ylabel('y3(t)');
title('线性函数响应');
grid on;
```

程序运行后得到的图像如图 1-24 所示。

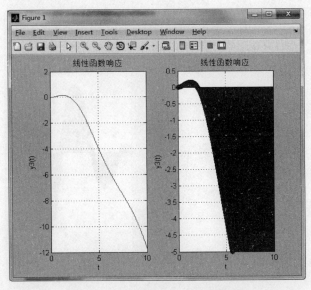

图 1-24　线性函数响应分析图像

5. LTI 系统三角函数响应分析

LTI 系统三角函数响应分析的实现程序如下：

```
a = [1 0.784 0.879 0.498 0.012];
b = [0.526 − 0.387 − 0.264 − 0.112];
sys = tf(b,a);
T = 3000;
t = 0:1/T:10;
dt = − 5:1/T:5;
x1 = stepfun(dt, − 1/T) − stepfun(dt,1/T);
x2 = stepfun(dt,0);
x3 = t;
x4 = cos(t);
y4 = lsim(sys,x4,t);
subplot(121);
plot(t,y4);
xlabel('t');ylabel('y4(t)');
title('三角函数响应');
grid on;
subplot(122);
stem(t,y4);
xlabel('t');ylabel('y4(t)');
title('三角函数响应');
grid on;
```

程序运行后得到的图像如图 1-25 所示。

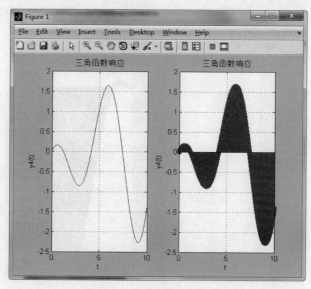

图 1-25　三角函数响应分析图像

6. LTI 系统零输入响应分析

LTI 系统零输入响应分析的实现程序如下：

```
eq = '2 * D2y + 2 * Dy + 8 * y = 0';
cond = 'y(0) = 0, Dy(0) = 1';
y = dsolve(eq, cond);
y = simplify(y);
ezplot(y, [0, 12]);
xlabel('t');
ylabel('y(t)');
title('LTI 系统零输入响应');
grid on;
```

程序运行后得到的图像如图 1-26 所示。

7. 信号卷积运算分析

信号卷积运算分析的实现程序如下：

```
dt = 0.5;
t = -2:dt:10;
f1 = heaviside(t) - heaviside(t - 7);
f2 = exp(-2 * t). * heaviside(t);
f = conv(f1, f2) * dt;
n = length(f);
```

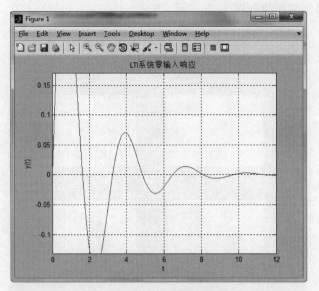

图 1-26　零输入响应分析图像

```matlab
tt = (0:n - 1) * dt - 2;
subplot(221);
plot(t, f1);
grid on;
title('f1(t)');
xlabel('t');
ylabel('f1(t)');
subplot(222);
plot(t, f2);
grid on;
axis([ - 1, 2.5, - 0.2, 1.2]);
title('f2(t)');
xlabel('t');
ylabel('f2(t)');
subplot(223);
plot(tt, f);
grid on;
title('f(t) = f1(t) * f2(t)');
xlabel('t');
ylabel('f3(t)');
subplot(224);
stem(tt, f);
grid on;
title('f(t) = f1(t) * f2(t)');
xlabel('t');
ylabel('f3(t)');
```

程序运行后得到的图像如图 1-27 所示。

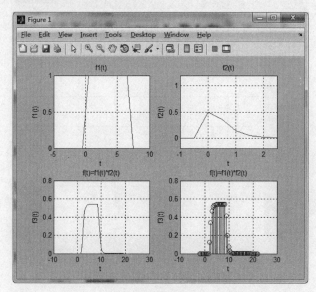

图 1-27 信号卷积运算分析图像

1.4 LTI 离散系统信号时域分析与 MATLAB 实现

对于离散系统,本节将介绍零状态响应分析、冲激响应分析以及离散信号卷积和分析等实现过程。

1. LTI 系统 filter 零状态响应处理

LTI 系统 filter 零状态响应处理的实现程序如下:

```
a = [ - 1 0.15 0.35];
% y = y(k)
b = [1 1];
% x = x(k)
t = 0:15;
x = (1/2).^t;
y = filter(b, a, x)
subplot(2, 2, 1)
stem(t, x)
title('输入序列 1')
grid on;
xlabel('n');
ylabel('h(n)');
subplot(2, 2, 2)
stem(t, y, '>')
```

```
xlabel('n');
ylabel('h(n)');
title('输出序列 1')
grid on;
a = [1 − 0.15 0.35];
% y = y(k)
b = [1 1];
% x = x(k)
subplot(2,2,3)
stem(t,x)
title('输入序列 2')
grid on;
xlabel('n');
ylabel('h(n)');
subplot(2,2,4)
stem(t,y,'>')
xlabel('n');
ylabel('h(n)');
title('输出序列 2')
grid on;
```

程序运行后得到的图像如图 1-28 所示。

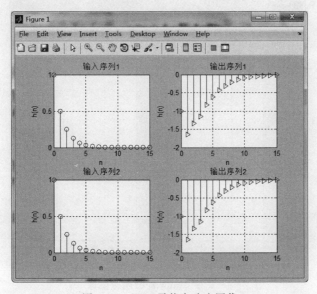

图 1-28　filter 零状态响应图像

2. impz 冲激响应处理

impz 冲激响应处理的实现程序如下：

```
k = 5:0.5:20;
a = [2 7 9];
% y = y(k)
b = [2 0 0];
% x = x(k)
h = impz(b,a,k);
subplot(1,2,1);
stem(k,h,'>');
xlabel('n');
ylabel('h(n)');
title('impz 冲激响应 1');
grid on;
b = [2 1 1];
subplot(1,2,2);
stem(k,h);
xlabel('n');
ylabel('h(n)');
title('impz 冲激响应 2');
grid on;
```

程序运行后得到的图像如图 1-29 所示。

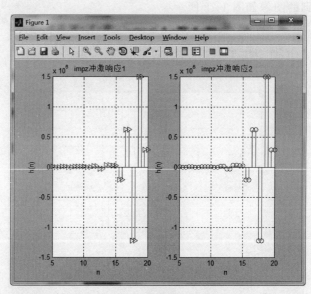

图 1-29　impz 冲激响应图像

3. stepz 阶跃响应处理

实现程序如下：

% 系统响应分析,基于 stepz 的阶跃响应分析,并与 impz 冲激响应对比 %

```
B = 1;
A = [1, -0.5, 0.02];
subplot(121);
impz(B,A);
title('impz 冲激响应 1');
subplot(122);
stepz(B,A);
title('stepz 阶跃响应 1');
```

程序运行后得到的图像如图 1-30 所示。

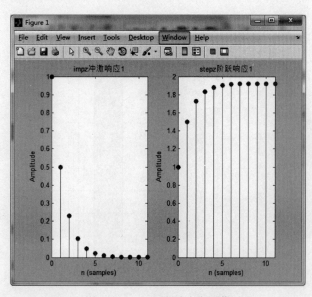

图 1-30 stepz 阶跃响应图像

4. conv 离散信号卷积和运算处理

conv 离散信号卷积和运算处理的实现程序如下:

```
x = [0,2,4,6];
y = [4,3,2,1];
z = conv(x,y)
subplot(1,3,1);
stem(0:length(x) - 1,x);
title('conv 输入 x');
ylabel('x[n]');
xlabel('n');
grid on;
subplot(1,3,2);
stem(0:length(y) - 1,y);
title('conv 输入 y');
ylabel('y[n]');
```

```
xlabel('n');
grid on;
subplot(1,3,3);
stem(0:length(z) - 1,z,'>');
title('conv离散信号卷积和输出');
ylabel('z[n]');
xlabel('n');
grid on;
```

程序运行后得到的图像如图 1-31 所示。

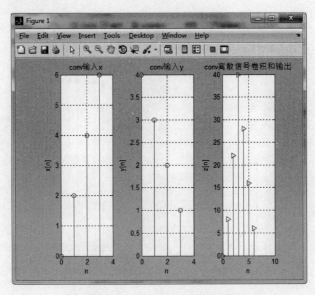

图 1-31　conv 卷积和处理图像

1.5　本章小结

　　信号波形的产生与处理是数字信号处理的理论基础,本章通过对信号波形的实现、信号的运算处理、连续信号的处理及离散序列的处理等介绍,为后续学习信号处理的其他内容奠定必要的基础。

第 2 章　Z 变换与 MATLAB 信号处理

　　Z 变换（Z-transformation）可将时域信号（即离散时间序列）变换为复频域的表达式，它在离散时间信号处理中的作用，如同拉普拉斯变换在连续时间信号处理中的作用。离散时间信号的 Z 变换是分析 LTI 离散时间系统问题的重要工具，在数字信号处理和计算机控制系统等领域有着广泛的应用。

　　Z 变换是将离散系统的时域数学模型——差分方程转换为较简单的频域数学模型——代数方程，以简化求解过程的一种数学工具。Z 是个复变量，它具有实部和虚部，以 Z 的实部为横坐标、虚部为纵坐标构成的平面称为 Z 平面，即离散系统的复域平面。离散信号系统的系统函数（传递函数）一般均以该系统对单位抽样信号的响应的 Z 变换表示。

　　Z 变换具有许多重要的特性，如线性、时移性、微分性、序列卷积特性等，这些性质在解决信号处理问题时都具有重要的作用，其中，最具有典型意义的是 Z 变换的卷积特性。

　　由于信号处理的任务是将输入信号序列经过某个（或某一系列）系统的处理后输出为所需要的信号序列，因此，首要的问题是如何由输入信号和所使用的系统的特性求得输出信号。通过理论分析可知，若直接在时域中求解，则由于输出信号序列等于输入信号序列与所用系统的单位抽样响应序列的卷积和，故为求输出信号，必须进行较为复杂的卷积和的运算。而利用 Z 变换的卷积特性则可将这一过程大大简化，只要先分别求出输入信号序列及系统的单位抽样响应序列的 Z 变换，然后再求出二者乘积的反变换，即可得到输出信号序列。这里的反变换即逆 Z 变换，是由信号序列的 Z 变换反回去求原信号序列的变换方式。

2.1　函数的 Z 变换与 MATLAB 处理

　　函数的 Z 变换主要包括三角函数的 Z 变换、指数函数的 Z 变换以及线性函数的 Z 变换，下面分别进行介绍。

1. 三角函数的 Z 变换处理

三角函数的 Z 变换处理代码如下：

```
x = sym('cos(2 * pi * k)');
% Z 变换函数 x
F = ztrans(x)
```

程序运行后得到的结果为：

```
F =
 (z * (z - cos(1)))/(z^2 - 2 * cos(1) * z + 1)
```

2. 指数函数的 Z 变换处理

指数函数的 Z 变换处理代码如下：

```
x = sym('a^k');
% Z 变换函数 x
F = ztrans(x)
```

程序运行后得到的结果为：

```
F =
 - z/(a - z)
```

3. 线性函数的 Z 变换处理

线性函数的 Z 变换处理代码如下：

```
x = sym('k');
% Z 变换函数 x
F = ztrans(x)
```

程序运行后得到的结果为：

```
F =
 z/(z - 1)^2
```

2.2 函数的逆 Z 变换与 MATLAB 处理

函数的逆 Z 变换主要包括代数式的逆 Z 变换处理和逆 Z 变换处理，下面分别进行介绍。

1. 代数式的逆 Z 变换处理

代数式的逆 Z 变换处理代码如下：

```
y = sym('z/(z-2)^2');
% 逆 Z 变换函数 y
f = iztrans(y)
```

程序运行后得到的结果为：

```
f =
2^n/2 + (2^n*(n - 1))/2
```

2. 逆 Z 变换处理

逆 Z 变换处理代码如下：

```
y = sym('z^2/(z-7)^2');
% 逆 Z 变换函数 y
f = iztrans(y)
```

程序运行后得到的结果为：

```
f =
2*7^n + 7^n*(n - 1)
```

2.3 residuez 函数的部分分式展开

基于 residuez 函数的部分分式展开将得到多项式的分子系数与分母系数。例如下面的代码：

```
num = [1];
den = [1 8 -7 -9];
[r,p,k] = residuez(num,den)
```

程序运行后得到的结果为：

```
r =
    0.9387
    0.0926
   -0.0313
p =
   -8.6866
    1.4175
   -0.7309
k =
    []
```

其中，num＝[1]为分子多项式的系数向量，den＝[1 8 -7 -9]为分母多项式的系数向量。

2.4　系统零极点分析与 MATLAB 实现

系统零极点分析分为单位圆内的单位冲激响应分析、单位圆上的单位冲激响应分析、单位圆外的单位冲激响应分析以及指数的单位冲激响应分析。

1. 系统零极点分布

系统零极点分布实现代码如下：

```
A = [6 -1 1 1 1 1];
B = [2 -3];
p = roots(A);
%系统极点
q = roots(B);
%系统零点
p = p';
%极点列向量转置为行向量
q = q';
x = max(abs([p q 1]));
y = x;
clf
hold on
axis([-x x -y y])
L = 0:pi/100:2 * pi;
t = exp(i * L);
plot(t)
%画圆
axis('square')
plot([-x x],[0 0])
plot([0 0],[-y y])
text(0,x,'Im[z]')
text(y,0,'Re[z]')
plot(real(p),imag(p),'x')
plot(real(q),imag(q),'o')
%零极点
for i = 1:length(p)
text(real(p(i)),imag(p(i)),['(',num2str(real(p(i))),',',num2str(imag(p(i))),')'])
end
text(real(q),imag(q),['(',num2str(real(q)),',',num2str(imag(q)),')'])
title('零极点分布')
hold off
```

程序运行后得到的图像如图 2-1 所示。

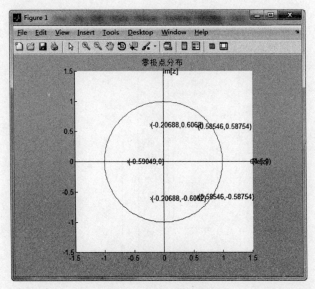

图 2-1　零极点分布图

2. zplane 单位冲激响应（单位圆内）

zplane 单位冲激响应（单位圆内）实现代码如下：

```
z = 0.7;
p = -0.25;
k = 3;
% 定义系统参数(包括零极点和增益)
subplot(121)
zplane(z,p)
grid on;
subplot(122);
[num,den] = zp2tf(z,p,k);
% 零极点分布转换为系统传递函数
impz(num,den)
% 系统单位冲激响应
title('H(n)')
grid on;
```

程序运行后得到的系统传递函数图像如图 2-2 所示。

3. zplane 单位冲激响应（单位圆上）

zplane 单位冲激响应（单位圆上）实现代码如下：

```
z = 1;
p = -1;
```

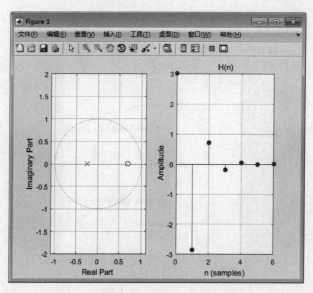

图 2-2 zplane 单位冲激响应（单位圆内）

```
k = 3;
%定义系统参数(包括零极点和增益)
subplot(121)
zplane(z,p)
grid on;
subplot(122);
[num,den] = zp2tf(z,p,k);
%零极点分布转换为系统传递函数
impz(num,den)
%系统单位冲激响应
title('系统单位冲激响应')
grid on;
```

程序运行后得到的系统传递函数图像如图 2-3 所示。

4. zplane 单位冲激响应（单位圆外）

zplane 单位冲激响应（单位圆外）实现代码如下：

```
z = 0.1;
p = -1.5;
k = 3;
%定义系统参数(包括零极点和增益)
subplot(221)
zplane(z,p)
grid on;
subplot(222);
[num,den] = zp2tf(z,p,k);
```

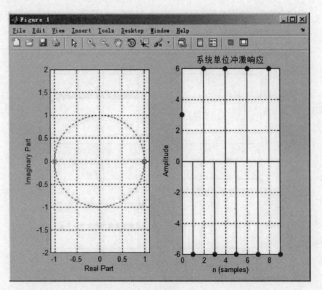

图 2-3 zplane 单位冲激响应（单位圆上）

```
%零极点分布转换为系统传递函数
impz(num,den)
%绘制系统单位冲激响应时域波形
title('H(n)')
grid on;


z = 1;
p = - 2.5;
k = 3;
%定义系统参数(包括零极点和增益)
subplot(223)
zplane(z,p)
grid on;
subplot(224);
[num,den] = zp2tf(z,p,k);
%零极点分布转换为系统传递函数
impz(num,den)
%绘制系统单位冲激响应时域波形
title('H(n)')
grid on;
```

程序运行后得到的系统传递函数图像如图 2-4 所示。

5. zplane 单位冲激响应(指数)

zplane 单位冲激响应(指数)实现代码如下：

```
z = 0.1;
```

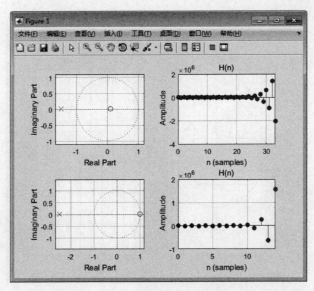

图 2-4　zplane 单位冲激响应(单位圆外)

```
p = -[0.4 * exp(pi * i/2);0.4 * exp(-pi * i/2)];
k = 3;
%定义系统参数(包括零极点和增益)
subplot(221)
zplane(z,p)
grid on;
subplot(222);
[num,den] = zp2tf(z,p,k);
%零极点分布转换为系统传递函数
impz(num,den)
%绘制系统单位冲激响应时域波形
title('H(n)')
grid on;

z = 1;
p = [1.4 * exp(pi * i/2);1.4 * exp(-pi * i/2)];
k = 3;
%定义系统参数(包括零极点和增益)
subplot(223)
zplane(z,p)
grid on;
subplot(224);
[num,den] = zp2tf(z,p,k);
%零极点分布转换为系统传递函数
impz(num,den)
%绘制系统单位冲激响应时域波形
title('H(n)')
grid on;
```

程序运行后得到的系统传递函数图像如图 2-5 所示。

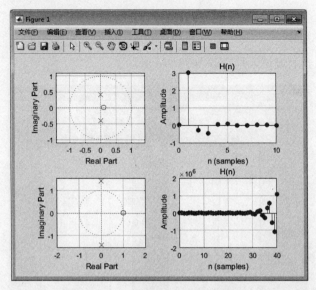

图 2-5 zplane 单位冲激响应（指数）

2.5 离散系统频域响应分析与 MATLAB 实现

离散系统频域响应是通过 MATLAB 分析得到对应的幅频响应和相频响应，下面通过 freqz 频域响应和零点分布对应的频域响应进行介绍。

1. freqz 频域响应

freqz 频域响应实现代码如下：

```
A = [2 1 0   ];
B = [2 1 0.15];
[H,w] = freqz(B,A,1000,'whole');
HA = abs(H);
%求模
HQ = angle(H);
%求相位角
subplot(121)
plot(w,HA)
title('幅频响应曲线')
xlabel('f');
ylabel('A')
grid on;
subplot(122)
plot(w,HQ)
```

```
xlabel('f');
ylabel('Q)
grid on;
title('相频响应曲线')
```

程序运行后得到的频域响应图像如图 2-6 所示。

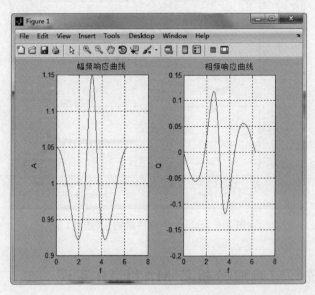

图 2-6　由 freqz 得到的频域响应

2. 零极点分布对应的频域响应

零极点分布对应的频域响应实现代码如下：

```
A = [2 -1/5];
B = [7/5 - 2/3];
k = 1000;
r = 4;
p = roots(A);
%系统极点
q = roots(B);
%系统零点
p = p';
%极点列向量转置为行向量
q = q';
x = max(abs([p q 1]));
y = x;
clf
hold on
axis([-x x - y y])
L = 0:pi/100:2 * pi;
```

```
t = exp(i * L);
plot(t)
% 画圆
axis('square')
plot([ - x x],[0 0])
plot([0 0],[ - y y])
text(0,x,'Im[z]')
text(y,0,'Re[z]')
plot(real(p),imag(p),'x')
plot(real(q),imag(q),'o')
% 零极点
for i = 1:length(p)
text(real(p(i)),imag(p(i)),['(',num2str(real(p(i))),',',num2str(imag(p(i))),')'])
end
text(real(q),imag(q),['(',num2str(real(q)),',',num2str(imag(q)),')'])
hold off
grid on;

w = 0:r * pi/k:r * pi;
y = exp(i * w);
% 单位圆上的 k 个频率等分点
N = length(p);
% 极点个数
M = length(q);
% 零点个数
Yp = ones(N,1) * y;
Yq = ones(M,1) * y;
Vp = Yp - p * ones(1,k + 1);
Vq = Yq - q * ones(1,k + 1);
Ai = abs(Vp);
% 极点到单位圆上各点的向量的模
Bj = abs(Vq);
% 零点到单位圆上各点的向量的模
Ci = angle(Vp);
% 极点到单位圆上各点的向量的相角
Dj = angle(Vq);
% 零点到单位圆上各点的向量的相角
Jiao = sum(Dj,1) - sum(Ci,1);
% 相频响应
Fu = prod(Bj,1)./prod(Ai,1)
% 幅频响应
% figure
subplot(121);
plot(w,Fu);
% 幅频曲线
title('幅频响应')
xlabel('角频率')
```

```
ylabel('幅度')
grid on;
subplot(122)
plot(w,Jiao)
title('相频特性')
grid on;
xlabel('角频率')
ylabel('相位')
```

程序运行后得到的频域响应图像如图 2-7 所示。

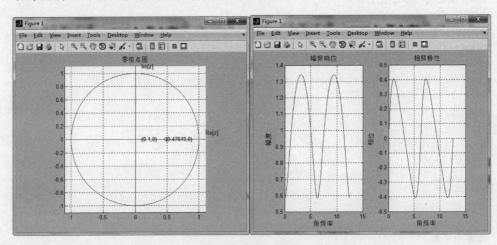

图 2-7   由零极点分布得到的系统频域响应

2.6   离散系统的差分解析与 MATLAB 实现

离散系统的差分解析是对应于激励和响应得到其差分形式的输出,包括单位冲激响应和阶跃响应。

1. 激励和响应关系

激励和响应的关系可如下面程序所示:

```
Xnum = [1/8 1/3 −1    1];
Yden = [1   −1/2 2/3   −1];
x0 = [1/2 1/2];
y0 = [1 −1];
N = 40;
n = [0:N−1]';
x = 0.95.^n;
Z = filtic(Xnum,Yden,y0,x0);
[y,Zf] = filter(Xnum,Yden,x,Z);
```

```
subplot(131)
plot(n,x,'k>');
title('激励');
xlabel('n');
ylabel('x(n)');
grid on;
subplot(132)
plot(n,y,'bo');
title('响应');
xlabel('n');
ylabel('y(n)');
grid on;
subplot(133)
plot(n,x,'k>',n,y,'bo');
title('响应');
xlabel('n');
ylabel('x(n) - y(n)');
legend('激励 x','响应 y',4);
grid on;
```

程序运行后得到的差分输出图像如图 2-8 所示。

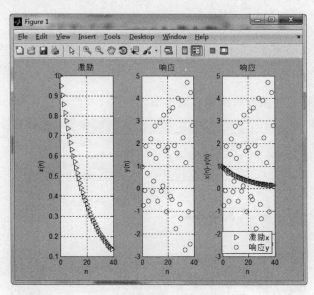

图 2-8　差分输出图像

2. 差分形式下的脉冲响应和阶跃响应

差分形式下的脉冲响应和阶跃响应如下面程序所示：

```
N = 25;
X_delta = zeros(1,N);
```

```
X_delta(1) = 1;
Xn = [1/2, -1/2,  1/3];
Yn = [-1,  1/3,  -2/3];
h1_delta = filter(Xn,Yn,X_delta);
subplot(2,2,1);
stem(0:N-1,h1_delta,'k','filled');
grid on;
xlabel('单位冲激响应1');
x_unit = ones(1,N);
h1_unit = filter(Xn,Yn,x_unit);
subplot(2,2,2);
stem(0:N-1,h1_unit,'>');
grid on;
xlabel('阶跃响应1');

XXn = [0,3/4,1/2,1/4,1/8];
YYn = [1/4,1/4,1/4,1/4,1/4];
h2_delta = filter(XXn,YYn,X_delta);
subplot(2,2,3);
stem(0:N-1,h2_delta,'k','filled');
grid on;
xlabel('单位冲激响应2');
h2_unit = filter(XXn,YYn,x_unit);
subplot(2,2,4);
stem(0:N-1,h2_unit,'>');
grid on;
xlabel('阶跃脉冲响应2');
```

程序运行后得到的冲激和阶跃响应输出图像如图 2-9 所示。

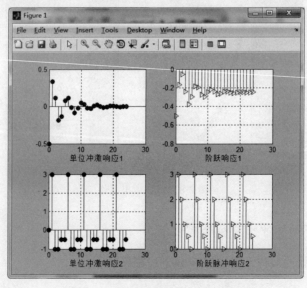

图 2-9　冲激和阶跃响应输出图像

2.7　本章小结

　　Z 变换存在的充分必要条件是：级数绝对可和。使级数绝对可和成立的所有 Z 值称为 Z 变换域的收敛域，由 Z 变换的表达式及其对应的收敛域才能确定原始的离散序列。Z 变换收敛域的特点包括：收敛域是一个圆环，有时可向内收缩到原点，有时可向外扩展到 ∞，只有冲激信号的收敛域是整个 Z 平面；在收敛域内没有极点，X(Z) 在收敛域内每个点上都是解析函数。

第3章 离散傅里叶变换与MATLAB实现

离散傅里叶变换(Discrete Fourier Transform, DFT)是信号分析的基本方法,傅里叶变换是傅里叶分析的核心,通过它把信号从时域变换到频域,进而研究信号的频谱结构和变化规律。

DFT是傅里叶变换在时域和频域上都呈现离散的形式,将时域信号的采样变换为在离散时间傅里叶变换(DTFT)频域的采样。在形式上,变换两端(时域和频域上)的序列是有限长的,而实际上这两组序列都应当被认为是离散周期信号的主值序列。即使对有限长的离散信号做DFT,也应当将其看作是经过周期延拓成为周期信号再做的变换。

3.1 有限长序列处理与 MATLAB 实现

给定序列的傅里叶变换,以及在同一序列不同长度情况下的DFT分析,程序如下:

```
x = [1,1,1,1];
%信号序列
A = 200;
% DTFT 近似点数
w1 = 0:2/A:2;
w = pi * w1.';
xw = 1 + exp( - j * w) + exp( - j * w * 2) + exp( - j * w * 3) + exp( - j * w * 4);
% DTFT 频谱分析
stem(w1.',abs(xw))
% DTFT 频谱绘制
N = 32;
y1 = fft(x,N);
n = 0:N-1;
subplot(3,1,1);
% 32 点 DFT 频谱分析
stem(n,abs(y1),'ok');
title('N = 32');
N = 64;
```

```
y2 = fft(x,N);
n = 0:N-1;
subplot(3,1,2);
%64点DFT频谱分析
stem(n,abs(y2),'ok');
title('N = 64');
N = 128;
y3 = fft(x,N);
n = 0:N-1;
subplot(3,1,3);
%128点DFT频谱分析
stem(n,abs(y3),'ok');
title('N = 128');
```

同一序列不同长度的 DFT 互不相同,如图 3-1 所示,图中描述了 32 点 DFT、64 点 DFT 以及 128 点 DFT 运行后得到的序列 DFT 输出图像。

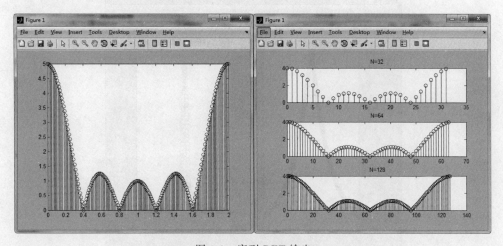

图 3-1　序列 DFT 输出

傅里叶级数的系数计算量包括 N 次复数相乘以及 N-1 次复数相加。例如,对于 N 个点的傅里叶级数计算,DFT 的全部处理计算量与 N 的平方成正比,程序如下:

```
hi = 0.00001;
t = -0.005:hi:0.005;
%取值台阶
xn = exp(-500 * abs(t));
%信号序列
Ww = 2 * pi * 2000;
N = 1000;
n = 0:2:N;
W = n * Ww/N;
%傅里叶变换
Xn = xn * exp(-j * t' * W) * hi;
```

```
Xa = real(Xn);
W = [ - fliplr(W),W(2:501)];
Xn = [fliplr(Xn),Xn(2:501)];
subplot(1,2,1);
plot(t * 1000,xn,'o');
xlabel('t(s)');
ylabel('xn');
title('源信号');
subplot(1,2,2);
plot(W/(2 * pi * 1000),Xn * 1000,'o');
xlabel('f(KHz)');
ylabel('jw');
title('对应序列的傅里叶变换');
```

程序运行后得到的序列 DFT 输出图像如图 3-2 所示。

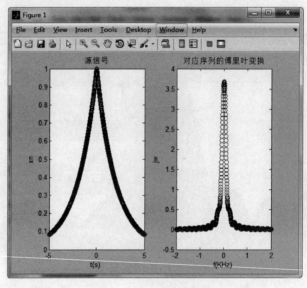

图 3-2　DFT 输出图像

3.2　N 点离散傅里叶变换与 MATLAB 实现

选择正弦函数与余弦函数作为基函数是因为它们的正交性,周期函数都可以用正弦函数和余弦函数构成的无穷级数来表示。对于周期为 T 的函数,n 取不同值时的周期信号具有谐波关系(即它们都具有一个共同周期 T)。n＝0 时,对应的这一项称为直流分量,k＝1时具有基波频率。N 点离散傅里叶变换与 MATLAB 实现程序如下:

```
N = 32;
N1 = 16;
```

```
n = 0:N-1;
k = 0:N1-1;
x1n = exp(j*pi*n/8);
% x1 信号
y1 = fft(x1n,N);
% [x1]N 点 DFT
y2 = fft(x1n,N1);
% [x1]N1 点 DFT
x2n = cos(pi*n/16);
% x2 信号
y3 = fft(x2n,N);
% [x2]N 点 DFT
y4 = fft(x2n,N1);
% [x2]N1 点 DFT
subplot(2,2,1);
stem(n,abs(y1),'o');
ylabel('|y1|')
title('16 点的 DFT:x1')
subplot(2,2,2);
stem(n,abs(y3),'o');
ylabel('|y2|')
title('16 点的 DFT:x2')
subplot(2,2,3);
stem(k,abs(y2),'>');
ylabel('|y1|')
title('8 点的 DFT:x1')
subplot(2,2,4);
stem(k,abs(y4),'*');
ylabel('|y2|')
title('8 点的 DFT:x2')
```

x1 信号和 x2 信号的周期延拓输出的为单频序列, 其 DFT 由程序中的 N=32 与 N1=16 表示, 输出图像如图 3-3 所示。

有限长序列的频谱分析是基于离散傅里叶变换在时域和频域都有有限长序列, 并且是离散的这种情况, 程序如下:

```
xn = [0.25 0.5 0.75 1]
N = length(xn);
n = 0:(N-1);
k = 0:(N-1);
%%%%%%%%%%%%%%%%%%%%%%%%%%%%%
xk = xn * exp(-j*2*pi/N).^(n'*k)
xn0 = (xk * exp(j*2*pi/N).^(n'*k))/N
%% subplot(2,2,1); stem(n,xn);title('x(n)');
%% subplot(2,2,2); stem(n,xk); title('IDFT[X(k)]');
%% subplot(2,2,3); stem(k,abs(xk)); title('|X(k)|');
%% subplot(2,2,4); stem(k,angle(xk)); title('arg|X(k)|');
```

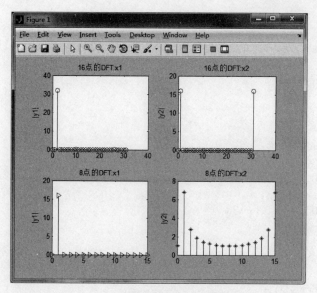

图 3-3　周期延拓序列 DFT 输出图像

　　xk 为序列的 DFT,xn0 为序列对应的 IDFT(离散傅里叶逆变换),最终结论为原始序列 xn=[0.25 0.5 0.75 1] 与 IDFT 结果 xn0 相等。运行输出为:

```
xk =
   2.5000                - 0.5000 + 0.5000i
  - 0.5000 - 0.0000i   - 0.5000 - 0.5000i
xn0 =
   0.2500 - 0.0000i      0.5000 - 0.0000i
   0.7500 - 0.0000i      1.0000 + 0.0000i
>>
```

　　基于 mod 函数实现圆周位移,可将 N 点序列循环左移或者右移 m 个采样周期,例如,对于特定序列,有如下:

```
N = 4;
n = 0:N - 1;
m = 2;
xn = [4 2 1 1/2];
nm = mod((n - m),N);
xm = xn(nm + 1);
subplot(1,2,1);
stem(xn,'o');
xlabel('n');
ylabel('|xn|');
title('信息序列');
subplot(1,2,2);
stem(xm,'o');
xlabel('n');
```

```
ylabel('|xm|');
title('位移序列');
```

xn 为原始序列，xm 为位移序列，xn 与 xm 运行输出对比如图 3-4 所示。

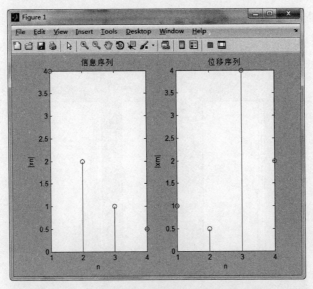

图 3-4   基于 mod 函数实现的圆周位移

3.3   序列圆周积分与 MATLAB 实现

序列圆周积分可以由 x1、x2 和 y 的波形分布得到，实现程序如下：

```
n = 0:30;
x1 = [0.25 1.5 0.5 1.5 0.75];
x2 = 0.9.^n;
N = 30;
x1 = [x1 zeros(1, N - length(x1))];
x2 = [x2 zeros(1, N - length(x2))];
for n = 1:N
    for m = 1:N
        y(n,m) = x1(m) * x2(mod( (n - m), N) + 1 );
    end
end
y = sum(y');
subplot(131);
stem( x1 );
title('x1');
subplot(132);
stem( x2 );
```

```
title('x2');
subplot(133);
stem( y );
title('y');
```

x1 与 x2 为圆周积分序列,y 为序列圆周积分结果,程序运行后输出图像如图 3-5 所示。

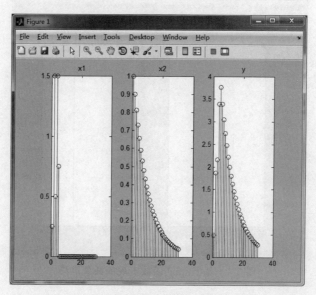

图 3-5　序列圆周积分图像

3.4　本章小结

DFT 的特点之一是隐含的周期性,从表面上看,DFT 在时域和频域都是非周期的有限长的序列,但实质上,DFT 是从 DFS(离散傅里叶级数)引申而来的,它们的本质是一致的,因此 DFS 的周期性决定了 DFT 具有隐含的周期性。

在实际工程中经常遇到的模拟信号频谱函数也是连续函数,为了利用 DFT 对模拟信号进行谱分析,首先对模拟信号进行时域采样得到离散量 x(n),再对离散量进行 DFT,得到的 x(k)是 x(n)的傅里叶变换在频率区间[0,单位周期]上的 N 点等间隔采样,这里 x(n)和 x(k)都是有限长序列。

然而,时间有限长的信号其频谱是无限宽的,反之,信号的频谱有限,则其持续时间将为无限长。因此,按采样定理采样时,采样序列应为无限长,这不满足 DFT 的条件。实际工程中,对于频谱很宽的信号,为防止时域采样后产生“频谱混叠”,一般用前置滤波器滤除幅度较小的高频成分,使信号的带宽小于折叠频率;同样,对于持续时间很长的信号,采样点数太多也会导致存储和计算困难,一般也是截取有限点进行计算。用 DFT 对模拟信号进行谱分析,只能是近似的,其近似程度取决于信号带宽、采样频率和截取长度。

第4章 快速傅里叶变换与MATLAB实现

有限长序列可以通过离散傅里叶变换(DFT)将其频域也离散化成有限长序列,但计算量太大,很难实时地处理问题,因此引出了快速傅里叶变换(FFT)。随着对 FFT 算法研究的不断深入,数字信号处理迅速发展。根据对序列分解与选取方法的不同而产生了 FFT 的多种算法,基本算法是基 2DIT(Decimation In Time,时间抽选法)和基 2DIF(Decimation In Frequency,频率抽选法)。FFT 在离散傅里叶反变换、线性卷积和线性相关等方面也有重要应用。

对于 N 项的复数序列,由 DFT 变换,任一计算都需要 N 次复数乘法和 N−1 次复数加法,而一次复数乘法等于四次实数乘法和两次实数加法,一次复数加法等于两次实数加法,即使把一次复数乘法和一次复数加法定义成一次“运算”(四次实数乘法和四次实数加法),那么求出 N 项复数序列,即 N 点 DFT 变换大约就需要 N^2 次运算。

当 N=1024 点时,需要 1048576 次运算。在 FFT 中,利用周期性和对称性,把一个 N 项序列分为两个 N/2 项的子序列,每个 N/2 点 DFT 变换需要 $(N/2)^2$ 次运算,再用 N 次运算把两个 N/2 点的 DFT 变换组合成一个 N 点的 DFT 变换。这样变换以后,总的运算次数就变成 $N+2\times(N/2)^2=N+N^2/2$。当 N=1024 时,总的运算次数就变成了 525312 次,节省了大约 50% 的运算量。而如果将这种“一分为二”的思想不断进行下去,直到分成两两一组的 DFT 运算单元,那么 N 点的 DFT 变换就只需要 $N\log_2 N$ 次的运算,N 在 1024 点时,运算量仅有 10240 次,是先前的直接算法的 1%,点数越多,运算量就越小,即 FFT 的优越性所在。

4.1 FFT 函数调用格式

FFT 函数语法包括如下 3 类:

1. Y=fft(X)

Y=fft(X)FFT 算法计算 X 的 DFT。如果 X 是向量,则 fft(X)返回该向量的傅里叶变换。如果 X 是矩阵,则 fft(X)将 X 的各列视为向量,并返回每列的傅里叶变换。如果 X 是一个多维数组,则 fft(X) 将沿大小不等于 1 的第一个数组维度的值视为向量,并返回每个向量的傅里叶变换。

2. Y＝fft(X,n)

Y＝fft(X,n) 返回 n 点 DFT。如果未指定任何值,则 Y 的大小与 X 相同。如果 X 是向量且 X 的长度小于 n,则为 X 补上尾零以达到长度 n。如果 X 是向量且 X 的长度大于 n,则对 X 进行截断以达到长度 n。如果 X 是矩阵,则每列的处理与在向量情况下相同。如果 X 为多维数组,则大小不等于 1 的第 1 个数组维度的处理与在向量情况下相同。

3. Y＝fft(X,n,dim)

Y＝fft(X,n,dim) 返回沿维度 dim 的傅里叶变换。例如,如果 X 是矩阵,则 fft(X,n,2) 返回每行的 n 点傅里叶变换。

输入数组指定为向量、矩阵或多维数组。如果 X 为 0×0 空矩阵,则 fft(X) 返回一个 0×0 空矩阵,数据类型有 double、single、int8、int16、int32、uint8、uint16、uint32、logical。

n 为变换长度,指定为[]或非负整数标量。为变换长度指定正整数标量可以提高 FFT 的性能。通常,长度指定为 2 的幂或可分解为小质数的乘积的值。如果 n 小于信号的长度,则 FFT 忽略第 n 个条目之后的剩余信号值,并返回截断的结果;如果 n 为 0,则 FFT 返回空矩阵。

dim 用于确定沿其运算的维度,指定为正整数标量。如果未指定值,则默认值是大小不等于 1 的第 1 个数组维度。例如,fft(X,[],1)是沿 X 的各列进行运算,并返回每列的傅里叶变换;fft(X,[],2)是沿 X 的各行进行运算,并返回每行的傅里叶变换。当 dim 大于 ndims(X) 时,则 fft(X,[],dim) 返回 X;当指定 n 值时,fft(X,n,dim) 将对 X 进行填充或截断,以使维度 dim 的长度为 n。

输出参数 Y 是频域表示,以向量、矩阵或多维数组形式返回。如果 X 的类型为 single,则 fft 本身以单精度进行计算,Y 的类型也是 single;否则,Y 以 double 类型返回。Y 的大小分为以下两种情况:

(1) 对于 Y＝fft(X) 或 Y＝fft(X,[],dim),Y 的大小等于 X 的大小。

(2) 对于 Y＝fft(X,n,dim),size(Y,dim) 的值等于 n,而 Y 的所有其他维度的大小与 X 中的对应值相同。

如果 X 为实数,则 Y 是共轭对称的,且 Y 中特征点的数量为 ceil((n＋1)/2),数据类型有 double 和 single。

4.2　基于 FFT 的噪声信号分析与 MATLAB 实现

使用傅里叶变换求噪声中隐藏的信号的频率分量,指定信号的参数:采样频率为 1kHz,信号持续时间为 1.5s。实现程序如下:

```
Fs = 5000;
% 采样值
T = 1/Fs;
% 采样间隔
```

```
L = 5000;
% 信号时长
t = (0:L-1) * T;
% 构造信号,其中包含幅值为 0.9 的 10 Hz 正弦信号和幅值为 1.1 的 300 Hz 正弦信号
S = 0.9 * sin(2 * pi * 10 * t) + 1.1 * sin(2 * pi * 300 * t);
% 将均值为 0、方差为 4 的白噪声叠加 S 信号
Y = S + 2 * randn(size(t));
% 在时域中绘制噪声信号.通过查看信号 Y(t) 很难确定频率分量
Subplot();
stem(5000 * t(1:100),Y(1:100))
title('白噪声混合输出')
xlabel('t (ms)')
ylabel('Y(t)')

Y1 = fft(Y);
% 计算双边频谱 P2,然后基于 P2 和偶数信号长度 L 计算单边频谱 P1
P2 = abs(Y1/L);
P1 = P2(1:L/2 + 1);
P1(2:end - 1) = 2 * P1(2:end - 1);
% 定义频域 f 并绘制单边幅值频谱 P1,与预期相符,由于增加了噪声
% 幅值并不精确等于 S
f = Fs * (0:(L/2))/L;
subplot(122);
stem(f,P1)
title('信号幅频 Amplitude Spectrum of X(t)')
xlabel('f (Hz)')
ylabel('|P1(f)|')
```

程序运行后的输出结果如图 4-1 所示。

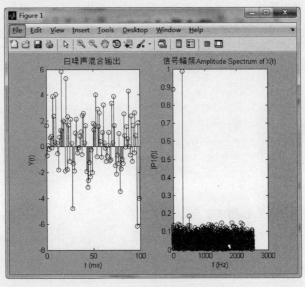

图 4-1　基于 FFT 的噪声信号分析

4.3 高斯脉冲信号分析与 MATLAB 实现

将高斯脉冲从时域转换为频域进行频谱分析,确定信号长度,并分析 FFT 处理过程的性能,实现程序如下:

```
Fs = 80;
% 采样频率
t = - 0.5:1/Fs:0.5;
% 时间间隔
L = length(t);
% 信号时长
X = 1/(2 * sqrt(3 * pi * 0.01)) * (exp( - t.^2/(3 * 0.01)));
% 在时域中绘制脉冲
subplot(121);
stem(t,X)
title('信号时域波形')
xlabel('(t)')
ylabel('X(t)')
% FFT 将信号转换为频域形式,从原始信号长度确定是下一个 2 次幂的新输入长度
% 这将用尾零填充信号 X 以改善 FFT 的性能
n = 2^nextpow2(L);
% 将高斯脉冲转换为频域
Y = fft(X,n);
% 定义频域并绘制唯一频率
f = Fs * (0:(n/2))/n;
P = abs(Y/n);
subplot(122);
stem(f,P(1:n/2 + 1))
title('信号频域形式')
xlabel('(f)')
ylabel('|P(f)|')
```

程序运行后的输出结果如图 4-2 所示。

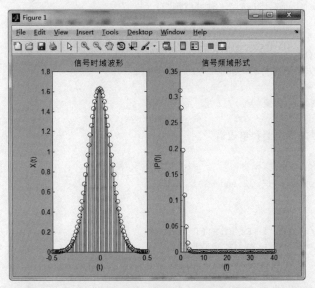

图 4-2   高斯脉冲信号 FFT 频域分析

4.4   三角函数 FFT 分析与 MATLAB 实现

比较时域和频域中的三角函数。指定信号的参数：采样频率为 Fs(单位为 kHz)，信号持续时间为 Ls。FFT 使用尾随零填充输入，在这种情况下，用零填充 X 的每一行。每一行长度的确定方法为：当前长度为下一个新输入长度的 2 次幂，使用 nextpow2 函数定义新长度。实现程序如下：

```
Fs = 3000;
% 采样频率
T = 1/Fs;
% 采样间隔
L = 2000;
% 信号时长
t = (0:L-1) * T;
% 创建一个矩阵,其中每一行代表一个频率经过缩放的余弦波
% 结果 X 为 3×L 矩阵,第 1 行的信号频率为 50,第 2 行的信号频率为 150,第 3 行的信号频率为 300
x1 = sin(2 * pi * 150 * t);
x2 = sin(2 * pi * 175 * t);
x3 = sin(2 * pi * 325 * t);
X = [x1; x2; x3];
% 比较频率分布
for i = 1:3
    subplot(3,2,i)
    stem(t(1:100),X(i,1:100))
```

```
    title(['Row ',num2str(i),' 时域波形'])
end

n = 2^nextpow2(L);
% 指定 dim 参数沿 X 的行(即对每个信号)使用 FFT
dim = 2;
% 计算信号的傅里叶变换
Y = fft(X,n,dim);
% 计算每个信号的双边谱和单边谱
P2 = abs(Y/L);
P1 = P2(:,1:n/2 + 1);
P1(:,2:end - 1) = 2 * P1(:,2:end - 1);
for i = 1:3
    subplot(3,2,i + 3)
    plot(0:(Fs/n):(Fs/2 - Fs/n),P1(i,1:n/2))
    title(['Row',num2str(i),'频域波形'])
end
```

程序运行后的输出结果包括 Row1、Row2、Row3 时域波形,以及 Row1、Row2、Row3 的频谱波形,如图 4-3 所示。

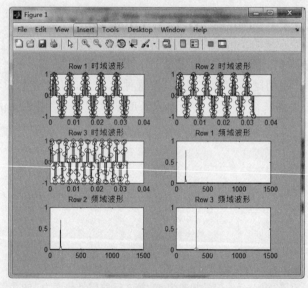

图 4-3　三角函数 FFT 分析

三角函数叠加白噪声信号的 FFT 分析程序如下:

```
N1 = 1024;
N2 = 256;
fs = 1;
f1 = .1;
f2 = .2;
```

```
f3 = .3;

a1 = 5;
a2 = 3;
a3 = 2;
w = 2 * pi/fs;
x1 = a1 * cos(w * f1 * (0:N1 - 1)) + a2 * sin(w * f2 * (0:N1 - 1)) + a3 * sin(w * f3 * (0:N1 - 1)) +
randn(1,N1);
% FFT 频谱
subplot(2,2,1);
plot(x1(1:N1/4));
title('原始信号 x1');
f = - 0.5:1/N1:0.5 - 1/N1;
X = fft(x1);
subplot(2,2,2);
plot(f,fftshift(abs(X)));
title('频域信号 x1');
x2 = a1 * cos(w * f1 * (0:N2 - 1)) + a2 * sin(w * f2 * (0:N2 - 1)) + a3 * sin(w * f3 * (0:N2 - 1)) +
randn(1,N2);
subplot(2,2,3);
stem(x1(1:N2/4));
title('原始信号 x2');
f = - 0.5:1/N2:0.5 - 1/N2;
X = fft(x2);
subplot(2,2,4);
stem(f,fftshift(abs(X)));
title('频域信号 x2');
```

程序运行后的输出结果包括 N1＝1024 和 N2＝256 时的时域波形和频谱,如图 4-4 所示。

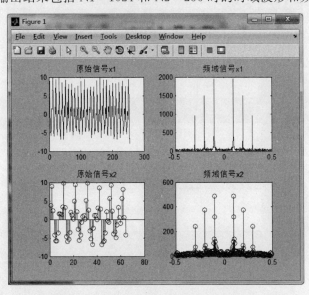

图 4-4   三角函数叠加白噪声的 FFT 分析

4.5 FFT 快速卷积与 MATLAB 实现

离散时间信号和系统的分析可以借助时域分析和频域分析的方法,这两种方法通过 DFT 联系起来,而 DFT 以及 FFT 给出了时域和频域相互转换的高效手段。FFT 快速卷积的实现程序如下:

```
xn = [0 0.25 0.5 0.75 1 0.5 0.25 0];
% 序列 xn[ ]
xk = fft (xn);
yk = xk. * xk;
yn = ifft (yk);
% FFT 循环卷积
yn1 = conv (xn, xn)
% conv 线性卷积
subplot (311);
stem (xn);
title('xn');
subplot (312);
stem (yn);
title('圆周卷积');
subplot (313);
stem (yn1);
title('线性卷积');
```

程序运行后的输出结果包括 xn 序列、圆圈卷积和线性卷积波形,如图 4-5 所示。

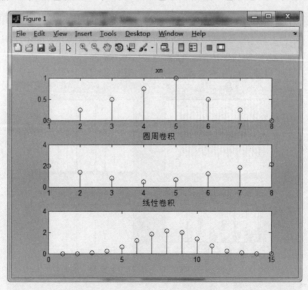

图 4-5 FFT 快速卷积

对于模拟信号的分析,首先需将其离散化,再将离散后的时间信号截断为有限长序列信号,然后利用 FFT 函数获得频域值,包括幅度与相位信息。实现程序如下:

```
Fs = 50;
N = 128;
%采样频率
n = 0:N-1;
%采样点数
xn = 2 * cos ( 3 * pi * n/Fs ) - cos ( 6 * pi * n/Fs ) - cos ( 12 * pi * n/Fs ) - cos ( 24 * pi * n/Fs );
xk = fft (xn , N );
f = ( 0: N-1 ) * Fs/N;
xkAM = abs (xk);
xkAN = angle (xk);
subplot (121);
stem (f,xkAM);
xlabel('f');
ylabel('幅度');
title('输出幅度响应');
axis( [ 0 20 0 140 ] );

subplot (122);
stem (f,xkAN);
xlabel('f');
ylabel('相位');
title('输出相位响应');
axis( [ 0 20 - 4 4 ] );
```

程序运行后的输出结果如图 4-6 所示。

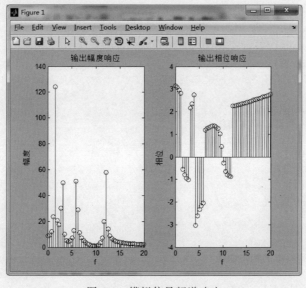

图 4-6   模拟信号频谱响应

按时间抽取的 FFT,原位运算结构顺序存放着 n＝0,4,2,6,…,可以按顺序输出,按原序位输入的 xn,不能够按照自然序位存入存储单元,而是按照码位倒置的顺序存入。因此,在实际运算中,先按照自然顺序输入存储单元,再通过变址运算将之前自然顺序输入存储单元的码位按倒置的顺序存储,最后进行原位 FFT 计算。实现程序如下:

```
N1 = 32;
N2 = 64;
% FFT 的变换长度 N1 和 N2
n = 0:N1 - 1;
k1 = 0:N1 - 1;
k2 = 0:N2 - 1;
t = 2 * pi * (0:2047)/2048;
Xw = (1 - exp( - j * 6 * t))./( 1 - exp( - j * 0.8 * t));
% 对 xn 的连续采样
xn = [(n > = 0)&(n < 8)];
% xn
X1k = fft(xn,N1);
% 计算 N1 = 32 点的 X1k
X2k = fft(xn,N2);
% 计算 N2 = 64 点的 X2k
subplot(4,2,1);
plot(t/pi,abs(Xw));
xlabel('t');
ylabel('X1');
subplot(4,2,2);
plot(t,angle(Xw));
axis([0,2, - pi,pi]);
line([0,2],[0,0]);
xlabel('t');
ylabel('X2');
subplot(4,2,3);
stem(k1,abs(X1k),'o');
axis([0,N1,0,8]);
xlabel('k(t = 2pik/N1)');
ylabel('|X1k|幅度');
hold on;
plot(N1/2 * t/pi,abs(Xw))
% 图形上叠加连续频谱的幅度曲线
subplot(4,2,4);
stem(k1,angle(X1k));
axis([0,N1, - pi,pi]);
line([0,N1],[0,0]);
xlabel('k(w = 2pik/N1)') ;
ylabel('[X1k]相位');
hold on;
plot(N1/2 * t/pi,angle(Xw))
% 图形上叠加连续频谱的相位曲线
subplot(4,2,5);
stem(k2,abs(X2k),' * ');
```

```
axis([0,N2,0,8]);
xlabel('k(t = 2pik/N2)');
ylabel('|X2k|幅度');
hold on;
plot(N2/2 * t/pi,abs(Xw))
subplot(4,2,6);
stem(k2,angle(X2k),'>');
axis([0,N2/4, - pi,pi]);
line([0,N2],[0,0]);
xlabel('t') ;
ylabel('[X2k]相位');
hold on;
plot(N2/2 * t/pi,angle(Xw))

subplot(4,2,7);
stem(k2,abs(X2k),' * ');
axis([0,N2/4,0,8]);
xlabel('k(t = 2pik/N2/4)');
ylabel('|X2k|幅度');

subplot(4,2,8);
stem(k1,abs(X1k),'o');
axis([0,N1/4,0,8]);
xlabel('k(t = 2pik/N1/4)');
ylabel('|X1k|幅度');
```

程序运行后的输出结果如图 4-7 所示。

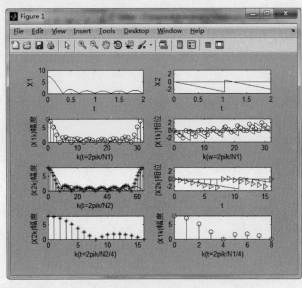

图 4-7 不同点数的 FFT 响应

在 MATLAB 程序实现过程中,所调用的 FFT 函数是内部指令运算,因此执行速度较快,频谱的区分程度与采样点个数的关系将进一步加以分析,实现程序如下:

```matlab
N1 = 10;
n1 = 0:N1 - 1;
x1 = sin(0.2 * pi * n1) + sin(0.6 * pi * n1);
Xk1 = fft(x1,N1);
% N1 个点的 FFT
k1 = 0:N1 - 1;
t1 = 2 * pi/10 * k1;
subplot(4,2,1);
stem(n1,x1,'o');
axis([0,N1, - 2.5,2.5]);
title('x(n),n = N1')
subplot(4,2,2);
stem(t1/pi,abs(Xk1),' * ');
axis([0,1,0,10]);
title('DFT[x(n)]')
N2 = 100;
n2 = 0:N2 - 1;
x2 = [x1(1:1:N1) zeros(1,N2 - N1)];
Xk2 = fft(x2,N2)
k2 = 0:N2 - 1;
t2 = 2 * pi/100 * k2;
subplot(4,2,3);
stem(n2,x2,' * ');
axis([0,100, - 2.5,2.5]);
title('信号 N2 - N1 = 0')
subplot(4,2,4);
plot(t2/pi,abs(Xk2));
axis([0,1,0,10]);
title('DFT[x(n)]')
N3 = 100;
n3 = 0:N3 - 1;
x3 = sin(0.2 * pi * n3) + sin(0.6 * pi * n3);
Xk3 = fft(x3,N3)
k3 = 0:N3 - 1;
t3 = 2 * pi/100 * k3;
subplot(4,2,5);
stem(n3,x3,'>');
axis([0,100, - 2.5,2.5]);
title('信号 x(n)拓展 = 100')
subplot(4,2,6);
plot(t3/pi,abs(Xk3),'.');
axis([0,1,0,60]);
title('DFT[x(n)]')
N4 = 40;
```

```
n4 = 0:N4 - 1;
x4 = [x1(1:1:N1) zeros(1,N4 - N1)];
Xk4 = fft(x2,N4)
k4 = 0:N4 - 1;
t4 = 2 * pi/N4 * k4;
subplot(4,2,7);
stem(n4,x4,' * ');
axis([0,100, - 2.5,2.5]);
title('信号 N4 - N1 = 0')
subplot(4,2,8);
plot(t4/pi,abs(Xk4));
axis([0,1,0,10]);
title('DFT[x(n)]')
```

程序运行后的输出结果包括 N1 长度信号波形和 DFT 比较，N2 长度信号波形和 DFT 比较，N3 长度信号波形和 DFT 比较，以及补零和信号拓展的波形和 DFT 比较，如图 4-8 所示。

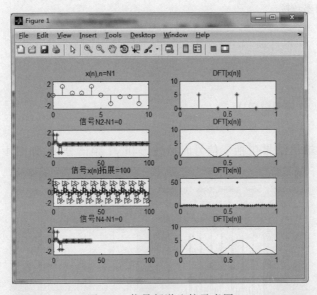

图 4-8　信号频谱比较示意图

利用 FFT 算法可以同时计算 IDFT，只需要先将已做 DFT 之后的 Xk 求共轭，再将结果乘以系数 1/N 并取共轭。实现程序如下：

```
Fs = 40;
% 采样频率值 Fs
N = 200;
% 采样点点数
n = 0:N - 1;
t = n/Fs;
```

```
% 采样点间隔
f = 3;
% 设定正弦信号频率
y = cos ( 2 * pi * f * t ) + cos ( 3 * pi * f * t );
% 产生三角函数波形
subplot(121);
plot(t,y);
% 三角函数时域波形
xlabel('t');
ylabel('y');
title('三角函数 y 时域波形');

y1 = fft(y,N);
% FFT 运算变换频谱
A = abs(y1);
% 幅值
f = (0:length(y1) - 1)' * Fs/length(y1);
% 进行对应的频率转换
subplot(122);
plot(f,A);
% 频谱分析
xlabel('f');
ylabel('y1 幅值');
title('对应 N 点 y1 幅频谱图');
grid on;
```

程序运行后的输出结果包括 y 信号时域波形和 y1 频谱分布,如图 4-9 所示。

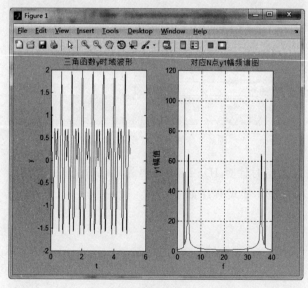

图 4-9　y 信号时域波形和 y1 频谱分布

对图 4-9 所得的 y 信号幅频特性进行均方根谱和功率谱运算。实现程序如下：

```
Squ = abs(y1);
% 均方根谱 Squ
subplot(121);
plot(f,Squ);
xlabel('f(Hz)');
ylabel('均方根谱');
title('白噪声均方根谱');
grid on;

Pow = Squ.^2;
% 功率谱 Pow
subplot(122);
plot(f,Pow);
xlabel('f(Hz)');
ylabel('功率谱');
title('白噪声功率谱');
grid on;
```

程序运行后的输出结果包括 y1 均方根谱和功率谱分布，如图 4-10 所示。

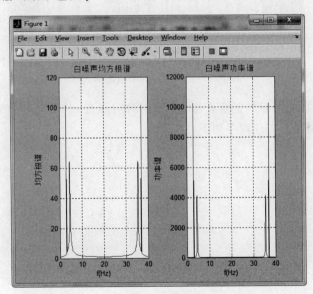

图 4-10　y1 信号均方根谱和功率谱分布

在三角函数 y1 信号基础上，针对 IFFT 过程分析得到原始三角函数时域波形，逆变换函数为 ifft(y1)。实现程序如下：

```
X_ifft = ifft(y1);
y2 = real(X_ifft);
t2 = [0:length(X_ifft) - 1]/Fs;
```

```
plot(t2,y2);
xlabel('t');
ylabel('y2');
title('基于 IFFT 得到三角函数波形');
grid on;
```

程序运行后的输出结果为 y2 与 y1 的时域波形比较,如图 4-11 所示。

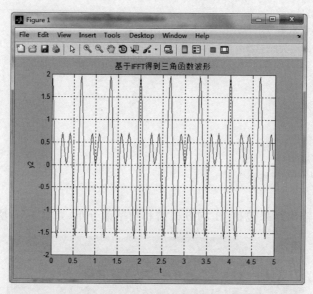

图 4-11　y2 与 y1 的时域波形比较

　　基于对三角函数的 IFFT 变换算法,再分别对门函数和噪声信号的时域波形、频谱响应、均方根谱进行对比。实现程序如下:

```
Fs = 100;
% 采样频率值 Fs
t = - 10:0.2:10;
x = rectpuls(t,5);
y = x(1:99);

subplot(231);
plot(t(1:99),y);
% 门函数时域波形
xlabel('t');
ylabel('y');
title('门函数 y 时域波形');
grid on;

y1 = fft(y);
% FFT
A = abs(y1);
```

```matlab
% 幅值
f = (0:length(y1) - 1)' * Fs/length(y1);
% 频率计算
subplot(232);
plot(f, A);
% 做频分析
xlabel('f');
ylabel('y1 幅值');
title('对应 y1 幅频谱图');
grid on;

Squ = abs(y1);
subplot(233);
plot(f, Squ);
xlabel('f(Hz)');
ylabel('均方根谱');
title('门函数均方根谱');
grid on;

Pow = Squ.^2;
% y1 功率频谱函数
subplot(234);
plot(f, Pow);
xlabel('f');
ylabel('y1 功率频谱函数');
title('y1 功率谱');
grid on;

Pow = Squ.^4;
subplot(235);
plot(f, Pow);
xlabel('f');
ylabel('y1 功率频谱函数');
title('y1 功率谱');
grid on;

X_ifft = ifft(y1);
y2 = real(X_ifft);
t2 = [0:length(X_ifft) - 1]/Fs;
subplot(236);
plot(t2, y2);
xlabel('t');
ylabel('y2');
title('基于 IFFT 得到的门函数时域波形');
grid on;
```

在门函数信号基础上,针对 IFFT 过程分析得到门函数时域波形,逆变换函数为 ifft(y1)。

程序运行后的输出结果包括门函数的时域波形、频谱函数图、功率谱函数和 IFFT 变换波形，如图 4-12 所示。

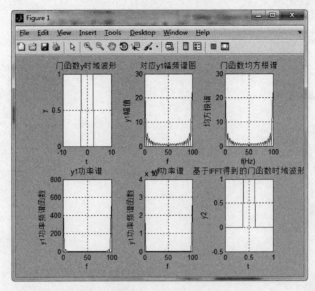

图 4-12 门函数的 IFFT 变换输出波形

在白噪声函数信号基础上，针对 IFFT 过程分析得到白噪声函数时域波形，逆变换函数为 ifft(y1)。实现程序如下：

```
% 噪声信号处理
Fs = 10;
% 采样频率 Fs
t = -10:0.02:10;
y = zeros(1,800);
y(500) = 200;
subplot(231);
plot(t(1:800),y);
% 白噪声时域波形
xlabel('t');
ylabel('y');
title('白噪声时域波形');
grid on;

y1 = fft(y);
% 进行 FFT 变换,FFT 变换频谱 y1
A = abs(y1);
% y1 幅值
f = (0:length(y) - 1)' * Fs/length(y1);
% 频率计算
subplot(232);
```

```
plot(f,A);
% 做频谱图
xlabel('f');
ylabel('y1 幅值');
title('对应 y1 幅频谱分布');
grid on;

Squ = abs(y1);
% y1 均方根谱
subplot(233);
plot(f,Squ);
xlabel('f(Hz)');
ylabel('abs(y1)均方根谱');
title('y1 均方根谱');
grid on;

Pow = Squ.^2;
% y1 功率谱
subplot(234);
plot(f,Pow);
xlabel('f(Hz)');
ylabel('y1 功率谱');
title('y1 功率谱');
grid on;

X_ifft = ifft(y1);
y2 = real(X_ifft);
t2 = [0:length(X_ifft) - 1]/Fs;
subplot(235);
plot(t2,y2);
xlabel('t');
ylabel('y2 信号时域波形');
title('基于 IFFT 计算得到');
grid on;

X_ifft = ifft(y1);
% IFFT 计算 y1 时域波形
y3 = real(X_ifft);
t3 = [0:length(X_ifft) - 1]/Fs;
subplot(236);
stem(t3,y3);
xlabel('t');
ylabel('y3 信号时域波形');
title('基于 IFFT 计算得到');
grid on;
```

程序运行输出结果包括白噪声函数的时域波形、频谱函数图、功率谱函数和 IFFT 变换波形,如图 4-13 所示。

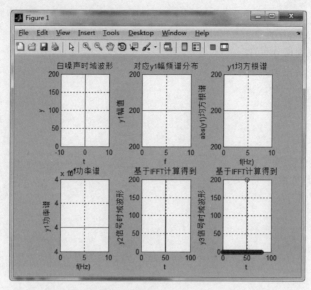

图 4-13　白噪声函数的 IFFT 变换输出波形

快速卷积算法可以利用分段的优势,将原来需要补零再卷积的过程转换为分段计算,再求和,从而得到最后的卷积输出。实现程序如下:

```
M = 20;
N = 50;
% 基于分段计算的快速卷积
t1_x = 1:0.4:M;
t1_h = 1:0.2:N;
x1 = cos(0.75 * t1_x);
h1 = 0.45.^t1_h;
T = pow2(nextpow2(M + N - 1));
Xn_fft = fft(x1, T);
Hn_fft = fft(h1, T);
Yn_fft = Xn_fft. * Hn_fft;
yn = ifft(Yn_fft, T);
t1_y = 1:T
subplot(2, 2, 1);
stem(t1_x, x1, 'o');
title('x');
subplot(2, 2, 2);
stem(t1_h, h1, ' * ');
title('h');
subplot(2, 2, 3);
stem(t1_y, real(yn), '>');
title('y');
```

```
T2 = pow2(nextpow2(M + N + N − 1));
Yn2_fft = Xn_fft. * Hn_fft. * Hn_fft;
yn_2 = ifft(Yn2_fft,T2);
t1_y2 = 1:T2;
subplot(2,2,4);
stem(t1_y2,real(yn_2),'>');
title('y');
```

程序运行后的输出结果如图 4-14 所示。

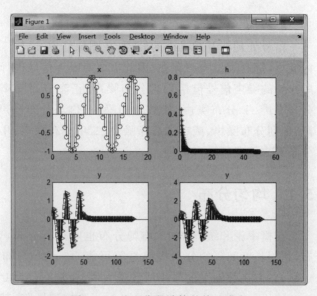

图 4-14 基于分段计算的快速卷积

4.6 本章小结

本章主要介绍了使用傅里叶变换求隐藏在噪声中信号的频率分量、高斯脉冲信号的 FFT 频域分析方法,以及信号的卷积分析,其中对不同长度的 DFT 输出做了对比计算,具体针对基于三角函数的 IFFT 变换算法,分别对门函数和噪声信号的时域波形、频谱响应、均方根谱进行对比说明,并给出了具体输出波形。

第5章 噪声信号分布函数与MATLAB实现

信号处理涉及对噪声的处理,在图像处理、通信信道模拟以及滤波等内容中,都有大量噪声存在,因此需要对噪声信号进行分类和处理。本章所介绍的噪声信号包括均匀分布噪声、正态分布噪声、卡方分布噪声、F分布噪声、T分布噪声、指数分布噪声、伽马分布噪声、对数正态分布噪声、瑞利分布噪声、威布尔分布噪声、二项分布噪声、几何分布噪声和泊松分布噪声等典型噪声信号。

5.1 均匀分布

在概率论和统计学中,均匀分布也叫矩形分布,表示为对称概率分布,相同长度间隔的分布概率是等可能的。均匀分布由两个参数 a 和 b 定义,它们是数轴上的最小值和最大值,通常缩写为 U(a,b)。

使用 rand(m,n)生成的是 m * n 阶均匀矩阵,其中,m 代表行数,n 代表列数,并且要求 m 和 n 均是正整数。当需要生成一个 5 * 5 的均匀分布的矩阵时,使用如下命令:

```
rand(5,5)          %生成一个 5 * 5 的均匀分布的矩阵
```

工作窗口的变量显示为 ans,值为 value,指令窗口的结果输出如下:

```
>> rand(5,5)
ans =
    0.7952    0.7094    0.1626    0.5853    0.6991
    0.1869    0.7547    0.1190    0.2238    0.8909
    0.4898    0.2760    0.4984    0.7513    0.9593
    0.4456    0.6797    0.9597    0.2551    0.5472
    0.6463    0.6551    0.3404    0.5060    0.1386
```

可以使用 rand(5)命令生成 5 * 5 的均匀分布的矩阵,此时的指令窗口结果输出如下:

```
>> rand(5)
ans =
    0.1493    0.2435    0.6160    0.5497    0.3804
    0.2575    0.9293    0.4733    0.9172    0.5678
    0.8407    0.3500    0.3517    0.2858    0.0759
    0.2543    0.1966    0.8308    0.7572    0.0540
    0.8143    0.2511    0.5853    0.7537    0.5308
```

在 rand(m,n)基础之上,需要产生一个 U(0,2)的均匀分布,可以令端点 a＝0,b＝2,指令如下:

```
Ans = 0 + (2 - 0). * rand(6,6)        % 在区间(0,2)上产生 6 * 6 的随机数矩阵
```

结果显示如下:

```
ans =
    1.6001    0.2721    1.2441    0.2466    1.8896    0.2224
    0.8628    1.7386    0.7019    0.3678    0.9817    1.5605
    1.8213    1.1594    1.0265    0.4799    0.9785    0.7795
    0.3637    1.0997    0.8036    0.8345    0.6754    0.4834
    0.5276    0.2899    0.1519    0.0993    1.8001    0.8078
    0.2911    1.7061    0.4798    1.8054    0.7385    0.1929
```

执行 rand(500); hist(ans); 运行程序执行的随机数分布如图 5-1 所示。

图 5-1 随机数均匀分布

5.2 正态分布

由于一般的正态总体图像不一定关于纵轴对称,对于任一正态总体,其取值小于 x 的概率,只要用它求正态总体在某个特定区间的概率即可。为了便于描述和应用,将正态变量做数据转换,将一般正态分布转换成标准正态分布。图形特征包括如下 3 点。

(1) 集中性:正态曲线的高峰位于正中央,即均数所在的位置。

(2) 对称性:正态曲线以均数为中心,左右对称,曲线两端永远不与横轴相交。

(3) 均匀变动性:正态曲线由均数所在处开始,分别向左右两侧逐渐均匀下降。曲线与横轴间的面积总等于1,相当于概率密度函数的函数从正无穷到负无穷积分的概率为1,即频率的总和为 100%。

通过 normpdf 函数生成标准正态分布概率密度函数的数据,程序如下:

```
x = − 1:0.05:1;
norm = normpdf(x,0,1);
% 产生 μ = 0,σ = 1 的标准正态分布概率密度函数的数据
plot(x,norm,'r * − ','LineWidth',1)
set(gca,'FontSize',10,'TickDir','out','TickLength',[0.02,0.02])
xlabel('X','FontSize',15);
ylabel('PDF','FontSize',15)
title('正态分布概率密度函数');
```

运行程序执行的分布如图 5-2 所示。

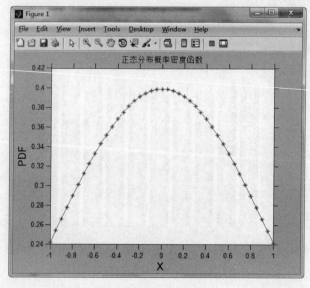

图 5-2 正态分布 PDF

5.3 卡方分布

多个独立同分布的随机变量,且其分布为标准正态分布,它们的平方和构成一个新的随机变量,其分布就是卡方分布。卡方分布的自由度为它们的总个数。

chi2cdf(X,V)用来计算自由度为 V 的卡方分布在任意 X 点处的分布函数值,X 和 V 可以是具有相同规模的向量、矩阵或多维数组。与计算分布函数值用 chi2cdf 函数相对应,计算密度值用 chi2pdf 函数,对于不同自由度分布 PDF 有相应的分布图。卡方分布实现程序如下:

```
x = 0:0.8:100;
N = 1;
y = chi2pdf(x,1 * N);
 % 自由度为 1 的 chi2pdf
y1 = chi2pdf(x,4 * N);
 % 自由度为 4 * N 的 chi2pdf
y2 = chi2pdf(x,6 * N);
 % 自由度为 6 * N 的 chi2pdf
y3 = chi2pdf(x,10 * N);
 % 自由度为 10 * N 的 chi2pdf
y4 = chi2pdf(x,20 * N);
 % 自由度为 20 * N 的 chi2pdf
plot(x,y,'> r',x,y1,'. r',x,y2,'ob',x,y3,' + b',x,y4,'^b');
legend('自由度 N','自由度 4 * N','自由度 6 * N','自由度 10 * N','自由度 20 * N');
axis([0,80,0,0.19]);
title('卡方分布 PDF');
```

运行程序执行的分布如图 5-3 所示。

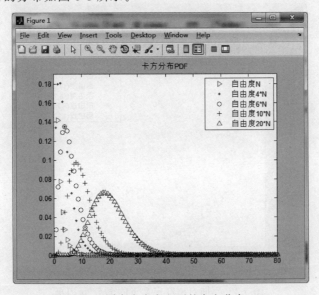

图 5-3 不同自由度定义下的卡方分布 PDF

5.4 F分布

在数理统计中,F分布是重要的抽样分布之一。设随机变量 x 与 y 相互独立,且 x 服从自由度为 m 的卡方分布,y 服从自由度为 n 的卡方分布。因此有统计量$(x*n)/(y*m)$服从自由度为(m,n)的 F 分布,表示为 $F(m,n)$,其中,(m,n)为其参数。F 分布的实现程序如下:

```
x = 0:0.4:80;
y = fpdf(x,10,50);
 % 自由度为(10,50)
y1 = fpdf(x,10,5);
 % 自由度为(10,5)
y2 = fpdf(x,50,10);
 % 自由度为(50,10)
y3 = fpdf(x,5,10);
 % 自由度为(5,10)
y4 = fpdf(x,1,10);
 % 自由度为(1,10)
plot(x,y,'>r',x,y1,'.r',x,y2,'ob',x,y3,'+b',x,y4,'^b');
legend('自由度(10,50)','自由度(10,5)','自由度(50,10)','自由度(5,10)','自由度(1,10)');
xlabel('X','FontSize',10);
ylabel('PDF','FontSize',10)
axis([0,14,0,0.19]);
title('F 分布 PDF');
```

运行程序执行的分布如图 5-4 所示。

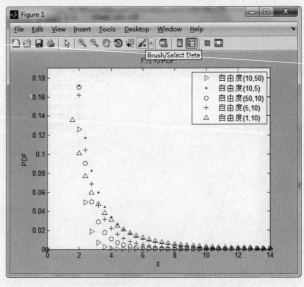

图 5-4 不同自由度定义下的 F 分布 PDF

5.5 T 分布

数理统计中,T 分布是三大抽样分布之一。假设 x 服从标准正态分布,y 服从自由度为 n 的卡方分布,且两个随机变量相互独立,那么,x/sqrt(y/n)作为一个整体服从 T 分布,且其自由度也为 n。

描述自由度分别为 1、2、10、20 和 50 时的 T 分布曲线。实现程序如下:

```
x = -10:0.2:10;
y = tpdf(x,1);
% 自由度为(1)
y1 = tpdf(x,2);
% 自由度为(2)
y2 = tpdf(x,10);
% 自由度为(10)
y3 = tpdf(x,20);
% 自由度为(20)
y4 = tpdf(x,50);
% 自由度为(50)
plot(x,y,'>r',x,y1,'.r',x,y2,'ob',x,y3,'+b',x,y4,'^b');
xlabel('X','FontSize',10);
ylabel('PDF','FontSize',10)
legend('自由度(1)','自由度(2)','自由度(10)','自由度(20)','自由度(50)');
axis([0,4,0,0.5]);
title('T 分布 PDF');
```

运行程序执行的分布如图 5-5 所示。

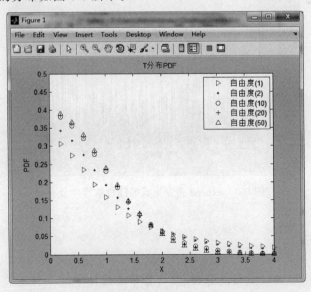

图 5-5　不同自由度定义下的 T 分布 PDF 示意图

5.6 指数分布

指数分布可以用 exprnd 函数实现,可以生成符合指数分布的随机数样本,如 R＝exprnd(MU,M,N,…) 以及 R＝exprnd(MU,[M,N,…])。

其中,R＝exprnd(MU) 生成服从参数为 MU 的指数分布的随机数,输入 MU 与输出 R 的形式相同,参数 MU 为平均值(mean parameter)。要生成均值为 MU 的一组随机数分布,实现程序如下:

```
exp_number = 2000;
Mu = 5;
a = exprnd(Mu, 1, exp_number);
plot(a);
mean = sum(a) /exp_number;
```

运行结果显示为:

```
mean =
    4.9280
```

与程序中设置的 MU 基本吻合,数值分布如图 5-6 所示。

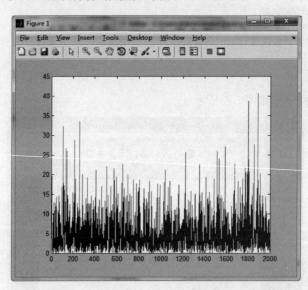

图 5-6　exprnd 指令生成的随机数样本分布

5.7 伽马分布

作为概率统计中一种较重要的分布,伽马分布是统计学的一种连续概率函数。基于伽马分布密度函数的表达,随机变量 X 为直到第 α 件事发生所需的等候时间,当两个独立随机变量 X 和 Y,且 X~Ga(a,γ),Y~Ga(b,γ),则 Z=X+Y~Ga(a+b,γ),注意,X 和 Y 的尺度参数必须一样。

Gamma 分布的特殊形式分为如下两种。

(1) 当形状参数 α=1 时,伽马分布即为参数为 γ 的指数分布,即 X~Exp(γ)。

(2) 当 α=n/2(n 为自由度),β=1/2 时,α 和 β 中 α 称为形状参数,β 称为尺度参数,伽马分布就是自由度为 n 的卡方分布,即 X~2(n)。

设置不同参数值时的伽马分布的实现程序如下:

```
t = 0:0.4:35
syms c
a1 = 1,b1 = 0.3
d = int(c^(a1 - 1) * exp( - c),0,inf)
g = b1.^a1 * (t.^(a1 - 1)). * exp( - b1 * t)/d
g = double(g)
plot(t,g,' * r','linewidth',1)
hold on;
 %第 1 组 a1 = 1,b1 = 0.3
a2 = 2,b2 = 0.3
d = int(c^(a2 - 1) * exp( - c),0,inf)
g = b2.^a2 * (t.^(a2 - 1)). * exp( - b2 * t)/d
g = double(g)
plot(t,g,'g>','linewidth',1)
hold on;
 %第 2 组 a2 = 2,b2 = 0.3
a3 = 5,b3 = 0.3
d = int(c^(a3 - 1) * exp( - c),0,inf)
g = b3.^a3 * (t.^(a3 - 1)). * exp( - b3 * t)/d
g = double(g)
plot(t,g,'bo','linewidth',1)
hold on;
 %第 3 组 a3 = 5,b3 = 0.3
a4 = 10,b4 = 3
d = int(c^(a4 - 1) * exp( - c),0,inf)
g = b4.^a4 * (t.^(a4 - 1)). * exp( - b4 * t)/d
g = double(g)
plot(t,g,'b + ','linewidth',1)
hold on;
 %第 4 组 a4 = 10,b4 = 3
a5 = 15,b5 = 5
d = int(c^(a5 - 1) * exp( - c),0,inf)
g = b5.^a5 * (t.^(a5 - 1)). * exp( - b5 * t)/d
g = double(g)
plot(t,g,'b^','linewidth',1)
hold on;
 %第 5 组 a5 = 15,b5 = 5
legend('a = 1,b = 0.3','a = 2,b = 0.3','a = 5,b = 0.3','a = 10,b = 3','a = 15,b = 5');
```

程序运行结果如图 5-7 所示。

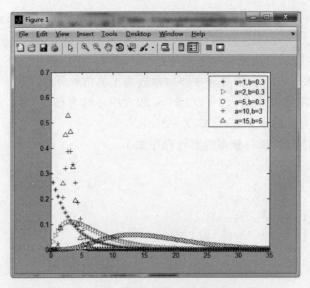

图 5-7　基于不同参数值的伽马分布数值

基于 gampdf 函数的伽马分布实现程序如下：

```
x = gaminv((0.005:0.05:0.995),100,10);
y1_gamma = gampdf(x,100,10);
y2_norm = normpdf(x,1000,100);
plot(x,y1_gamma,'*',x,y2_norm,'+')
title('伽马分布与正态分布 PDF')
legend('Gamma','Normal')
```

程序运行结果如图 5-8 所示。

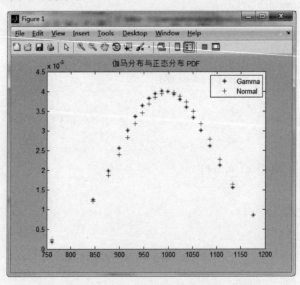

图 5-8　基于 gampdf 函数实现的伽马分布

5.8 对数正态分布

随机变量 X 的对数服从正态分布,则该随机变量服从对数正态分布。对数正态分布从短期来看,与正态分布非常接近,而长期来看,对数正态分布向上分布的数值更多一些。由正态分布的密度函数,可以根据可靠度与不可靠度函数的定义计算出该分布的可靠度函数和不可靠度函数的表达式。

在信号处理中,对数正态分布还具有如下性质。

(1) 正态分布经指数变换后即为对数正态分布,对数正态分布经对数变换后即为正态分布。

(2) 对数正态总是右偏的。

(3) 对数正态分布的均值和方差是其给定参数的增函数。

(4) 对给定参数的数学期望 μ,当方差趋于 0 时,对数正态分布的均值趋于 $\exp(\mu)$,方差趋于 0。

通过调整不同参数,得到的 PDF 形状将随之改变,实现程序如下。

```
x = (0:0.08:20);
y  = lognpdf(x,0.73,0.32);
y1 = normpdf(x,5.73,0.32);
y2  = lognpdf(x,0.63,0.32);
y3  = lognpdf(x,0.63,0.82);
plot(x,y,'>',x,y1,'*',x,y2,'o',x,y3,'^');
xlabel('x');
ylabel('p')
title('对数分布与正态分布 PDF')
legend('lognpdf-0.73,0.32','normpdf-5.73,0.32','lognpdf-0.63,0.32','lognpdf-0.63,0.82')
grid on;
```

程序运行结果如图 5-9 所示。

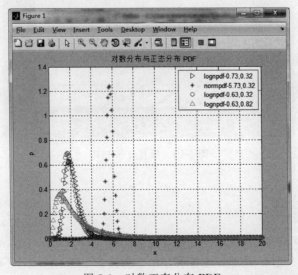

图 5-9 对数正态分布 PDF

5.9 瑞利分布

一个随机二维向量的两个分量呈独立的、有着相同方差的正态分布时,这个向量的模为瑞利分布。瑞利分布可描述信号处理中平坦衰落信号接收包络,或独立多径分量接收包络统计时变特性的一种分布,如两个正交高斯噪声信号之和的包络即服从瑞利分布。

不同参数下瑞利分布 PDF 实现程序如下:

```
x = [0:0.06:6];
y = raylpdf(x,0.5);
y1 = raylpdf(x,0.6);
y2 = raylpdf(x,0.9);
y3 = raylpdf(x,1.5);
plot(x,y,'>',x,y1,'*',x,y2,'+',x,y3,'^')
xlabel('x');
ylabel('p')
title('瑞利 PDF')
legend('b-0.5','b-0.6','b-0.9','b-1.5')
grid on;
```

程序运行结果如图 5-10 所示。

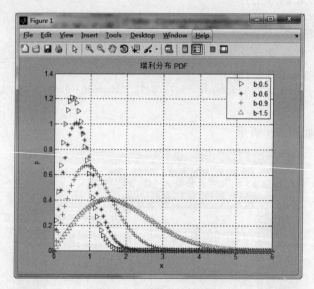

图 5-10 瑞利分布 PDF

5.10 威布尔分布

随机变量 X 服从威布尔分布,表征参数包括比例参数 λ(scale parameter)以及形状参数 k(shape parameter)。当 k=1 时,威布尔分布变为指数分布;当 k=2 时,威布尔分布变为瑞利分布。

比例参数与形状参数选择不同值时，威布尔分布实现程序如下：

```
y   = wblrnd (3,2,60,1);
y1 = wblrnd (3,1,60,1);
y2 = wblrnd (0.3,1,60,1);
y3 = wblrnd (0.3,5,60,1);
subplot(2,2,1);
plot(y,'>-')
title('威布尔分布(3,2)');
grid on;
subplot(2,2,2);
plot(y1,'>-')
title('威布尔分布(3,1)');
grid on;
subplot(2,2,3);
plot(y2,'>-')
title('威布尔分布(0.3,1)');
grid on;
subplot(2,2,4);
plot(y3,'>-')
title('威布尔分布(0.3,5)');
grid on;
```

程序运行结果如图 5-11 所示。

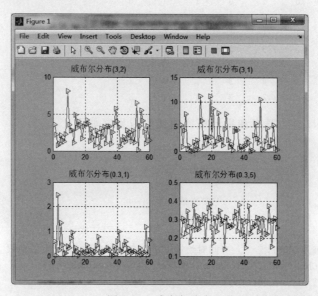

图 5-11　威布尔分布

5.11　二项分布

在每次试验中只有两种可能的结果,而且两种结果的发生互相对立,与其他各次试验结果无关,事件发生与否的概率在每一次独立试验中都保持不变,则这一系列试验总称为 n 重伯努利试验,重复 n 次独立的伯努利试验即为二项分布。当试验次数为 1 时,二项分布服从 0−1 分布。对于伯努利试验,具体要求有如下 3 点。

(1) 在每次试验中只有两种可能的结果,而且是互相对立的。

(2) 每次试验是独立的,与其他各次试验结果无关。

(3) 结果事件发生的概率在整个系列试验中保持不变。

用 binornd 函数可以产生二项分布随机数据,二项分布为 $N \sim B(n, p)$,binornd(N, P, m, n) 返回参数为 N,P 的二项分布随机数,其中,m,n 表示 m 行乘 n 列矩阵。

因为二项分布随机数表示 n 次试验成功的次数,每次试验成功的概率为 p,故 n 次成功的概率为 np,因此对于参数分别为 (10,0.2,8,8) 的随机数矩阵,其程序表示为:

```
binornd(10,0.2,8,8)
```

输出结果为:

```
ans =
      0     1     1     5     2     4     6     1
      2     1     0     1     0     1     1     0
      2     2     0     2     1     5     2     3
      0     0     1     1     4     2     0     2
      3     0     2     3     2     5     2     1
      0     2     0     2     2     2     3     3
      3     3     3     4     3     1     4     2
      2     0     4     2     3     1     1     3
```

二项分布 $B(N, p)$ 的概率和累计概率曲线生成程序如下:

```
N = 80;                        % N 取值
p = 0.3;                       % p 取值
k = 0:5:N;
PDF = binopdf(k,N,p);          % PDF 生成
CDF = binocdf(k,N,p);          % CDF 生成
subplot(1,2,1);
h = plotyy(k,PDF,k,CDF);       % 同时绘制 PDF 和 CDF 在参数(N,p)下的曲线
set(get(h(1),'Children'),'Color','b','Marker','>','MarkerSize',6)
set(get(h(1),'Ylabel'),'String','pdf')
set(h(2),'Ycolor',[1,0,0])
set(get(h(2),'Children'),'Color','r','Marker','+','MarkerSize',6)
% set(get(h(2),'Ylabel'),'String','cdf')
xlabel('k')
```

```
grid on
subplot(1,2,2);
p = 0.7;
PDF = binopdf(k, N, p);
CDF = binocdf(k, N, p);
h = plotyy(k, PDF, k, CDF);
set(get(h(1),'Children'),'Color','b','Marker','>','MarkerSize',6)
% set(get(h(1),'Ylabel'),'String','pdf')
set(h(2),'Ycolor',[1,0,0])
set(get(h(2),'Children'),'Color','r','Marker',' + ','MarkerSize',6)
set(get(h(2),'Ylabel'),'String','cdf')
xlabel('k')
grid on;
```

程序运行结果如图 5-12 所示。

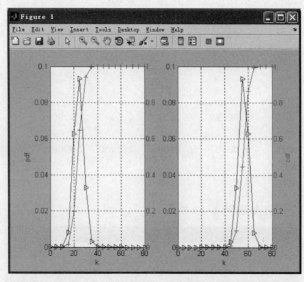

图 5-12   二项分布 PDF 描述曲线图

5.12   几何分布

在 n 次伯努利试验中,试验 k 次才得到第 1 次成功的概率,即前 k−1 次皆失败,第 k 次成功的概率,几何分布是帕斯卡分布当 r=1 时的特例。描述几何分布的实现程序如下:

```
k = 1:20;
P1 = 0.3;
z = geopdf(k, P1)              % p = 0.3
subplot(1,2,1);
stem(z);
```

```
xlabel('k');
ylabel('PDF');
grid on;
P2 = 0.9
z = geopdf(k,P2)               % p = 0.9
subplot(1,2,2);
stem(z);
xlabel('k');
ylabel('PDF');
grid on;
```

命令窗口数据结果如下：

```
z1 =
  Columns 1 through 8
    0.2100    0.1470    0.1029    0.0720    0.0504    0.0353    0.0247    0.0173
  Columns 9 through 16
    0.0121    0.0085    0.0059    0.0042    0.0029    0.0020    0.0014    0.0010
  Columns 17 through 20
    0.0007    0.0005    0.0003    0.0002
z2 =
  Columns 1 through 8
    0.0900    0.0090    0.0009    0.0001    0.0000    0.0000    0.0000    0.0000
  Columns 9 through 16
    0.0000    0.0000    0.0000    0.0000    0.0000    0.0000    0.0000    0.0000
  Columns 17 through 20
    0.0000    0.0000    0.0000    0.0000
```

生成的 PDF 几何分布图如图 5-13 所示。

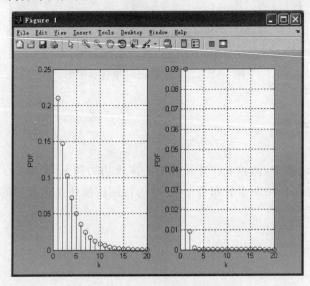

图 5-13   几何分布 PDF

5.13　泊松分布

　　泊松分布是一种重要的离散分布,多出现在当随机变量表示在一定的时间或空间内,出现的事件个数这种场合。理论证明可知,泊松分布可由二项分布的极限得到,即二项分布中 n 较大,概率 p 较小时,因 n 与 p 的乘积结果不会太大,使得随机变量的分布接近于泊松分布,因此,可将计算量较复杂的二项分布转换为泊松分布。

　　泊松分布适合于描述单位时间(或空间)内随机事件发生的次数,包括:服务设施在一定时间内到达的人数、电话交换机接到呼叫的次数、售票窗口的候客人数、机器出现的故障数、自然灾害发生的次数、产品的缺陷数、显微镜下单位分区内的细菌分布数等情况。泊松分布的 PDF 实现程序如下:

```
k = 0:1:20;
px = poisspdf (k,2)          %生成泊松分布的 PDF
subplot(1,2,1);
plot(k,px)
xlabel('k');
ylabel('PDF');
grid on;
py = poisspdf (k,10)         %生成泊松分布的 PDF
subplot(1,2,2);
plot(k,py)
xlabel('k');
ylabel('PDF');
grid on;
```

命令窗口数据结果如下:

```
px =
  Columns 1 through 8
    0.1353    0.2707    0.2707    0.1804    0.0902    0.0361    0.0120    0.0034
  Columns 9 through 16
    0.0009    0.0002    0.0000    0.0000    0.0000    0.0000    0.0000    0.0000
  Columns 17 through 21
    0.0000    0.0000    0.0000    0.0000    0.0000
py =
  Columns 1 through 8
    0.0000    0.0005    0.0023    0.0076    0.0189    0.0378    0.0631    0.0901
  Columns 9 through 16
    0.1126    0.1251    0.1251    0.1137    0.0948    0.0729    0.0521    0.0347
  Columns 17 through 21
    0.0217    0.0128    0.0071    0.0037    0.0019
```

生成的泊松分布 PDF 曲线如图 5-14 所示。

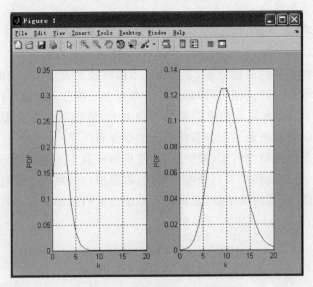

图 5-14　泊松分布 PDF 曲线图

5.14　本章小结

　　概率分布函数是一种描述随机变量取值分布规律的数学表示方法,常用的离散型随机变量分布模型有几何分布、二项分布及泊松分布等;连续型随机变量分布模型有均匀分布、正态分布及瑞利分布。本章针对典型的离散型随机变量和连续型随机变量,描述了其实现过程和概率分布规律。

数字滤波器是由数字乘法器、加法器和延时单元组成的一种算法函数或硬件设备,数字滤波器的功能是对输入离散信号的数字代码进行运算处理,以达到改变信号频谱的目的。对信号滤波就是用数字计算机对数字信号进行处理,即按照预先编制的程序进行计算,通过对数字滤波器的存储器编写程序,可以实现各种滤波功能。对数字滤波器来说,增加功能就是增加程序模块,不需要增加元件,因此,不受元件误差的影响。

数字滤波器是一个离散时间系统,应用数字滤波器处理模拟信号时,首先需对输入模拟信号进行限带、抽样和模/数转换。数字滤波器具有高精度、高可靠性、可程控改变特性或复用、便于集成等优点,在语音信号处理、图像信号处理和医学生物信号处理等领域都得到了广泛应用。

数字滤波器根据脉冲响应函数的时域特性分为无限冲激响应(IIR)滤波器和有限冲激响应(FIR)滤波器。其中,IIR数字滤波器即递归滤波器,具有无限的脉冲响应,本章将对其进行详细介绍。

6.1 IIR 数字滤波器结构

IIR数字滤波器的系统函数可以写成封闭函数的形式,其结构上带有反馈环路。采用递归型结构,由延时单元、乘法系数单元和相加单元等基本运算单元组成,可以组合成直接型、级联型和并联型等结构形式,它们都具有反馈回路。但由于运算中的精度处理,使误差累积,会产生微弱的寄生振荡。

6.1.1 IIR 数字滤波器直接型结构及 MATLAB 实现

IIR滤波器的单位冲激响应是无限的,可以用差分方程来表达。计算输出 y(n)时,需要以前的输出值与输入值,换言之,该表达式还包括反馈环节。当滤波器没有反馈时,其单位冲激响应是有限的,即成为 FIR 滤波器,表示以前输出值的反馈系数为 0。

对于一个 1 阶 IIR 滤波器,其系统框图如图 6-1 所示。

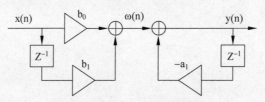

图 6-1   1 阶 IIR 滤波器系统框图

为了实现 1 阶 IIR 滤波器,系统需要两个单位的存储空间,用来存储过去的输入值与输出值。以此类推,考虑 N 阶的 IIR 滤波器,则需要 2N 个存储单元,这种结构被称作直接 I 型结构。

对于直接 I 型滤波器,将其视为有两个较小系统串联而成的系统,那么,调整顺序将不影响输入输出结果,则新的系统框图如图 6-2 所示。

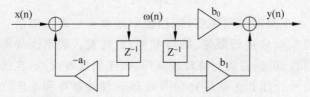

图 6-2   调整顺序后的 1 阶 IIR 滤波器系统框图

再将两个延迟算子单元合并使用,可以得到合并后的滤波器系统,如图 6-3 所示。

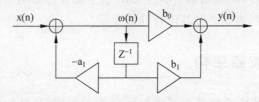

图 6-3   合并延迟算子单元的 1 阶 IIR 滤波器系统框图

合并延迟算子单元的 1 阶 IIR 滤波器系统与之前的直接 I 型系统一样,拥有完全相同的输入输出特性。然而,这种结构的滤波器系统的优势表现在节省了一半的延迟算子单元。因此,通过分析可知,实现这个滤波器所需要的存储空间为 N,这种结构被称作直接 II 型结构。

对于确定的系统传递函数,其分子多项式系数矩阵表示为 b,分母多项式系数矩阵表示为 a,输入信号表示为 x,输出信号表示为 y,则 MATLAB 可基于 filter 函数实现直接型滤波器功能,命令调用形式为:y=filter(b,a,x)。

实现程序如下:

```
X = [1:0.1:3]'
% X = 输入信号
b = [1/1 1/2 1/3 1/4 1/5];
% 分子多项式系数矩阵
a = 2;
% 分母多项式系数矩阵
Y = filter(b,a,X)
% b = [1/1 1/2 1/3 1/4 1/5], a = 2
```

程序运行输出如下：

```
Y =
    0.5000
    0.8000
    1.0417
    1.2583
    1.4625
    1.5767
    1.6908
    1.8050
    1.9192
    2.0333
    2.1475
    2.2617
    2.3758
    2.4900
    2.6042
    2.7183
    2.8325
    2.9467
    3.0608
    3.1750
    3.2892
```

用直接型实现的 IIR 数字滤波器，其系统函数的定义如下：

```
b = [8,  -4,   11,   -2,   10];
a = [1,  -5/4, 3/4,  -1/8,  1/8];
```

其单位冲激响应的 MATLAB 实现程序如下：

```
b = [8,  -4,   11,   -2,   10];
% 系数矩阵 b
a = [1,  -5/4, 3/4,  -1/8, 1/8];
% 系数矩阵 a
N = 40;
% 输出序列取值范围 N
```

```
h = impz(b,a,N)
% 直接型离散时间系统单位脉冲响应 h
x = [ones(1,6),zeros(1,N-10)]
% 单位阶跃信号 x
y = filter(b,a,x);
% 直接型输出信号
subplot(2,2,1);
stem(h);
xlabel('n');
ylabel('h');
title('h(n)');
grid on;
subplot(2,2,2);
stem(y);
xlabel('n');
ylabel('y');
title('y(n)');
grid on;
subplot(2,2,3);
plot(h);
xlabel('n');
ylabel('h');
title('h(n)');
grid on;
subplot(2,2,4);
plot(y);
xlabel('n');
ylabel('y');
title('y(n)');
grid on;
```

阶跃信号的产生结果为：

```
x =
  Columns 1 through 14
     1   1   1   1   1   1   0   0   0   0   0   0   0   0
  Columns 15 through 28
     0   0   0   0   0   0   0   0   0   0   0   0   0   0
  Columns 29 through 36
     0   0   0   0   0   0   0   0
```

经过 IIR 数字滤波器系统函数为 H 的单位冲激响应和单位阶跃响应的输出如图 6-4 所示。

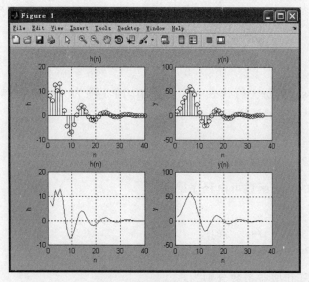

图 6-4　响应输出结果图

6.1.2　IIR 数字滤波器级联型结构及 MATLAB 实现

在级联型结构 IIR 数字滤波器中,将系统函数分解成多个子系统级联的形式,各子系统为一阶或二阶单元,结构如图 6-5 所示。

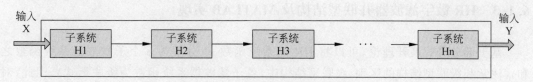

图 6-5　系统函数级联型结构框图

级联结构即是 MATLAB 信号处理工具箱定义的 SOS 模型,因此可以借助 MATLAB信号处理工具箱进行计算,工具箱提供的函数包括如下 6 个。

（1）% zp2sos:零极点转换为二阶节结构。

（2）% tf2sos:传输函数转换为二阶节结构。

（3）% ss2sos:状态空间转换为二阶节结构。

（4）% sos2ss:二阶节转换为状态空间。

（5）% sos2tf:二阶节转换为传输函数。

（6）% sos2zp:二阶节转换为零极点。

级联系数矩阵表示为:

$$\mathbf{sos} = \begin{bmatrix} b_{01} & b_{11} & b_{21} & 1 & a_{11} & a_{21} \\ b_{02} & b_{12} & b_{22} & 1 & a_{12} & a_{22} \\ \vdots & \vdots & \vdots & \vdots & \vdots & \vdots \\ b_{0L} & b_{1L} & b_{2L} & 1 & a_{1L} & a_{2L} \end{bmatrix}$$

级联系数矩阵 **sos** 的每一行代表一个二阶节,前 3 项为分子系数,后 3 项为分母系数,增益系数为 G,对于直接型系统函数 H 存在:

```
b = [8, -4,   11,   -2,   10];
a = [1, -5/4, 3/4,  -1/8, 1/8];
```

其级联型结构的系统函数可由程序得到:

```
b = [8, -4,   11,   -2,   10];
a = [1, -5/4, 3/4, -1/8, 1/8];
[ sos, G ] = tf2sos ( b, a )
```

级联型系数矩阵和增益系数分别为:

```
sos =
    1.0000    0.7231    0.9679    1.0000    0.1304    0.1630
    1.0000   -1.2231    1.2915    1.0000   -1.3804    0.7670
G =
    8
```

6.1.3 IIR 数字滤波器并联型结构及 MATLAB 实现

基于部分分式展开理论,可以将 IIR 的系统函数 H 分解为多个子滤波器系统函数之和,(注意和级联型结构的区别,级联型结构中,各子滤波器系统函数为级联形式),因此,对于一般形式的并联型 IIR 数字滤波器,其结构可表示为图 6-6。

基于 MATLAB 软件实现并联型 IIR 滤波器生产系统函数时,其求解过程如下:

(1) 由已知系统函数的系数,求解出留数和极点。

(2) 求解对应子系统的系数(分为实数极点和复极点)。

(3) 并联实系数系统,构造出最终的并联型 IIR 滤波器。

具体步骤流程图如图 6-7 所示。

对于系统函数分子与分母系数分别为:

```
b = [8, -4,   11,   -2 ];
%分子系数
a = [1, -5/4, 3/4,  -1/8];
%分母系数
```

其留数、极点和常数的计算调用程序为:

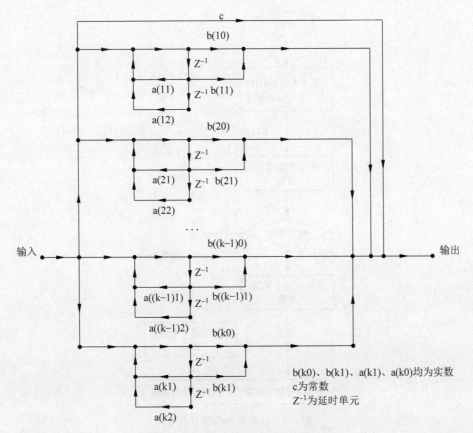

b(k0)、b(k1)、a(k1)、a(k0)均为实数
c为常数
Z^{-1}为延时单元

图 6-6　IIR 数字滤波器并联型结构图

```
b = [8,  -4,   11,   -2 ];
%分子系数
a = [1, -5/4, 3/4,  -1/8];
%分母系数
[ r, p, c ] = residuez(b, a);
%并联型系统函数的各系数
disp ('»留数: ');
disp (r');
disp ('»极点: ');
disp (p');
disp ('»常数: ');
disp (c);
```

程序运行结果为：

»留数：
　-8.0000 + 12.0000i　　-8.0000 - 12.0000i　　8.0000
»极点：

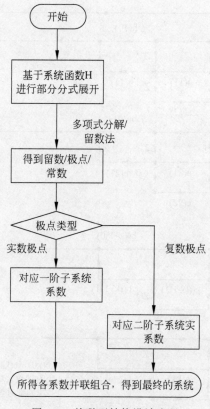

图 6-7　并联型结构设计流程

```
    0.5000 − 0.5000i   0.5000 + 0.5000i   0.2500
»常数:
    16
```

由程序运行结果可直接得到一阶分式的分子和分母系数,而实数二阶分式的实现程序如下:

```
r1  =    − 8.0000 + 12.0000i;              % 留数 1
r2  =    − 8.0000 − 12.0000i ;             % 留数 2
p1  =   0.5000 − 0.5000i;                   % 极点 1
p2  =   0.5000 + 0.5000i;                   % 极点 2
% 多项式系数计算
R1 = [ r1, r2 ];                            % 二阶子系统共轭复数留数 1/2 的向量
P1 = [ p1, p2 ];                            % 二阶子系统共轭复数极点 1/2 的向量
[ b1, a1 ] = residuez( R1, P1, 0 );         % 并联型二阶子系统的各系数
disp ('»»所得二阶子系统分子多项式系数:');
disp (b1');
disp ('»»所得二阶子系统分母多项式系数:');
disp (a1');
```

程序运行输出如下。

》》所得二阶子系统分子多项式系数：

-16
 20
  0

》》所得二阶子系统分母多项式系数：

 1.0000
-1.0000
 0.5000

因此，由二阶子系统的系数向量[b1，a1]和一阶子系统的系数向量[r，p，c]，可以实现IIR并联型结构，如图6-8所示。

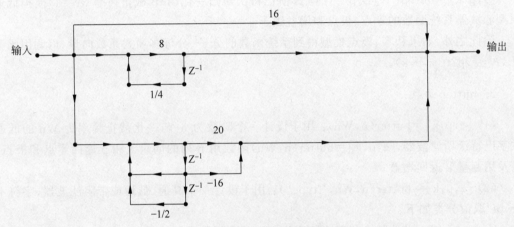

图 6-8　最终实现的系统结构图

6.2　IIR 数字滤波器基础——模拟低通滤波器结构及 MATLAB 实现

IIR 数字滤波器可以基于典型的巴特沃斯滤波器或切比雪夫滤波器等模拟滤波器，根据已有的设计参数再通过一定的变换即可实现。

6.2.1　巴特沃斯滤波器结构及 MATLAB 实现

根据巴特沃斯滤波器幅度平方函数，其阶数越高，通带和阻带的性能越好，过渡带也就越陡峭。MATLAB 软件提供了计算巴特沃斯滤波器系统函数零极点、滤波器阶数、截止频率以及系统函数的分子/分母系数的指令。

1. buttord 函数

(1) [N,wc]=buttord(Wp,Ws,Rp,Rs)：用于计算巴特沃斯数字滤波器的阶数 N 和 3dB 截止频率 wc,调用的参数 Wp、Ws 分别为数字滤波器的通带、阻带截止频率的归一化值(需要注意其范围: $0 \leqslant Wp \leqslant 1, 0 \leqslant Ws \leqslant 1$),1 表示数字频率 pi。

Rp 和 Rs 分别为通带最大衰减和阻带最小衰减(dB)。当 $Ws \leqslant Wp$ 时,为高通滤波器; 当 Wp 和 Ws 为二元矢量时,为带通或带阻滤波器,这时 wc 也是二元向量。

(2) [N,wc]=buttord(Wp,Ws,Rp,Rs,'s')：用于计算巴特沃斯模拟滤波器的阶数 N 和 3dB 截止频率 wc,Wp 和 Ws 为实际模拟角频率。

2. buttap(N)函数

[z,p,k]=buttap(N)：用于计算 N 阶巴特沃斯归一化(3dB 截止频率 wc=1)模拟低通原型滤波器系统函数的零点、极点和增益因子。

除此之外,如果从零、极点模型得到系统函数的分子、分母多项式系数向量,可调用函数 [B,A]=zp2tf(z,p,k)。

3. butter 函数

(1) [z,p,k]=butter(n,Wn)：用于设计一个阶数为 n,归一化截止频率为 Wn 的低通数字巴特沃斯滤波器,[z,p,k]=butter(n,Wn)函数用 n 列的向量 z 和 p 返回零点和极点, 以及用标量 k 返回增益。

(2) [z,p,k]=butter(n,Wn,'ftype')：用于设计一个高通、低通或带阻滤波器,字符串 'ftype'取值分类如下。

① high：用于设计归一化截止频率为 Wn 的高通数字滤波器。

② low：用于设计归一化截止频率为 Wn 的低通数字滤波器。

③ stop：用于设计阶数为 2n 的带阻数字滤波器。

Wn 是有两个元素的向量,Wn=[w1 w2],阻带是 $w1 < \omega < w2$。

(3) [b,a]=butter(n,Wn)：用于设计一个阶为 n,归一化截止频率为 Wn 的数字低通巴特沃斯滤波器,它返回滤波器系数在长度为 n+1 的行向量 b 和 a 中,这两个向量包含 z 的降幂系数矩阵。

(4) [b,a]=butter(n,Wn,'ftype')：用于设计一个高通、低通或带阻滤波器,字符串 'ftype'取值分类如下。

① high：用于设计归一化截止频率为 Wn 的高通数字滤波器。

② low：用于设计归一化截止频率为 Wn 的低通数字滤波器。

③ stop：用于设计阶数为 2n 的带阻数字滤波器。

(5) [A,B,C,D]=butter(n,Wn)：A、B、C 和 D 分别是状态向量和输出向量的系数矩阵。

(6) [z,p,k]＝butter(n,Wn,'s')：用于设计一个阶 n,截止角频率为 Wn 的模拟低通巴特沃斯滤波器,它返回零点和极点在长度为 n 或 2n 的列向量 z 和 p 中,标量 k 返回增益因子。butter 的截止角频率 Wn＞0。

高通滤波器的实现程序如下：

```
ws = 2000;                          % 采样频率
wc = 500;                           % 截止频率
[b,a] = butter(8,0.2,'high')        % high
[h,w] = freqz(b,a);                 % 计算数字滤波器的频率响应函数(默认为512)
subplot (221);
plot(w/pi * ws/2,abs(h));
title('幅频响应');
xlabel('频率 Frequency (Hz)');
ylabel('幅度 Amplitude');
grid on;
subplot (223);
plot(w/pi * ws/2,angle(h) * 180/pi);
title('相频响应');
xlabel('频率 Frequency (Hz)');
ylabel('相位');
grid on;
x = randn(1,ws * 20);               % randn 随机信号
y = filter(b,a,x);
subplot (222);
plot(x);
title('原始随机信号');
grid on;
subplot (224);
plot(y);
title('滤波器处理后的输出信号');
grid on;
```

系数矩阵的输出结果为：

```
b =
  Columns 1 through 8
    0.1929   - 1.5430    5.4005  - 10.8009   13.5011  - 10.8009    5.4005  - 1.5430
  Column 9
    0.1929
a =
  Columns 1 through 8
    1.0000   - 4.7845   10.4450  - 13.4577   11.1293   - 6.0253    2.0793  - 0.4172
  Column 9
    0.0372
```

程序运行结果如图 6-9 所示。

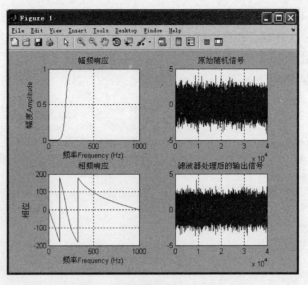

图 6-9　高通滤波器的输出特性图

低通滤波器的实现程序如下：

```
ws = 100;                              % 采样频率
wc = 20;                               % 截止频率
[b,a] = butter(8,0.5,'low')            % low
[h,w] = freqz(b,a);                    % 计算数字滤波器的频率响应函数(默认为 512)
subplot (221);
plot(w/pi * ws/2,abs(h));
title('幅频响应');
xlabel('频率 Frequency (Hz)');
ylabel('幅度 Amplitude');
grid on;
subplot (223);
plot(w/pi * ws/2,angle(h) * 180/pi);
title('相频响应');
xlabel('频率 Frequency (Hz)');
ylabel('相位');
grid on;
x = randn(1,ws * 20);                  % randn 随机信号
y = filter(b,a,x);
subplot (222);
plot(x);
title('原始随机信号');
grid on;
subplot (224);
plot(y);
title('滤波器处理后的输出信号');
grid on;
```

系数矩阵的输出结果为：

```
b =
  Columns 1 through 8
    0.0093    0.0741    0.2595    0.5190    0.6487    0.5190    0.2595    0.0741
  Column 9
    0.0093
a =
  Columns 1 through 8
    1.0000    0.0000    1.0609   -0.0000    0.2909   -0.0000    0.0204    0.0000
  Column 9
    0.0002
```

程序运行结果如图 6-10 所示。

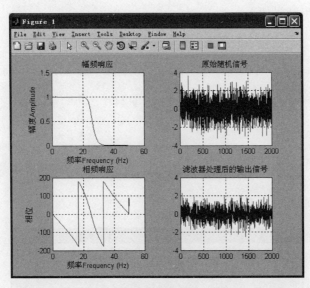

图 6-10 低通滤波器的输出特性图

带阻滤波器的实现程序如下：

```
ws = 100;                        % 采样频率
wc = 20;                         % 截止频率
[b,a] = butter(6,[ 0.5, 0.8], 'stop')    % stop 设置
[h,w] = freqz(b,a);              % 计算数字滤波器的频率响应函数(默认为512)
subplot (221);
plot(w/pi * ws/2,abs(h));
title('幅频响应');
xlabel('频率 Frequency (Hz)');
ylabel('幅度 Amplitude');
grid on;
subplot (223);
plot(w/pi * ws/2,angle(h) * 180/pi);
```

```
title('相频响应');
xlabel('频率 Frequency (Hz)');
ylabel('相位');
grid on;
x = randn(1,ws * 20);                    % randn 随机信号
y = filter(b,a,x);
subplot (222);
plot(x);
title('原始随机信号');
grid on;
subplot (224);
plot(y);
title('滤波器处理后的输出信号');
grid on;
```

系数矩阵的输出结果如下：

```
b =
  Columns 1 through 8
    0.1477    0.9033    3.1876    7.6432   13.8106   19.3872   21.7069   19.3872
  Columns 9 through 13
   13.8106    7.6432    3.1876    0.9033    0.1477
a =
  Columns 1 through 8
    1.0000    4.2697   10.1186   16.6339   21.0005   21.0459   17.0856   11.2431
  Columns 9 through 13
    5.9771    2.5011    0.7952    0.1737    0.0218
```

程序运行结果如图 6-11 所示。

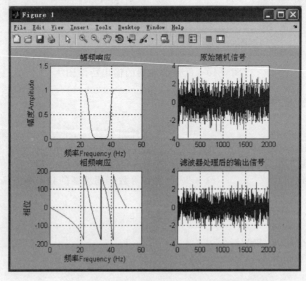

图 6-11　带阻滤波器的输出特性图

对于梳状滤波器的设计，可以基于 iircomb 函数实现，函数调用格式如下。

```
[ num, den ] = iircomb ( n, bw )
[ num, den ] = iircomb ( n, bw, ab )
[ num, den ] = iircomb ( n, bw, ab, 'type' )
```

其中，[num,den]＝iircomb(n,bw)函数返回值是开槽滤波器系统函数，n 为滤波器阶数，在归一化频率区间(0～2pi)，开槽数为 n+1，bw 为开槽－3dB 处的带宽；[num,den]＝iircomb(n,bw,ab)函数返回值是开槽滤波器系统函数，n 为滤波器阶数，在归一化频率区间(0～2pi)，开槽数为 n+1，bw 为开槽 ab dB 处的带宽；[num,den]＝iircomb(n,bw,ab,'type')函数返回值是开槽滤波器系统函数，n 为滤波器阶数，在归一化频率区间(0～2pi)，开槽数为 n+1，bw 为开槽 ab dB 处的带宽，type 为 notch 或 peak。

基于 iircomb 函数实现的开槽梳状数字滤波器实现程序如下：

```
fs = 3000;
fo = 600;                              % 基频率
q = 10;                                % Q因子
bw = (fo/(fs/2))/q;                    % 带宽计算
[b,a] = iircomb(fs/fo,bw,'notch');     % 类型参数选项有'notch'和'peak'
fvtool(b,a);
```

其幅频特性曲线如图 6-12 所示。

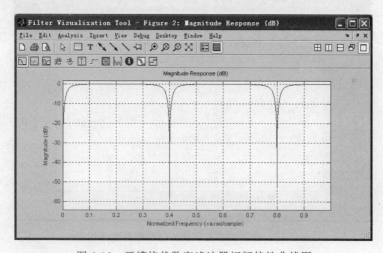

图 6-12　开槽梳状数字滤波器幅频特性曲线图

相位频率响应曲线如图 6-13 所示。

基于 iircomb 函数实现的峰值梳状数字滤波器程序如下：

```
fs = 3000;
fo = 600;                              % 基频率设置
q = 10;                                % Q因子设置
```

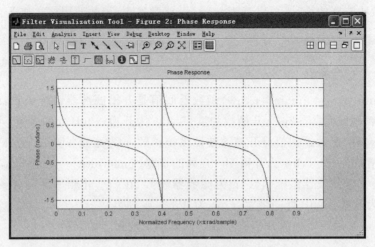

图 6-13　开槽梳状数字滤波器相位频率响应曲线

```
bw = (fo/(fs/2))/q;                    % 带宽计算
[b,a] = iircomb(fs/fo,bw,'peak');      % 类型参数选项有'notch'和'peak'
fvtool(b,a);
```

其幅频特性曲线如图 6-14 所示。

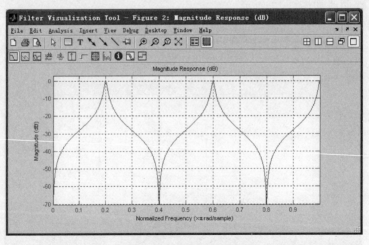

图 6-14　峰值梳状数字滤波器幅频特性曲线图

相位频率响应曲线如图 6-15 所示。

对于已知参数情况下,设计巴特沃斯滤波器,可以按照确定技术指标要求,确定阶数,求解系统函数的过程实现,MATLAB 实现程序如下:

```
Wp = 2 * pi * 2500;                    % 通带边界频率设置
Ws = 2 * pi * 3500;                    % 阻带边界频率设置
Rp = 1;                                % 通带最大衰减 dB
```

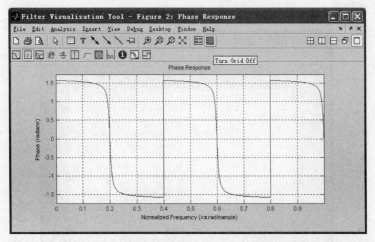

图 6-15　峰值梳状数字滤波器相位频率响应曲线

```
As = 30;                        % 阻带最小衰减 dB
[ N, Wc ] = buttord (Wp,Ws,Rp,As,'s')    % 滤波器的阶数和 3dB 截止频率
[ b, a ]  = butter(N,Wc,'s')    % 滤波器系统函数分子分母多项式
fk = 0:800/512:8000;
Wk = 2 * pi * fk;
Hk = freqs(b,a,Wk);
plot(fk/1000,20 * log10(abs(Hk)));
grid on;
xlabel ('频率(kHz)');
ylabel ('幅度(dB)')
title ('巴特沃斯模拟滤波器')
```

运行结果输出如下：

```
N =
    13
Wc =
 1.6861e + 004
b =
 1.0e + 054 *
 Columns 1 through 8
      0        0        0        0        0        0        0        0
 Columns 9 through 14
      0        0        0        0        0   8.9010
a =
 1.0e + 054 *
 Columns 1 through 8
   0.0000   0.0000   0.0000   0.0000   0.0000   0.0000   0.0000   0.0000
 Columns 9 through 14
   0.0000   0.0000   0.0000   0.0000   0.0044   8.9010
```

其频率特性如图 6-16 所示。

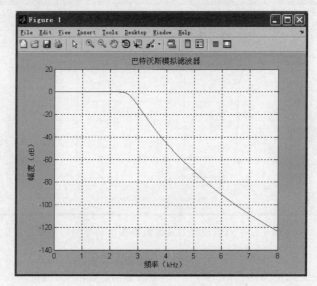

图 6-16   巴特沃斯滤波器频率特性

6.2.2   切比雪夫滤波器结构及 MATLAB 实现

切比雪夫滤波器在过渡带比 6.2.1 节所述的巴特沃斯滤波器衰减要快,但不足的是,频率响应的幅频特性曲线不如巴特沃斯滤波器平坦。切比雪夫滤波器和理想滤波器的频率响应曲线之间的误差最小,但在通频带内存在幅度波动。根据频率响应曲线波动位置的不同,切比雪夫滤波器可以分为两大类:Ⅰ型切比雪夫滤波器和Ⅱ型切比雪夫滤波器。

设计一个一阶低通Ⅰ型切比雪夫滤波器,实现程序如下:

```
N = 10;                          % 阶数设置
Wp = 0.4;                        % 归一化截止频率设置
Rp = 1;                          % 通带波纹设置
[ b, a ] = cheby1(N, Rp, Wp, 'low');    % 设计低通滤波器
freqz( b, a )                    % 频率响应曲线
```

运行结果输出如下:

```
b =
  Columns 1 through 8
    0.0000    0.0003    0.0013    0.0035    0.0061    0.0073    0.0061    0.0035
  Columns 9 through 11
    0.0013    0.0003    0.0000
a =
  Columns 1 through 8
    1.0000   − 5.3138   14.9704   − 28.1875   38.6678   − 40.0304   31.5472   − 18.6784
```

```
Columns 9 through 11
   7.9749    - 2.2339    0.3170
```

一阶低通切比雪夫幅频特性曲线如图 6-17 所示。

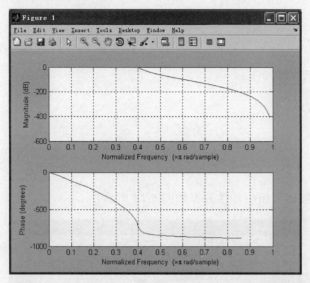

图 6-17　一阶低通切比雪夫滤波器幅频特性曲线示意图

基于切比雪夫Ⅰ型滤波器设计对信号进行处理,原信号产生程序如下:

```
fs = 1300;                              % 采样频率
Ts = 1/fs;
N  = 1300;                              % 序列长度
t = (0:N-1) * Ts;
delta_f = 1 * fs/N;
f1 = 30;                                % 频率分量 1
f2 = 70;                                % 频率分量 2
f3 = 160;                               % 频率分量 3
f4 = 390;                               % 频率分量 4
f5 = 430;                               % 频率分量 5
x1 = cos(2 * pi * f1 * t);              % 信号分量 1
x2 = sin(2 * pi * f2 * t);              % 信号分量 2
x3 = cos(2 * pi * f3 * t);              % 信号分量 3
x4 = sin(2 * pi * f4 * t);              % 信号分量 4
x5 = cos(2 * pi * f5 * t);              % 信号分量 5
x = x1 + x2 + x3 + x4 + x5;             % 输入待处理信号
% 参数设置
X = fftshift(abs(fft(x)))/N;            % X 输入待处理信号幅度变换
X_angle = fftshift(angle(fft(x)));      % X 输入待处理信号相位变换
f = ( -N/2 : N/2-1 ) * delta_f;
% X 信号设置
subplot(2, 2, 1);
```

```
plot(t, x);
title('输入待处理信号 X');
subplot(2, 2, 2);
plot(f, X);
grid on;
title('信号频谱分布特性');
subplot(2, 2, 4);
plot(f, X_angle);
title('原信号频谱相位特性');
grid on;
subplot(2, 2, 3);
stem(t, x);
title('X');
grid on;
% 波形显示
```

待处理信号的频谱与相位特性分布如图 6-18 所示。

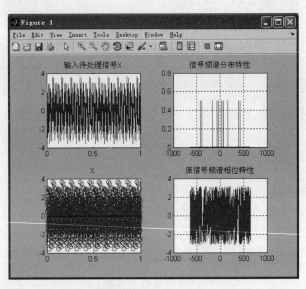

图 6-18　待处理信号的频谱与相位特性分布

针对待处理信号的低通滤波程序如下：

```
Wp = 60/(fs/2);                                    % 通带截止频率并对其归一化
Ws = 100/(fs/2);                                   % 阻带截止频率并对其归一化
alpha_p = 5;                                       % 通带允许最大衰减
alpha_s = 60;                                      % 阻带允许最小衰减
[ N1, Wc1 ] = cheb1ord( Wp , Ws , alpha_p , alpha_s);   % 返回阶数和截止频率
[ b, a ] = cheby1(N1, alpha_p, Wc1, 'low');        % 返回转移函数系数
% 滤波
f_s = filter(b,a,x);
X_s = fftshift(abs(fft(f_s)))/N;
```

```
X_angle = fftshift(angle(fft(f_s)));
%%%%%
subplot(3,1,1);
plot(t,f_s);
grid on;
title('信号时域波形');
subplot(3,1,2);
plot(f,X_s);
title('低通滤波后频域幅度特性');
subplot(3,1,3);
plot(f,X_angle);
title('低通滤波后频域相位特性');
```

程序运行结果如图 6-19 所示。

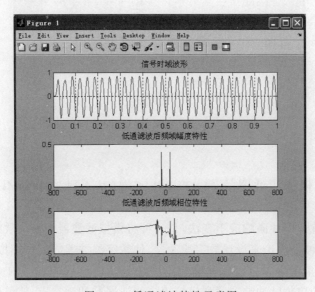

图 6-19　低通滤波特性示意图

Ⅱ型切比雪夫滤波器实现程序如下：

```
Wp = 4000;                                    % 频率 Wp
Ws = 12000;
Rp = 1;                                       % 通带波纹
Rs = 25;
Wp1 = 1;
Ws1 = Ws/Wp;
[ N, Wc ] = cheb2ord(Wp1, Ws1, Rp, Rs, 's');
[ z, p, k ] = cheb2ap(N, Rs);                 % 返回[ z, p, k ]
[ b, a ] = zp2tf( z, p, k );                  % 返回系统函数系数
t = 0: 0.05 * pi : 2 * pi;
[ h, t ] = freqs( b, a, t );
plot(t * Wc/Wp1, abs(h));                     % 频率响应曲线
```

```
grid on;
title('幅度频率特性曲线');
```

程序运行结果如图 6-20 所示。

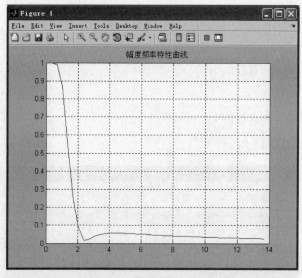

图 6-20　滤波特性示意图

6.2.3　IIR 数字低通滤波器的 MATLAB 实现(基于脉冲响应不变法)

　　脉冲响应不变法,即冲激响应不变法,是一种将模拟滤波器转换为数字滤波器的基本方法。它利用模拟滤波器理论来设计数字滤波器,使数字滤波器能模仿模拟滤波器的特性,模仿方式可从不同的角度出发。而脉冲响应不变法是从滤波器的脉冲响应角度出发来实现的,使数字滤波器的单位脉冲响应序列模仿模拟滤波器的冲激响应,使单位脉冲响应序列正好等于冲激响应的采样值。

　　采用脉冲响应不变法将模拟滤波器变换为数字滤波器时,它所完成的 S 平面到 Z 平面的变换,正是拉普拉斯变换到 Z 变换的标准变换关系,即首先对拉普拉斯变换做周期延拓,然后再经过映射关系映射到 Z 平面上。其特点如下:

　　(1) 在要求时域脉冲响应能模仿模拟滤波器的场合,使用脉冲响应不变法来实现。

　　(2) 脉冲响应不变法频率坐标的变换是线性的,当模拟滤波的频率响应带限于折叠频率以内,通过变换后滤波器的频率响应可不失真地反映原响应与频率的关系。

　　(3) 如果脉冲响应的拉普拉斯变换是稳定的,即其极点在 S 左半平面,那么映射到 Z 平面变换也是稳定的。

　　(4) 频谱周期延拓效应用于带限的频率响应特性,包括衰减特性很好的低通或带通。而高频衰减越大,频率响应的混淆效应越小。

数字滤波器的幅频特性与采样间隔数值有关,模拟滤波器的幅频特性可以通过采样周期 T 映射到数字滤波器的幅频特性中,采样周期越小,幅度衰减越大。当阶数较高时,可以基于 MATLAB 提供的 impinvar 函数实现数字滤波器。实现程序如下:

```
T    = 2/2                              % 设置采样周期 T
fs   = 1/T;                             % 设置采样频率 1/T
Wp   = 0.2 * pi/T;                      % 设置(Passband corner frequency)通带截止频率
Ws   = 0.3 * pi/T;
% 设置归一化(Stopband corner frequency)阻带截止频率
Ap   = 20 * log10(1/0.78);             % 设置通带增益 decibel dB
As   = 20 * log10(1/0.08);             % 设置阻带衰减 decibel dB
[N,Wc] = buttord(Wp,Ws,Ap,As,'s')     % butter 函数计算巴特沃斯滤波器阶数 N 和截止频率
[B,A]  = butter(N,Wc,'s')             % butter 函数计算巴特沃斯滤波器系数
W    = linspace(0,pi,400 * pi);        % 线性矢量赋值给指定一段频率
hf   = freqs(B,A,W)                    % 计算模拟滤波器的复频率响应
subplot(2,2,1);
hf(1)
plot(W/pi,abs(hf)/abs(hf(1)));         % 巴特沃斯模拟滤波器的幅频曲线
grid on;
title('巴特沃斯模拟滤波器');
xlabel('模拟 f/Hz');
ylabel('幅值 Magnitude');
[bz,az] = impinvar(B,A,fs);            % 调用 Impulse invariance method 脉冲响应不变法
% analog - to - digital filter 转换
hz = freqz(bz,az,W);                   % 返回 hz
subplot(2,2,2);
hz(1)
plot(W/pi,abs(hz)/abs(hz(1)));         % 巴特沃斯数字低通滤波器的幅频特性曲线
grid on;
title('巴特沃斯数字滤波器');
xlabel('数字 f/Hz');
ylabel('幅值 Magnitude');
subplot(2,2,3);
hf(1)
stem(W/pi,abs(hf)/abs(hf(1)));         % 巴特沃斯模拟滤波器的幅频曲线
grid on;
title('巴特沃斯模拟滤波器');
xlabel('模拟 f/Hz');
ylabel('幅值 Magnitude');
[bz,az] = impinvar(B,A,fs);            % 调用 Impulse invariance method 脉冲响应不变法
% analog - to - digital filter 转换
hz = freqz(bz,az,W);
% 返回 hz
subplot(2,2,4);
hz(1)
stem(W/pi,abs(hz)/abs(hz(1)));         % 巴特沃斯数字低通滤波器的幅频特性曲线
```

```
grid on;
title('巴特沃斯数字滤波器');
xlabel('数字 f/Hz');
ylabel('幅值 Magnitude');
```

运行结果输出如下：

```
T =
    1
N =
    7
Wc =
    0.6573
B =
        0        0        0        0        0        0        0    0.0530
A =
    1.0000   2.9539   4.3628   4.1440   2.7239   1.2390   0.3624   0.0530
```

基于脉冲响应不变法实现的数字低通滤波器幅频响应曲线如图 6-21 所示。

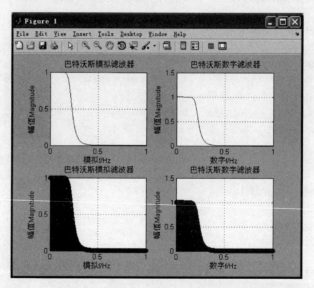

图 6-21　基于脉冲响应不变法实现的数字低通滤波器幅频响应曲线

当已知数字低通滤波器指标时,根据截止频率—阶数—极点—系数矩阵,可以最终得到数字低通滤波器的幅频特性和相位特性,实现程序如下：

```
Wp = 0.25 * pi;
Ws = 0.35 * pi;
Ap = 2;
Ar = 12;
T = 2;
% 参数设置
```

```
Omegap = Wp/T;
Omegas = Ws/T;
% 截止频率设置
[N,Wc] = buttord(Wp,Ws,Ap,Ar,'s')
[Z,P,K] = buttap(N);
z = Z * Wc;
p = P * Wc;
k = K * Wc^N;
% 参数计算
B = k * real(poly(z))
A = real(poly(p))
[b,a] = impinvar(B,A,1/T)
[C1,B1,A1] = dir2par(b,a)
[db,mag,pha,grd,w] = freqz_m(b,a);
% 实部与虚部分离
subplot(2,2,1);
plot(w/pi,mag);
grid on;
subplot(2,2,2);
plot(w/pi,db);
grid on;
subplot(2,2,3);
stem(w/pi,mag);
grid on;
subplot(2,2,4);
stem(w/pi,db);
grid on;
```

子函数文件命名为 freqz_m. m、dir2par. m 以及 cplxcomp. m,调用过程如下:

```
function[db,mag,pha,grd,w] = freqz_m(b, a)
[H,w] = freqz(b,a,1000,'whole');
H = (H(1:501))';
w = (w(1:501))';
mag = abs(H);
db = 20 * log10((mag + eps)/max(mag));
pha = angle(H);
grd = grpdelay(b,a,w);
% 函数定义
function [C,B,A] = dir2par(b, a)
% 直接型结构转换为并联型
% [C,B,A] = dir2par(b,a)
% C 为当 b 的长度等于 a 的长度时多项式的部分
% B = 包含各因子系数 bk 的 K 行 2 维实系数矩阵
% A = 包含各因子系数 ak 的 K 行 3 维实系数矩阵
% b = 直接型分子多项式系数
```

```
%a = 直接型分母多项式系数
M = length(b);
N = length(a);
[r1,p1,C] = residuez(b,a);
p = cplxpair(p1,10000000 * eps);
I = cplxcomp(p1,p);
r = r1(I);
K = floor(N/2);
B = zeros(K,2);
A = zeros(K,3);
if K * 2 == N;
    for i = 1:2:N - 2
        Brow = r(i:1:i + 1,:);
        Arow = p(i:1:i + 1,:);
        [Brow,Arow] = residuez(Brow,Arow,[]);
        B(fix((i + 1)/2),:) = real(Brow);
        A(fix((i + 1)/2),:) = real(Arow);
    end
    [Brow,Arow] = residuez(r(N - 1),p(N - 1),[]);
    B(K,:) = [real(Brow) 0];
    A(K,:) = [real(Arow) 0];
else
    for i = 1:2:N - 1
        Brow = r(i:1:i + 1,:);
        Arow = p(i:1:i + 1,:);
        [Brow,Arow] = residuez(Brow,Arow,[]);
        B(fix((i + 1)/2),:) = real(Brow);
        A(fix((i + 1)/2),:) = real(Arow);
    end
end


function I = cplxcomp(p1,p2)
I = [];
for j = 1:length(p2)
    for i = 1:length(p1)
        if (abs(p1(i) - p2(j))< 0.0001)
            I = [I,i];
        end
    end
end
I = I';
```

系统参数运行结果输出如下：

```
N =
```

```
       5
WC =
   0.8396
B =
   0.4171
A =
   1.0000    2.7169    3.6906    3.0985    1.6077    0.4171
b =
   0.0000    0.1678    0.5254    0.1841    0.0066
a =
   1.0000   -0.4388    0.4586   -0.1751    0.0418   -0.0044
C1 =
   [ ]
B1 =
  -0.4641   -0.8571
  -2.7169    1.1870
   3.1809         0
A1 =
   1.0000    0.0311    0.3543
   1.0000   -0.2834    0.0661
   1.0000   -0.1865         0
```

数字低通滤波器幅频特性曲线如图 6-22 所示。

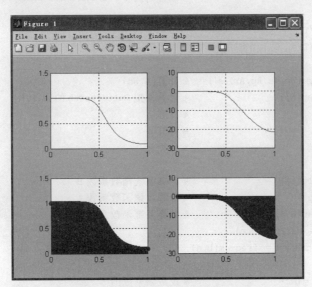

图 6-22　数字低通滤波器幅频特性曲线

相位特性和群延时特性的作图程序如下：

```
subplot(2,2,3);                    %特性曲线显示
plot(w/pi,pha);
```

```
grid on;
subplot(2,2,4);
plot(w/pi,grd);
grid on;
```

程序运行结果如图 6-23 所示。

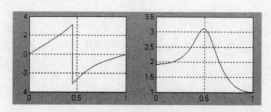

图 6-23 相位特性和群延时特性曲线

在脉冲响应不变法中,改变采样频率,可以得到所对应的幅频特性,设定值由 T 的取值控制,实现程序如下:

```
Wp = 0.2 * pi;                          % 产生系数 B,A 的模拟滤波器指标 Wp
Ws = 0.3 * pi;                          % 产生系数 B,A 的模拟滤波器指标 Ws
Ap = 1;                                 % 产生系数 B,A 的模拟滤波器指标 Ap
Ar = 15;                                % 产生系数 B,A 的模拟滤波器指标 Ar
T = 0.1;                                % 采样时间 T = 0.1 0.2 0.3 0.35


% Omegap = Wp/T;
% Omegas = Ws/T;


[N,Wc] = buttord(Wp,Ws,Ap,Ar,'s')      % 计算[N,Wc]
[Z,P,K] = buttap(N);                    % 计算模拟 Butterworth 的[Z,P,K]
z = Z * Wc;                             % 计算 z
p = P * Wc;                             % 计算 p
k = K * Wc^N;                           % 计算 k


B = k * real(poly(z))                   % 计算系统函数系数 B
A = real(poly(p))                       % 计算系统函数系数 A
[b,a] = impinvar(B,A,1/T)               % 计算系统函数系数[b,a]
% [C1,B1,A1] = dir2par(b,a)
% [db,mag,pha,grd,w] = freqz_m(b,a);


w = 0:pi/200:2 * pi;                    % 设定频率范围
Ha = freqs(B,A,w/T);                    % 计算模拟响应
H = freqz(b,a,w/T);                     % 计算数字响应


if T == 0.1
    subplot(2,2,1);
    plot(w/pi,abs(H),w/pi,abs(Ha),'--');
```

```
        title('采样频率 T = 0.1');
        xlabel('频率 f/Hz');
        ylabel('幅值 Magnitude');
        grid on;
elseif T == 0.2
        subplot(2,2,2);
        plot(w/pi,abs(H),w/pi,abs(Ha),'+-');
        title('采样频率 T = 0.2');
        xlabel('频率 f/Hz');
        ylabel('幅值 Magnitude');
        grid on;
elseif T == 0.3
        subplot(2,2,3);
        plot(w/pi,abs(H),w/pi,abs(Ha),'* - ');
        title('采样频率 T = 0.3');
        xlabel('频率 f/Hz');
        ylabel('幅值 Magnitude');
        grid on;
elseif T == 0.35
            subplot(2,2,4);
            plot(w/pi,abs(H),w/pi,abs(Ha),'o');
            title('采样频率 T = 0.35');
            xlabel('频率 f/Hz');
            ylabel('幅值 Magnitude');
            grid on;
end
```

当 T＝0.1 时,计算得到的系统参数如下：

```
N =
    6
Wc =
    0.7087
B =
    0.1266
A =
    1.0000    2.7380    3.7484    3.2533    1.8824    0.6905    0.1266
b =
  1.0e - 007 *
    0.0000    0.0101    0.2504    0.6071    0.2285    0.0084
a =
    1.0000    - 5.7263    13.6686    - 17.4085    12.4767    - 4.7711    0.7605
```

当 T＝0.2 时,计算得到的系统参数如下：

```
N =
```

```
         6
Wc =
     0.7087
B =
     0.1266
A =
     1.0000    2.7380    3.7484    3.2533    1.8824    0.6905    0.1266
b =
  1.0e - 005 *
     0.0000    0.0062    0.1460    0.3382    0.1217    0.0043
a =
     1.0000   - 5.4531   12.4129   - 15.0960   10.3442   - 3.7863    0.5783
```

当 T＝0.3 时,计算得到的系统参数如下:

```
N =
         6
Wc =
     0.7087
B =
     0.1266
A =
     1.0000    2.7380    3.7484    3.2533    1.8824    0.6905    0.1266
b =
  1.0e - 004 *
     0.0000    0.0067    0.1515    0.3350    0.1152    0.0039
a =
     1.0000   - 5.1809   11.2330   - 13.0418    8.5491   - 2.9991    0.4398
```

当 T＝0.35 时,计算得到的系统参数如下:

```
N =
         6
Wc =
     0.7087
B =
     0.1266
A =
     1.0000    2.7380    3.7484    3.2533    1.8824    0.6905    0.1266
b =
  1.0e - 004 *
     0.0000    0.0165    0.3644    0.7874    0.2648    0.0087
a =
     1.0000   - 5.0453   10.6715   - 12.1050    7.7629   - 2.6674    0.3835
```

所设定的采样时间对滤波器幅频特性的性能影响如图 6-24 所示。

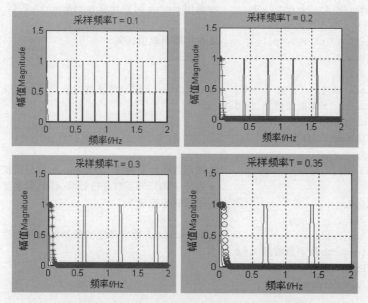

图 6-24　采样时间对滤波器幅频特性的性能影响

6.2.4　IIR 数字低通滤波器的 MATLAB 实现（基于双线性变换法）

双线性变换法实现数字滤波器,是 S 平面与 Z 平面的单值对应,S 平面的虚轴对应于 Z 平面单位圆的一周,S 平面的 $\Omega=0$ 处对应于 Z 平面的 $\omega=0$ 处,两者之间接近于线性关系。数字滤波器的频率响应终止于折叠频率处,所以双线性变换不存在混叠效应,即不会出现由于高频部分超过折叠频率而混淆到低频部分去的现象。

具体设计步骤如下:

（1）对模拟滤波器的频率指标进行转换。

（2）计算对应的系统函数参数。

（3）基于双线性变换法计算对应的 Z 域参数。

实现程序如下:

```
T  = 0.25;                      % 设置采样周期 T
fs = 1/T;                       % 采样频率 fs
wp = [0.25 * pi, 0.75 * pi]     % 设置 wp
ws = [0.35 * pi, 0.65 * pi];    % 设置 ws
Wp = (2/T) * tan(wp/2);
Ws = (2/T) * tan(ws/2);         % 设置归一化通带和阻带截止频率
Ap = 20 * log10(1/0.89);
As = 20 * log10(1/0.22);        % 设置通带最大和最小衰减

[N,Wc] = buttord(Wp,Ws,Ap,As,'s');    % 调用 buttord 函数计算 Butterworth 阶数 N
```

```
[B,A] = butter(N,Wc,'stop','s');          % 调用 butter 函数计算 Butterworth 系数

W = linspace(0,4 * pi,500 * pi);          % 设定频率取值区间
hf = freqs(B,A,W);                         % 计算 hf
subplot(2,2,1);
plot(W/pi,abs(hf));                        % Butterworth 模拟滤波器的幅频特性曲线
title('Butterworth 模拟滤波器 T = 0.25');
xlabel('f/Hz');
ylabel('幅度 Magnitude');
grid on;
[D,C] = bilinear(B,A,fs);                  % 调用双线性变换法 bilinear(),由原模拟滤波器 S 变换中
                                           % 的分子和分母系数进行计算,得到数字滤波器的系数
Hz = freqz(D,C,W);                         % 返回频率响应 Hz
subplot(2,2,2);
plot(W/pi,abs(Hz));                        % Butterworth 数字带阻滤波器的幅频特性曲线
title('Butterworth 数字滤波器 T = 0.25');
xlabel('f/Hz');
ylabel('幅度 Magnitude');
grid on;
```

当 T＝0.25 时,系统参数计算结果如下:

```
wp =
    0.7854    2.3562
N =
     4
Wc =
    4.0342   15.8643
B =
  1.0e + 007 *
  Columns 1 through 8
    0.0000        0    0.0000        0    0.0025        0    0.1049        0
  Column 9
    1.6777
A =
  1.0e + 007 *
  Columns 1 through 8
    0.0000    0.0000    0.0001    0.0010    0.0105    0.0657    0.3006    0.8104
  Column 9
    1.6777
D =
  Columns 1 through 8
    0.1625    0.0000    0.6500    0.0000    0.9750    0.0000    0.6500    0.0000
  Column 9
    0.1625
C =
  Columns 1 through 8
```

| 1.0000 | 0.0000 | 0.7404 | 0.0000 | 0.6598 | 0.0000 | 0.1711 | 0.0000 |

Column 9

  0.0288

双线性不变法幅频特性曲线（T＝0.25）如图 6-25 所示。

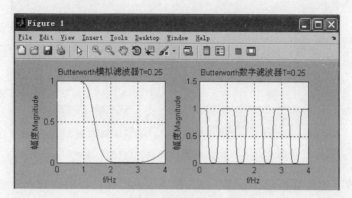

图 6-25　双线性不变法幅频特性曲线（T＝0.25）

当 T＝2 时，系统参数计算结果如下：

```
wp =
    0.7854    2.3562
N =
    4
Wc =
    0.5043    1.9830
B =
  Columns 1 through 8
    1.0000         0    4.0000         0    6.0001         0    4.0001         0
  Column 9
    1.0000
A =
  Columns 1 through 8
    1.0000    3.8642   11.4661   20.0428   25.7142   20.0429   11.4662    3.8643
  Column 9
    1.0000
D =
  Columns 1 through 8
    0.1625    0.0000    0.6500    0.0000    0.9750    0.0000    0.6500    0.0000
  Column 9
    0.1625
C =
  Columns 1 through 8
    1.0000    0.0000    0.7404    0.0000    0.6598    0.0000    0.1711    0.0000
  Column 9
    0.0288
```

双线性不变法幅频特性曲线(T＝2)如图 6-26 所示。

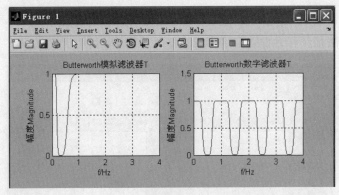

图 6-26　双线性不变法幅频特性曲线(T＝2)

对于给定数字滤波器指标 Wp、Ws、Ap 和 As,设计滤波器的实现程序如下:

```
T   = 2;                        %设置采样周期 T
fs = 1/T;                       %计算频率 fs
wp = 0.25 * pi;                 %设置 wp
ws = 0.35 * pi;                 %设置 ws
Wp = (2/T) * tan(wp/2);
Ws = (2/T) * tan(ws/2);         %设置归一化通带和阻带截止频率
Ap = 1;
As = 15;                        %设置通带最大和最小衰减
%基本参数设置
[N,Wc] = buttord(Wp,Ws,Ap,As,'s')    % 调用 buttord 函数计算 Butterworth 阶数 N
[Z,P,K] = buttap(N);            %计算模拟 Butterworth 的[Z,P,K]
z = Z * Wc;                     %计算 z
p = P * Wc;                     %计算 p
k = K * Wc^N;                   %计算 k
%参数计算
B = k * real(poly(z))           % 计算系统函数系数 B
A = real(poly(p))               % 计算系统函数系数 A
[b,a] = bilinear(B,A,fs);       % 调用双线性变换法 bilinear
[sos,G] = tf2sos(b,a)
[db,mag,pha,grd,w] = freqz_m(b,a);
%系统函数系数计算
subplot(2,2,1);
plot(w/pi,mag);
grid on;
subplot(2,2,2);
plot(w/pi,db);
grid on;
subplot(2,2,3);
plot(w/pi,pha);
```

```
grid on;
subplot(2,2,4);
plot(w/pi,grd);
grid on;
% 波形显示
figure
zplane(b,a)
```

系统参数计算结果如下：

```
N =
    7
Wc =
    0.4799
B =
    0.0059
A =
    1.0000    2.1568    2.3258    1.6130    0.7741    0.2571    0.0549    0.0059
sos =
    1.0000    1.0239         0    1.0000   -0.3514         0
    1.0000    2.0288    1.0294    1.0000   -0.7347    0.1745
    1.0000    1.9885    0.9891    1.0000   -0.8417    0.3455
    1.0000    1.9588    0.9593    1.0000   -1.0661    0.7042
G =
   7.1624e-004
```

双线性变换法设计的滤波器幅频特性曲线如图 6-27 所示。

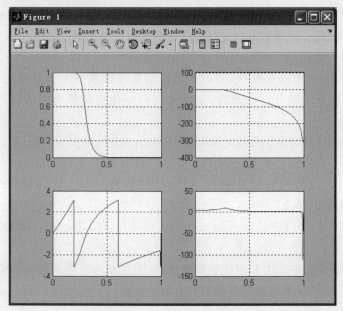

图 6-27　双线性变换法设计的滤波器幅频特性曲线

对应的系统函数零极点分布图如图 6-28 所示。

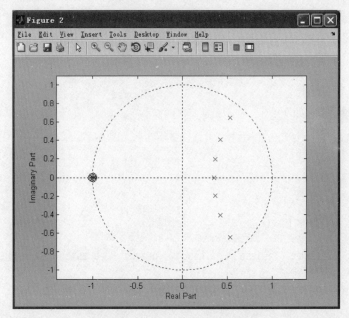

图 6-28　系统函数零极点分布图

6.3　模拟低通滤波器的频率变换（高通、带通、带阻滤波器的变换）

MATLAB 信号处理工具提供了模拟域低通到低通变换函数 lp2lp、低通到高通变换函数 lp2hp、低通到带通变换函数 lp2bp 以及低通到带阻变换函数 lp2bs，下面分别进行介绍。

（1）lp2lp 函数的调用方式为：[bt,at]＝lp2lp(b,a,Wo) 和[At,Bt,Ct,Dt]＝lp2lp(A, B,C,D,Wo)。lp2lp 函数的参数(b,a)表示转换前系统函数分子和分母的系数，[bt,at]表示转换后系统函数分子和分母的系数，并且实现归一化模拟低通滤波器到低通滤波器的变换。

（2）lp2hp 函数的调用方式为：[bt,at]＝lp2hp(b,a,Wo) 和[At,Bt,Ct,Dt]＝lp2hp (A,B,C,D,Wo)。

（3）lp2bp 函数的调用方式为：[bt,at]＝lp2bp(b,a,Wo,Bw) 和[At,Bt,Ct,Dt]＝ lp2bp(A,B,C,D,Wo,Bw)。

（4）lp2bs 函数的调用方式为：[bt,at]＝lp2bs(b,a,Wo,Bw) 和[At,Bt,Ct,Dt]＝lp2bs (A,B,C,D,Wo,Bw)。

对于已知系统函数的二阶归一化模拟滤波器，需要设计对应的指标的模拟低通滤波器、模拟高通滤波器、模拟带通滤波器以及模拟带阻滤波器。实现程序如下：

```
b  = 2;                           %二阶系统函数
```

```
a    = [ 1, 3^0.5, 1 ];                    %二阶系统函数
Wo = 30 * 2 * pi;
Bw = 6 * 2 * pi;
[ bt1, at1 ] = lp2lp ( b, a, Wo )    % 变换为低通模拟滤波器 lowpass analog filter
[ bt2, at2 ] = lp2hp ( b, a, Wo )    % 变换为高通模拟滤波器 highpass analog filter
[ bt3, at3 ] = lp2bp ( b, a, Wo, Bw )  % 变换为带通模拟滤波器 bandpass analog filter
[ bt4, at4 ] = lp2bs ( b, a, Wo, Bw )  % 变换为带阻模拟滤波器 bandstop analog filter
% 变换过程
subplot(3,2,1);
zplane (b, a);
title('二阶系统函数');
grid on;
subplot(3,2,2);
zplane (bt1, at1);
grid on;
subplot(3,2,3);
zplane (bt2, at2);
grid on;
subplot(3,2,4);
zplane (bt3, at3);
grid on;
subplot(3,2,5);
zplane (bt4, at4);
grid on;
```

系统参数计算结果如下：

```
bt1 =
  7.1061e + 004
at1 =
  1.0e + 004 *
    0.0001    0.0326    3.5531
bt2 =
    2.0000    − 0.0000    − 0.0000
at2 =
  1.0e + 004 *
    0.0001    0.0326    3.5531
bt3 =
  1.0e + 003 *
    2.8424    0.0000    0.0000
at3 =
  1.0e + 009 *
    0.0000    0.0000    0.0001    0.0023    1.2624
bt4 =
  1.0e + 009 *
    0.0000    − 0.0000    0.0001    − 0.0000    2.5248
at4 =
```

```
1.0e + 009 *
   0.0000    0.0000    0.0001    0.0023    1.2624
```

变换后系统的零极点分布图如图 6-29 所示。

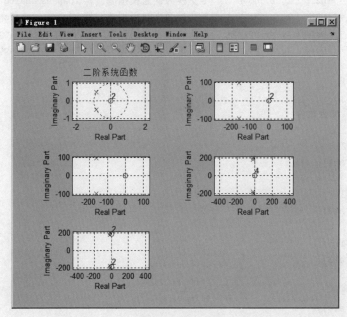

图 6-29　变换后系统的零极点分布图

6.4　本章小结

本章详细分析了 IIR 无限冲激响应滤波器,重点说明了基于脉冲响应不变法和基于双线性变换法的程序实现过程,同时对 LP 滤波器以及各类典型滤波器的变换进行了举例说明,并基于 MATLAB 进行了仿真。

介绍了 IIR 滤波器之后，与之相对应的是有限冲激响应（FIR）滤波器，即有限长单位冲激响应滤波器，又称为非递归型滤波器。FIR 滤波器可以保证在满足幅频特性的同时，具有严格的线性相频特性，因为其单位抽样响应是有限长的，因而滤波器是稳定的系统。

FIR 滤波器的特点包括：

（1）FIR 系统的单位冲激响应 h(n) 在有限个 n 值处不为 0。

（2）系统函数 H(z) 在 $|z|>0$ 处收敛，极点全部在 $z=0$ 处（因果系统）。

（3）结构上主要是非递归结构，没有输出到输入的反馈，但有些结构中（频率抽样结构）则包含反馈的递归部分。

与 IIR 滤波器不同，冲激响应在有限时间内衰减为 0，其输出仅取决于当前和过去的输入信号值，FIR 滤波器的设计比 IIR 需要更多的参数实现。因此，要增加 DSP 的计算量，DSP 需要更多的计算时间，对 DSP 的实时性有影响。

7.1　FIR 数字滤波器结构

FIR 滤波器的基本结构分为横截型结构、级联型结构、频率抽样型结构以及快速卷积型结构，下面分别进行介绍。

（1）横截型结构：差分方程表示为线性时不变系统的卷积和，也可表示为输入序列的延时链横向结构，另外，将转置定理用于系统函数，可以得到直接型结构的 FIR 滤波器。

（2）级联型结构：是将系统函数分解成实系数二阶因子的乘积形式，其结构中的每一节控制一对零点，因而需要控制传输零点时，可以采用此结构。级联型结构所需要的传递函数系数比横截型结构的系数要多，所以需要更多的乘法运算次数。

（3）频率抽样型结构：系统函数的系数就是滤波器在 $\omega = 2\pi k/N$ 处的响应，因此可以直接用该系数控制响应，与此同时，结构中所乘的系数均为复数，这也增加了乘法次数和系统存储量。系统稳定性方面，由于所有极点都位于单位圆上,当系数存在误差时,这些极点会移动,这样极点就不能与零点相抵消(零点由延时单元决定,不受量化的影响),因此影响系统的稳定性。为了克服系数量化后对系统稳定性的影响,将频率抽样型结构做部分修正,即将所有零点、极点都移到单位圆内某个靠近单位圆的圆上。

(4) 快速卷积型结构:将两个有限长序列补上一定的零值点,可以用圆周卷积来代替两序列的线性卷积。时域的圆周卷积等效到频域则为离散傅里叶变换的乘积。因而采用前面章节所述的 FFT 实现有限长序列的输入冲激响应卷积,其结果即为 FIR 滤波器的快速卷积型结构。

7.2　FIR 数字滤波器窗函数设计及 MATLAB 实现

设计一个数字滤波器去逼近理想的低通滤波器,通常该理想低通滤波器在频域上是标准矩形窗,根据傅里叶变换可以推导出,窗函数在时域上是采样函数(Sa(n))。因为采样序列是无限的,计算机无法对其进行计算,因此需要对采样函数进行截断处理,也就是增加一个窗函数。

用时域采样序列去乘窗函数,所得的结果是将无限的时域采样序列截成了有限个序列值,但是加窗后的采样序列频域产生了变化,此时的频域不再是一个标准的矩形窗,而是具有一定过渡带,且阻带有波动的低通滤波器。

对采样信号加窗后,根据所加函数的不同类型,在频域所得的低通滤波器的阻带衰减函数也不同,根据所需要的阻带衰减特性去选择合适的窗函数,如矩形窗、汉宁窗、汉明窗、布莱克曼窗及凯撒贝塞尔窗等。

7.2.1　矩形窗 MATLAB 设计

在窗函数的设计中,矩形窗函数使用得最为广泛,其信号主瓣比较集中,但旁瓣较高,并有负旁瓣,因此变换中带进了高频干扰和泄露。

在 MATLAB 中,矩形窗可以用函数 boxcar 实现,对于 N 点的矩形窗,其实现程序如下:

```
N = 30;
n = 1:N;
rect = boxcar(N) ;                    % rect = rectwin(N);
stem(n,rect,'o');
grid on;
axis([0,N,0,1.2]);
title('N 点矩形窗 rectangular window');
ylabel('W(n)');
xlabel('n');
```

程序运行结果如图 7-1 所示。

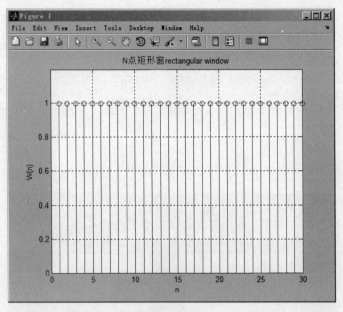

图 7-1　N 点矩形窗

在此基础上,已知截止频率和滤波器长度,用矩形窗 rectwin 函数设计 FIR 低通滤波器,实现程序如下:

```
N = 25;
WC = 0.4 * pi;                    % 截止频率和滤波器长度指标
alpha = (N - 1)/2;               % 参数 alpha 为中点
n = 1:N;
m = n - alpha + eps;            % 加小数处理
hd = sin(WC * m)./(pi * m);     % 计算理想单位冲激响应
rect = rectwin(N)';
h1 = hd. * rect;                 % 基于矩形窗 rectwin 设计
[H1,W] = freqz(h1);             % 计算幅频特性值
subplot( 1,2,1 );
plot(W,abs(H1),':');
grid on;
title('N点矩形窗 rectangular window 幅频特性');
ylabel('幅度');
xlabel('w');
subplot( 1,2,2 );
plot(W,20 * log10(abs(H1)),' + ');
title('N点矩形窗 log 幅频特性');
ylabel('20log 幅度');
xlabel('w');
grid on;
```

参数计算结果如下:

```
hd =
  Columns 1 through 8
    0.0275    - 0.0000    - 0.0336    - 0.0234    0.0267    0.0505    - 0.0000    - 0.0757
  Columns 9 through 16
    - 0.0624    0.0935    0.3027    0.4000    0.3027    0.0935    - 0.0624    - 0.0757
  Columns 17 through 24
    - 0.0000    0.0505    0.0267    - 0.0234    - 0.0336    - 0.0000    0.0275    0.0156
  Column 25
    - 0.0144
```

程序运行结果如图 7-2 所示。

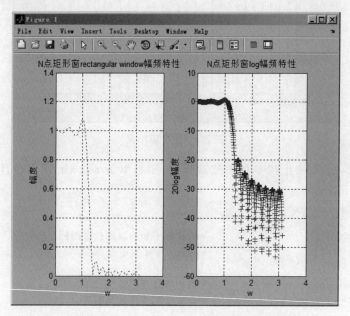

图 7-2　基于矩形窗函数 rectwin 设计 FIR 低通滤波器

当基于矩形窗 rectwin 函数设计特定的带阻滤波器时,需要合理选择截取长度 N,程序实现如下:

```
Whigh = 2 * pi * 0.416;                              % 计算滤波器过渡带的宽度
Wlow = 0.133 * pi;
WstopL = 2 * pi * 0.1667;
WstopH = 2 * pi * 0.3167;
width_N = min((WstopL - Wlow),(Whigh - WstopH));     % 计算的最终值 width_N
N = ceil(4 * pi/width_N);                            % 计算滤波器长度 N,主瓣宽度计算
n = 0:1:N - 1;
Wclow = (WstopL + Wlow)/2;                           % 理想滤波器的截止频率
Wchigh = (WstopH + Whigh)/2;
alpha = (N - 1)/2;                                   % 计算中心值
```

```
n = [0:1:(N − 1)];
m = n − alpha + eps;                        % 小数处理
hd = [sin(m * pi) + sin(Wclow * m) − sin(Wchigh * m)]./(pi * m)    % 计算理想滤波器的单位冲激响应
w_ham = (boxcar(N))';                       % 用 boxcar 矩形窗设计
string = ['矩形窗','N = ',num2str(N)];
h = hd. * w_ham;                            % 矩形窗设计
[H,w] = freqz(h,[1],1000,'whole');          % 计算滤波器的幅度特性
H = (H(1:1:700))';
w = (w(1:1:700))';
mag = abs(H);
db = 20 * log10((mag + eps)/max(mag));
pha = angle(H);
% 计算滤波器的幅度特性
delta_w = 2 * pi/1000;
subplot(3,1,2);
stem(n,hd);                                 % N点矩形窗
title('理想脉冲响应 hd(n)')
xlabel('n');
ylabel('hd(n)');
grid on;
subplot(3,1,1);
stem(n,w_ham);
title('N点矩形窗')
xlabel('n');
ylabel('w(n)');
grid on;
subplot(3,1,3);
stem(n,h);
title('实际脉冲响应 h(n)');
xlabel('n');
ylabel('h(n)');
grid on;
```

参数计算结果如下：

```
hd =
  Columns 1 through 8
    0.0547    − 0.0230    0.0005    − 0.0237    − 0.1007    0.0237    − 0.0005    0.0241
  Columns 9 through 16
    0.3165    − 0.0241    0.5005    − 0.0241    0.3165    0.0241    − 0.0005    0.0237
  Columns 17 through 21
    − 0.1007    − 0.0237    0.0005    − 0.0230    0.0547
h =
  Columns 1 through 8
    0.0547    − 0.0230    0.0005    − 0.0237    − 0.1007    0.0237    − 0.0005    0.0241
  Columns 9 through 16
    0.3165    − 0.0241    0.5005    − 0.0241    0.3165    0.0241    − 0.0005    0.0237
```

Columns 17 through 21

  − 0.1007   − 0.0237   0.0005   − 0.0230   0.0547

程序运行结果如图 7-3 所示。

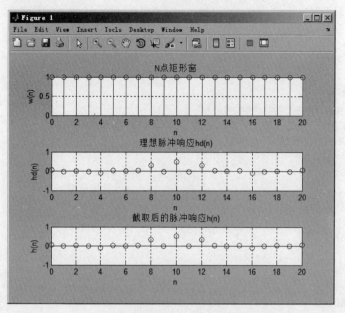

图 7-3   基于矩形窗函数 rectwin 设计的带阻滤波器

基于上述程序中对 pha 和 db 的参数计算,对应的相位频率特性和幅度频率特性显示的实现程序如下:

```
subplot(2,1,1);
plot(w,pha);
title('相位频率特性');
xlabel('频率');
ylabel('相位值');
grid on;
subplot(2,1,2);
plot(w/pi,db);
title('幅度特性(10 * logdB)');
xlabel('频率');
ylabel('10 * log 分贝数');
grid on;
```

程序运行结果如图 7-4 所示。

频率特性的实现程序如下:

```
plot(w,mag);
title('频率特性')
xlabel('频率');
```

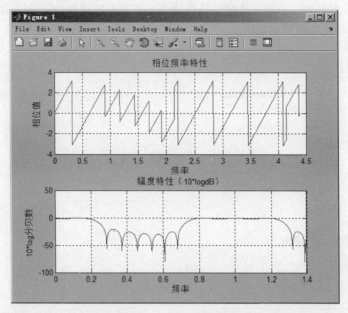

图 7-4　基于矩形窗函数 rectwin 的相频特性与幅频特性波形

ylabel('幅值');
grid on;

程序运行结果如图 7-5 所示。

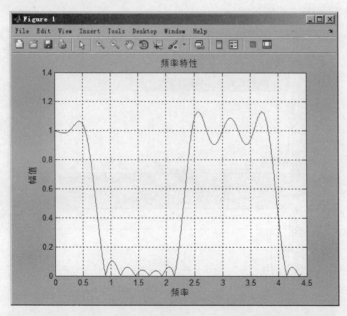

图 7-5　基于矩形窗函数 rectwin 的频率特性波形

在得到矩形窗函数 rectwin 的频率特性之后,对于待处理的波形输入函数,其输出的波形将由滤波器得到,实现程序如下:

```
fs = 14000;
T = (0:150)/fs;
y = cos(2 * pi * T * 150) + cos(2 * pi * T * 850) + sin(2 * pi * T * 2900) + cos(2 * pi * T * 5900)
 + sin(2 * pi * T * 9000);
q = filter(h,1,y);
[a,f1] = freqz(y);
f1 = f1/pi * fs/2;
[b,f2] = freqz(q);
f2 = f2/pi * fs/2;
subplot(2,1,1);
plot(f1,abs(a));
title('待处理波形频谱图');
xlabel('频率');
ylabel('幅度')
grid on;
subplot(2,1,2);
plot(f2,abs(b));
title('经过滤波器后的波形频谱图');
xlabel('频率');
ylabel('幅度')
grid on;
```

程序运行结果如图 7-6 所示。

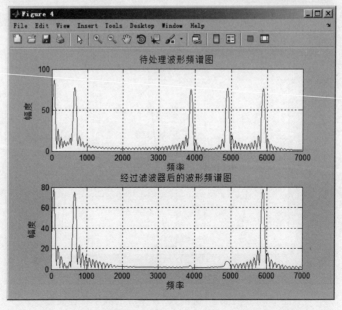

图 7-6　基于矩形窗函数 rectwin 的滤波器输出波形

7.2.2　三角窗 MATLAB 设计

三角窗可以用函数 triang 实现,对于 N 个点的三角窗,点的个数表示窗函数的长度,返回值为 N 阶向量,元素由窗函数的值组成,实现程序如下:

```
N = 30;
n = 1:N;
tri = triang(N);
stem(n,tri,'o');
grid on;
axis([0,N,0,1.2]);
title('N 点三角窗 triang window');
ylabel('W(n)');
xlabel('n');
```

程序运行结果如图 7-7 所示。

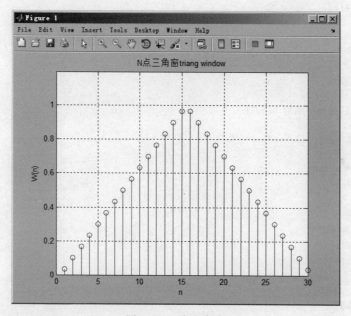

图 7-7　N 点三角窗

对于特定参数的 FIR 低通滤波器设计,其实现程序如下:

```
wc = 0.3 * pi;
N = 25;
alpha = (N - 1)/2;                    % 计算中心值
n = [0:1:(N - 1)];
m = n - alpha + eps;                  % 小数处理
hd = [sin(m * wc)]./(pi * m)          % 计算理想滤波器的单位冲激响应
```

```matlab
w_tri = (triang(N))';                           % 用三角窗设计
string = ['三角窗','N = ',num2str(N)];
h = hd. * w_tri                                 % 窗设计计算
[H,w] = freqz(h,[1],1000,'whole');              % 计算滤波器的幅度特性
H = (H(1:1:700))';
w = (w(1:1:700))';
mag = abs(H);
db = 20 * log10((mag + eps)/max(mag));
pha = angle(H);
% 计算滤波器的幅度特性
delta_w = 2 * pi/1000;
figure(1)
subplot(3,1,2);
stem(n,hd);                                     % N 点计算
title('理想脉冲响应 hd(n)')
xlabel('n');
ylabel('hd(n)');
grid on;
subplot(3,1,1);
stem(n,w_tri);
title('N 点三角窗')
xlabel('n');
ylabel('w(n)');
grid on;
subplot(3,1,3);
stem(n,h);
title('截取后的脉冲响应 h(n)');
xlabel('n');
ylabel('h(n)');
grid on;
% 脉冲响应特性波形
figure(2)
subplot(2,1,1);
plot(w,pha);
title('相位频率特性');
xlabel('频率');
ylabel('相位值');
grid on;
subplot(2,1,2);
plot(w/pi,db);
title('幅度特性(10 * logdB)');
xlabel('频率');
ylabel('10 * log 分贝数');
grid on;
% 相位特性和幅度特性波形
figure(3)
plot(w,mag);
title('频率特性');
xlabel('频率');
ylabel('幅值');
```

```
grid on;
% 输入信号处理
figure(4)
fs = 14000;
T = (0:150)/fs;
y = cos(2 * pi * T * 50) + cos(2 * pi * T * 650) + sin(2 * pi * T * 3900) + cos(2 * pi * T * 4900)
 + sin(2 * pi * T * 5900);
q = filter(h, 1, y);
[a, f1] = freqz(y);
f1 = f1/pi * fs/2;
[b, f2] = freqz(q);
f2 = f2/pi * fs/2;
subplot(2, 1, 1);
plot(f1, abs(a));
title('待处理波形频谱图');
xlabel('频率');
ylabel('幅度');
grid on;
subplot(2, 1, 2);
plot(f2, abs(b));
title('经过滤波器后的波形频谱图');
xlabel('频率');
ylabel('幅度');
grid on;
```

程序运行后,基于三角窗函数 triang 设计的 FIR 低通滤波器的冲激响应结果如图 7-8 所示。

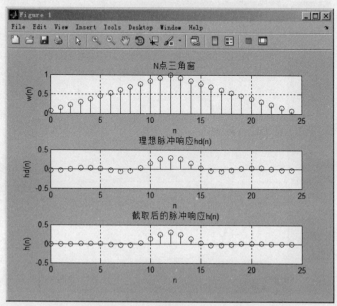

图 7-8　基于三角窗函数 triang 设计的 FIR 低通滤波器冲激响应结果

基于上述程序中对 pha 和 db 的参数计算,对应的相位频率特性和幅度频率特性波形如图 7-9 所示。

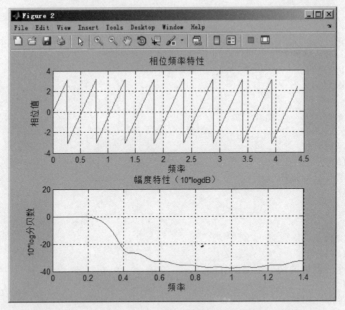

图 7-9　基于三角窗函数 triang 的相频特性与幅频特性波形

基于三角窗函数 triang 的频率特性波形如图 7-10 所示。

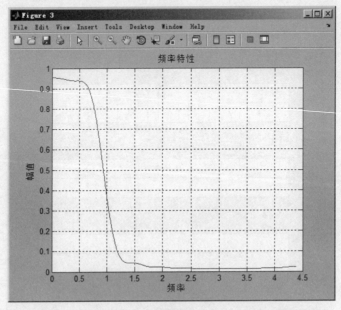

图 7-10　基于三角窗函数 triang 的频率特性波形

对输入波形 y 的处理，对应的输出波形 f2 如图 7-11 所示。

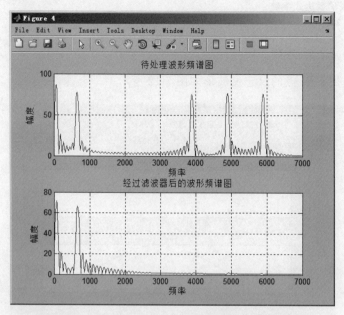

图 7-11 基于三角窗函数 triang 的滤波器输出波形

7.2.3 汉宁窗 MATLAB 设计

在 MATLAB 中，汉宁窗可以用 hanning 函数实现，窗函数可以选择 symmetric 或 periodic 类型。其中，symmetric 类型表示窗函数是对称的，对称的窗函数主要用于滤波器的设计；periodic 类型表示窗函数是周期性的，常用于频谱分析。对于 N 个点的汉宁窗，其实现程序如下：

```
N = 30;
% 窗函数的长度 N
w1 = hanning(N,'periodic');
% 选择 periodic 参数
w2 = zeros(N,1);
w4 = hanning(N,'symmetric');
for n = 1:N
    w2(n) = 0.5 * (1 - cos(2 * pi * (n-1)/N));
end
subplot(3,1,1);
plot(w2);
title(['hanning(N,','periodic',')']);
% 上图选择 periodic 参数
subplot(3,1,2);
```

```
plot(w1);
% 中图选择数学表达式参数
subplot(3,1,3);
plot(w4);
% 下图选择 symmetric 参数
```

两类参数作用下 N 点的汉宁窗波形如图 7-12 所示。

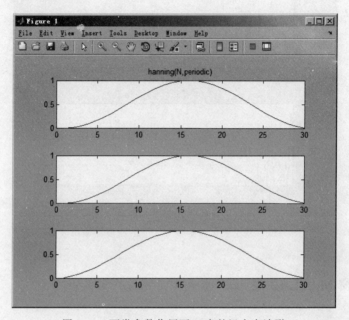

图 7-12　两类参数作用下 N 点的汉宁窗波形

当以一定频率对信号进行采样时，针对矩形窗和汉宁窗两种函数，对应的频谱分析程序如下：

```
% 时域波形设定
fs = 5000;
% 采样频率设定
N  = fs * 10;
t = (1:N)/fs;
f1 = 49.85 * 2 * pi;
f2 = f1 + 2 * pi * 1;
f3 = f1 - 2 * pi * 1;
x = 8.7 * sin(f1 * t) - 0.007 * sin(f2 * t) - 0.28 * cos(f3 * t);
%%%%%%%% 矩形窗函数的频谱分析 %%%%%%%%%%%
x1 = x;
yy = (0:(N-1)) * fs/N;
FFT1 = fft(x1,N);
% FFT 变换
y1 = abs(FFT1) * 2/N;
```

```
% FFT 取 abs
y1(1) = y1(1)/2;
subplot(2,1,1);
plot(yy,20 * log10(y1));
% 取对数处理
xlim([35 75]);
xlabel('n');
ylabel('幅度');
title('矩形窗处理后的频谱波形');
%%%%%%%%%%% 汉宁窗函数的频谱分析 %%%%%%%%%%%%%
w = hanning (N,'periodic');
x2 = w'. * x;
% 汉宁窗加窗函数处理
FFT2 = fft(x2,N);
y2 = abs(FFT2) * 2/N;
% FFT 取 abs
y2(1) = y2(1)/2;
subplot(2,1,2);
plot(yy,20 * log10(y2));
xlim([35 75]);
xlabel('n');
ylabel('幅度');
title('汉宁窗处理后的频谱波形');
```

程序运行结果如图 7-13 所示。

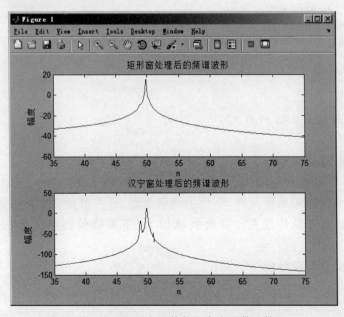

图 7-13　矩形窗函数与汉宁窗函数比较

对于已知频率输入信号,加汉宁窗之后的函数频谱分析可由以下程序得到:

```matlab
fs = 100;
%设定采样频率
t = 1/fs:1/fs:0.5;
%分析时长
A = 5;
%设定幅值
f = 50;
%设定信号频率
x = A * cos(2 * pi * f * t) + sin(5 * pi * f * t);
N = numel(t);
han = hanning(N,'periodic');
%窗函数处理
H_x = han'.* x;
%%%%%%%%% 窗函数的频谱分析 %%%%%%%%%%%
yy = (0:(N-1)) * fs/N;
FFT = fft(x,N);
%频谱变换
y = abs(FFT) * 2/N;
%FFT 幅值
FFT = fft(H_x,N);
H_y = abs(FFT) * 2/N;
%加窗处理后 FFT 幅值
%%%%%%%%% 波形产生 %%%%%%%%%%%
plot(yy,y,'o',yy,H_y,'*');
legend('矩形窗','汉宁窗');
title('汉宁窗处理对幅值的影响');
xlabel('n');
ylabel('幅度');
xlim([0 100]);
```

程序运行结果如图 7-14 所示。

7.2.4　汉明窗 MATLAB 设计

由于直接对信号加矩形窗截断,会产生频谱泄露,汉明窗是重要的改善频谱泄露的方法。同时,汉明窗的幅频特性是:旁瓣衰减较大,主瓣峰值与第 1 个旁瓣峰值衰减可达 43dB。

对语音信号加汉明窗处理程序如下:

```matlab
x = wavread('hanming.wav');
%读入原始音频信号 hanming.wav
subplot(2,1,1),
plot(x);
```

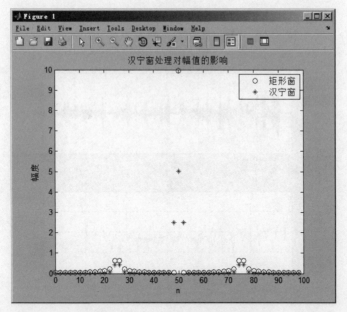

图 7-14　汉宁窗函数 hanning 频谱分析

```
title('原始音频信号');
xlabel('n');
ylabel('x')
%上图为原始音频信号波形
grid on;
%%%%%%%%%% 加窗处理 %%%%%%%%%%%%%%%
N = 256;
%设置汉明窗的长度 N
han = hamming(N);
%设置汉明窗,用汉明窗截取音频信号,长度为 N
for n = 1:N
AA(n) = x(n) * han(n);
end
y = 20 * log(abs(fft(AA)))
%做傅里叶变换,取 abs,得到幅频特性(dB 表示)
subplot(2,1,2)
%下图为 FFT 分析
plot(y);
title('谱分析');
xlabel('f');
ylabel('y')
grid on;
```

程序运行结果如图 7-15 所示。

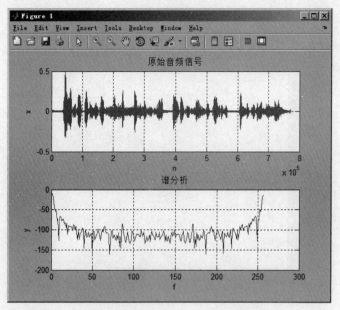

图 7-15　基于汉明窗函数 hamming 的音频信号频谱分析

基于汉明窗的滤波器设计,首先将待处理语音信号读入,实现程序如下:

```
%%%%%%%%%%%% 原始语音信号 %%%%%%%%%%%%
[x1,fs,nbit] = wavread('xiaotiqin-1.wav');
[x2,fs1,nbit1] = wavread('xiaotiqin-2.wav');
% 参数 x 为音频信号
% 参数 fs 为采样频率,代表每秒的采样次数
% 参数 nbit 是采样精度,16 位精度采样
subplot(2,2,1);
plot(x1);
title('读取语音信号 1 的时域波形')
% 读取语音信号 1 的时域波形
xlabel('n');
ylabel('信号值')
grid on;
y = fft(x1,2000);
% 音频信号 xFFT;
f = (fs/2000) * [1:2000];
subplot(2,2,2);
plot(f(1:550),abs(y(1:550)));
title('读取语音信号 1 的幅频特性');
% 读取语音信号 1 的幅频特性
xlabel('f');
ylabel('幅度')
grid on;
% 音频信号 x 输出;
```

```
subplot(2,2,3);
plot(x2);
title('读取语音信号 2 的时域波形')
% 读取语音信号 2 的时域波形
xlabel('n');
ylabel('信号值')
grid on;
y = fft(x2,2000);
% 音频信号 xFFT;
f = (fs/2000) * [1:2000];
subplot(2,2,4);
plot(f(1:550),abs(y(1:550)));
title('读取语音信号 2 的幅频特性');
% 读取语音信号 2 的幅频特性
xlabel('f');
ylabel('幅度');
grid on;
```

程序运行结果如图 7-16 所示。

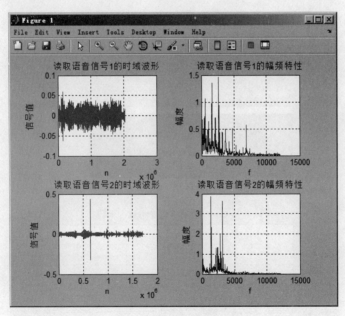

图 7-16　音频信号读入

产生噪声信号的程序如下：

```
%%%%%%%%%%%%%%% 产生噪声信号
t = 0:length(x1) - 1;
t2 = 0:length(x2) - 1;
nois = 0.02 * sin(2 * pi * 9.9 * t) + 0.03 * sin(2 * pi * 9.8 * t);
nois2 = 0.02 * sin(2 * pi * 9.9 * t2) + 0.03 * sin(2 * pi * 9.8 * t2);
```

```
% 噪声信号 nois 和 nois2
noissss = [zeros(0,23000),nois];
noissss2 = [zeros(0,23000),nois2];
figure(2);
subplot(2,1,1)
plot(noissss)
title('产生噪声信号');
% 产生噪声信号
xlabel('n');
ylabel('噪声信号')
grid on;
noissss1 = fft(noissss,2000);
subplot(2,1,2)
plot(f(1:500),abs(noissss1(1:500)));
title('产生噪声信号幅频特性');
% 产生噪声信号幅频特性
xlabel('频率 f');
ylabel('幅度')
grid on;
```

所产生的噪声信号波形如图 7-17 所示。

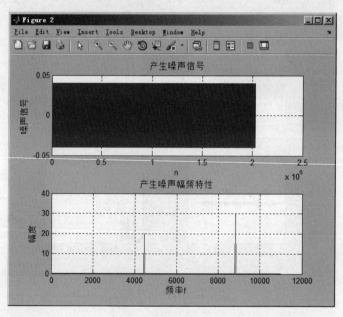

图 7-17   噪声信号波形

将所产生的噪声信号叠加到原始语音信号,实现程序如下:

```
%%%%%%%%%%%%%% 产生的噪声信号叠加到原始语音信号 %%%%%%%%%%%%%%
x1 = x1(:,1);
y1 = x1 + noissss';
```

```
% 读取语音信号第 1 列加上噪声
z1 = fft(y1,2000);
figure(3);
subplot(2,2,1);
plot(y1);
title('加入噪声后的情况 1');
% 加入噪声后的情况 1
xlabel('n');
ylabel('混合信号')
grid on;
subplot(2,2,2);
plot(f(1:1000),abs(z1(1:1000)));
title('加入噪声后的幅频特性 1');
% 加入噪声后的幅频特性 1
xlabel('频率 f');
ylabel('幅度')
grid on;
% 读取语音信号 x2 第 1 列加上噪声
x2 = x2(:,1);
y2 = x2 + noissss2';
% 读取语音信号第 1 列加上噪声
z2 = fft(y2,2000);
subplot(2,2,3);
plot(y2);
title('加入噪声后的情况 2');
% 加入噪声后的情况 2
xlabel('n');
ylabel('混合信号')
grid on;
subplot(2,2,4);
plot(f(1:1000),abs(z1(1:1000)));
title('加入噪声后的幅频特性 2');
% 加入噪声后的幅频特性 2
xlabel('频率 f');
ylabel('幅度')
grid on;
```

程序运行结果如图 7-18 所示。

将受噪声污染的原始音频信号再做滤波处理,程序如下:

```
%%%%%%%%%%%%% 汉明窗滤波处理
f1 = 6000;
f2 = 10500;
w1 = 2 * pi * f1/fs;
w2 = 2 * pi * f2/fs;
% 滤波频率设定
Band = w2 - w1;
```

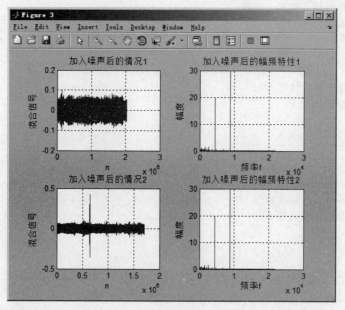

图 7-18   噪声信号叠加原始信号

```
N0 = ceil(6 * pi/Band);
% 结果取整
N  = N0 + mod(N0 + 1, 2);
fc = (w1 + w2)/(2 * pi);
H  = fir1(N - 1, fc, hamming(N));
% 基于窗口确定阶数,使用 fir1 进行低通滤波
XX = conv(H, x1);
% 向量 H 和向量 x1 卷积,做乘积
X1 = fft(XX, 2000);
figure(4);
subplot(221);
plot(XX);
title('滤波处理后的信号波形');
% 滤波处理后的信号波形
xlabel('n');
ylabel('H')
grid on;
subplot(222);
plot(f(1:1000), abs(X1(1:1000)));
title('滤波处理后的信号频谱特性')
% 滤波处理后的信号频谱特性
xlabel('频率');
ylabel('幅度')
grid on;
%%%% 处理原始音频信号 x2
YY = conv(H, x2);
```

```
% 向量 H 和向量 x1 卷积,做乘积
X2 = fft(YY,2000);
figure(4);
subplot(223);
plot(YY);
title('滤波处理后的信号波形');
% 滤波处理后的信号波形
xlabel('n');
ylabel('H')
grid on;
subplot(224);
plot(f(1:1000),abs(X2(1:1000)));
title('滤波处理后的信号频谱特性')
% 滤波处理后的信号频谱特性
xlabel('频率');
ylabel('幅度')
grid on;
```

滤波处理后的原始信号波形如图 7-19 所示。

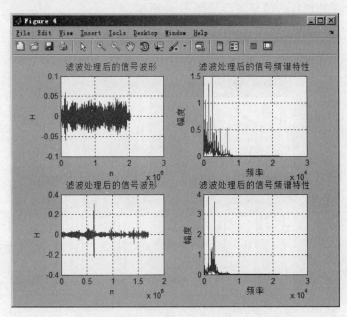

图 7-19　滤波处理后的原始信号波形

以上讨论了汉明窗加窗滤波器对噪声干扰的消除,除此之外,不同的加窗长度对函数的截断影响也不一样。下面以一个例子来说明不同的截断函数长度所产生的截断效应。程序如下:

```
%%%%%%%%%%%%%% 汉明窗截断处理 %%%%%%%%%%%%%
fs = 1000;
% 设定采样频率 fs
```

```
T = 1/fs;
% 采样间隔为采样频率的倒数
N = 20;
% 设定采样点数 N
N_x = [N,2 * N,4 * N,8 * N];
% 汉明窗截断处理
for j = 1:4
    n = 1:N_x(j);
    ham = hamming(N_x(j));
    Xn = cos(700 * pi * n * T) + cos(600 * pi * n * T) + sin(500 * pi * n * T) + cos(200 * pi * n * T);
    y = Xn. * ham';
    Xk = fft(y,4096);
f1 = [0:4096 - 1]/4096/T;
figure(1);
subplot(2,2,j);
plot(f1,abs(Xk)/max(abs(Xk)));
title(['hamming 窗截取,N_x = 'num2str(j)]);
end
```

不同截断长度处理后的信号波形如图 7-20 所示。

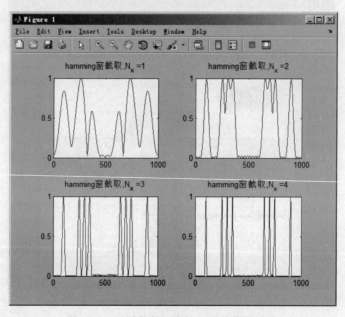

图 7-20　不同截断长度处理后的信号波形

7.2.5　布莱克曼窗 MATLAB 设计

布莱克曼窗的幅度函数由 5 部分叠加生成,其结果使得窗的旁瓣抵消,阻带衰减变大。

MATLAB 中调用布莱克曼窗的格式为 w＝blackman(L)和 w＝blackman(L,'sflag')，L 为正整数，w 的返回值为 L 个点的对称列向量函数。

以 L＝128 为例，显示所生成的窗函数如图 7-21 所示。

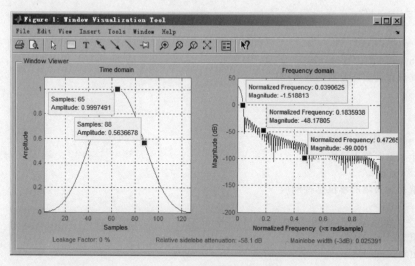

图 7-21　L＝128 时的窗函数

基于数字通带滤波器上下边带的要求（包括阻带和通带），根据 blackman(L)设计出满足阻带与过渡带的窗函数程序如下：

```
blackman(L)
wp1 = 0.4 * pi;
% 下通带频率
wp2 = 0.6 * pi;
% 上通带频率
ws1 = 0.3 * pi;
% 下阻带频率
ws2 = 0.7 * pi;
% 上阻带频率
As = 65;
tr_width = min((wp1 - ws1),(ws2 - wp2));
% 过渡带宽度
M = ceil(11 * pi/tr_width) + 1
% 取整函数,滤波器长度
n = [0:1:M - 1];
wc1 = (ws1 + wp1)/2;
% 理想带通滤波器的下截止频率
wc2 = (ws2 + wp2)/2;
% 理想带通滤波器的上截止频率

alpha = (M - 1)/2;
n = [0:1:(M - 1)];
```

```
m = n - alpha + eps;
A = sin(wc1 * m)./(pi * m);
% 计算理想低通滤波器的脉冲响应

alpha = (M - 1)/2;
n = [0:1:(M - 1)];
m = n - alpha + eps;
B = sin(wc2 * m)./(pi * m);
% 计算理想低通滤波器的脉冲响应

hd = A - B;

w_bla = (blackman(M))';
% 产生 M 点布莱克曼窗
h = hd. * w_bla;
% 截取得到实际的单位脉冲响应

[H,w] = freqz(h,[1],1000,'whole');
H = (H(1:1:501))';
w = (w(1:1:501))';
mag = abs(H);
db = 20 * log10((mag + eps)/max(mag));
pha = angle(H);

% 计算实际滤波器的幅度响应
delta_w = 2 * pi/1000;
Rp = - min(db(wp1/delta_w + 1:1:wp2/delta_w))
% 实际通带纹波
As = - round(max(db(ws2/delta_w + 1:1:501)))
As = 75
subplot(2,2,1);
stem(n,hd);
title('理想单位脉冲响应 hd(n)')
axis([0 M - 1 - 0.4 0.5]);
xlabel('n');
ylabel('hd(n)')
grid on;
subplot(2,2,2);
stem(n,w_bla);
title('布莱克曼窗 w(n)')
axis([0 M - 1 0 1.1]);
xlabel('n');
ylabel('w(n)')
grid on;
subplot(2,2,3);
stem(n,h);
title('实际单位脉冲响应 hd(n)')
```

```
axis([0 M - 1 - 0.4 0.5]);
xlabel('n');
ylabel('h(n)')
grid on;
subplot(2,2,4);
plot(w/pi,db);
axis([0 1 - 150 10]);
title('幅度响应(dB)');
grid on;
xlabel('频率单位:pi');
ylabel('分贝数')
```

程序运行结果如图 7-22 所示。

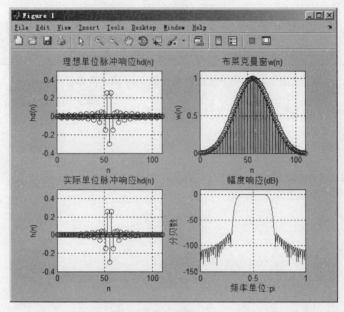

图 7-22　基于布莱克曼窗函数 blackman 的带通滤波器

7.2.6　凯撒窗 MATLAB 设计

凯撒窗(Kaiser window)是一种基于局部优化设计的窗函数,采用修正的零阶贝塞尔函数实现。在设计 FIR 时,可以通过有效地调整窗函数频谱主瓣与旁瓣的相对关系,使设计的 FIR 滤波器能够同时满足通带波动、阻带衰耗和过渡带宽等设计指标的要求。凯撒窗的调用格式为 w＝kaiser(L,beta),w 的返回值为 L 点的列向量,参数 beta 为旁瓣衰减的控制开关,一般取 0.5。对于参数选择分别为 400 和 0.5 的凯撒窗,实现程序如下:

```
w = wvtool ( Kaiser ( 400,2.5 ) );
```

程序运行结果如图 7-23 所示。

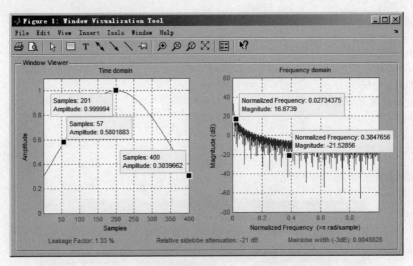

图 7-23　基于凯撒窗函数 Kaiser 的滤波器设计

基于凯撒窗的 FIR 滤波器设计,实现程序如下:

```
Fs = 10000;
N = 50;
fcuts = [1000 1300 4000 4300];
%%上下截止频率及过渡带宽
mags = [0 1 0];
devs = [0.02 0.1 0.02];
%%波纹系数
[n, Wn, beta, ftype] = kaiserord(fcuts, mags, devs, Fs);
%%FIR 滤波器参数设计[n, Wn, beta, ftype] = kaiserord(f, a, dev, fs)
n = n + rem(n, 2);
hh = fir1(n, Wn, ftype, kaiser(n + 1, beta), 'noscale');
[H, f] = freqz(hh, 1, N, Fs);
subplot(1, 2, 1);
stem(f, abs(H));
xlabel('频率值 (Hz)');
ylabel('幅值|H(f)|');
grid on;
subplot(1, 2, 2);
plot(f, abs(H));
xlabel('频率值 (Hz)');
ylabel('幅值|H(f)|');
grid on;
```

程序运行结果如图 7-24 所示。

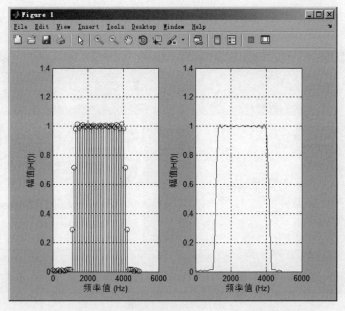

图 7-24 基于凯撒窗函数 Kaiser 的 FIR 滤波器

7.2.7 巴特窗 MATLAB 设计

巴特窗函数的调用格式为 w＝bartlett(L)，返回值为 L 长度的列向量，对于 L 点的巴特窗函数示例可表示为：

```
>> w = wvtool(bartlett(256));
>> w = wvtool(bartlett(128));
>> w = wvtool(bartlett(64));
```

程序运行结果如图 7-25 所示。

设计巴特窗滤波器并显示其幅频特性的程序如下：

```
L = 32;
X = 0:L-1;
w = bartlett(L);
subplot(2,2,1);
stem(X,w);
%%X 的取值范围为 0～L-1,共 L 个
xlabel('n');
ylabel('w');
grid on;

F1 = 512;
[ y,f ] = freqz( w,1,F1 );
```

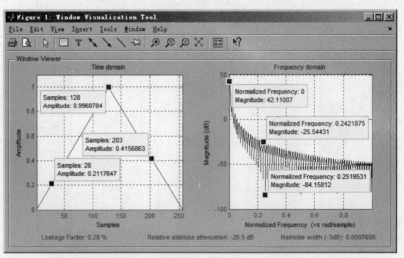

(a) L=256时显示结果

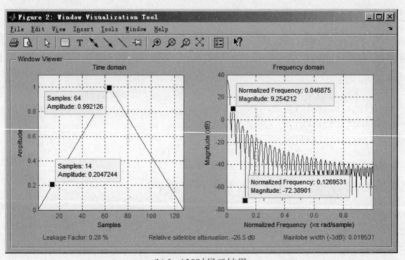

(b) L=128时显示结果

图 7-25　基于巴特窗函数 bartlett 的滤波器设计

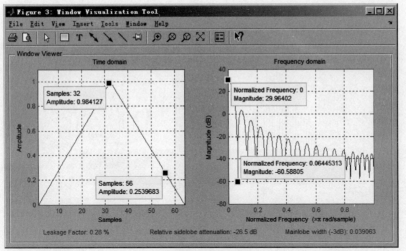

(c) L=64时显示结果

图 7-25 （续）

```
MAG = abs (y);
subplot(2,2,2);
plot(f/pi, 20 * log10(MAG/max(MAG)));
xlabel('频率 f');
ylabel('振幅 dB');
grid on;

L = 16;
X = 0:L - 1;
w = bartlett(L);
subplot(2,2,3);
stem(X,w);
%% X 的取值范围为 0~L - 1,共 L 个
xlabel('n');
ylabel('w');
grid on;

F1 = 512;
[ y,f ] = freqz( w,1,F1 );
MAG = abs (y);
subplot(2,2,4);
plot(f/pi, 20 * log10(MAG/max(MAG)));
xlabel('频率 f');
ylabel('振幅 dB');
grid on;
```

程序运行结果如图 7-26 所示。

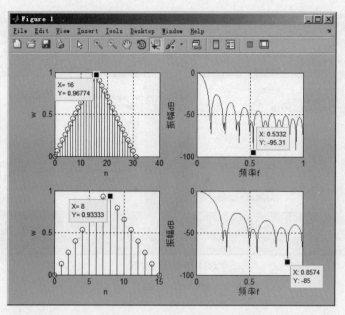

图 7-26　基于函数 bartlett 的滤波器幅频特性

7.2.8　滤波器窗函数设计比较

滤波器的设计中,通带内的波动将导致通带内的平稳性变差,阻带内的余振将影响阻带内的衰减,可能会使衰减难以满足技术要求,因此要求滤波器过渡带尽可能窄,同时阻带衰减尽可能大,需要从窗函数的形状上加以改进,本节介绍的几种窗函数基本参数如表 7-1 所示。

表 7-1　几种窗函数比较

窗函数类型	旁瓣峰值/dB	过渡带宽 (近似值)/(pi·L⁻¹)	过渡带宽 (精确值)/(pi·L⁻¹)	阻带最小衰减/dB
矩形窗	−13	4	1.8	−21
三角窗	−25	8	6.1	−25
汉宁窗	−31	8	6.2	−44
汉明窗	−41	8	6.6	−53
布莱克曼窗	−57	12	11	−74
凯撒窗	−57	10	10	−80

基于矩形窗、汉宁窗和布莱克曼窗设计的低通滤波器幅频特性比较程序如下:

```
WC = 0.3 * pi;
%% 截止频率指标设定
```

```
N = 11
%% 窗函数长度设定

alpha = (N−1)/2;
n = 0:1:N−1;
m = n−alpha+eps;
%% +eps 避免零操作
hd = sin(WC*m)./(pi*m);

WD1 = boxcar(N)';
h1 = hd.*WD1;
%% 基于矩形窗设计的滤波器

WD2 = hamming(N)';
h2 = hd.*WD2;
%% 基于汉明窗设计的滤波器

WD3 = blackman(N)';
h3 = hd.*WD3;
%% 基于布莱克曼窗设计的滤波器

[H1,W] = freqz(h1);
%% 矩形窗函数幅频特性
[H2,W] = freqz(h2);
%% 汉明窗函数幅频特性
[H3,W] = freqz(h3);
%% 布莱克曼窗函数幅频特性

subplot(1,2,1);
plot(W,abs(H1),W,abs(H2),'o',W,abs(H3),'+');
legend('矩形窗函数','汉明窗函数','布莱克曼窗函数');
xlabel('频率 f');
ylabel('幅度');
grid on;
subplot(1,2,2);
plot(W,20*log10(abs(H1)),W,20*log10(abs(H2)),'o',W,20*log10(abs(H3)),'+');
%% 对数特性
legend('矩形窗函数','汉明窗函数','布莱克曼窗函数');
xlabel('频率 f');
ylabel('对数 dB');
grid on;
```

程序运行结果如图 7-27 所示。

基于窗函数的 FIR 数字滤波器设计,如果已知截止频率和衰减系数,可以计算出过渡带宽和需要的窗函数的长度,滤波器幅频特性的程序设计如下:

```
W1 = 0.4*pi;
```

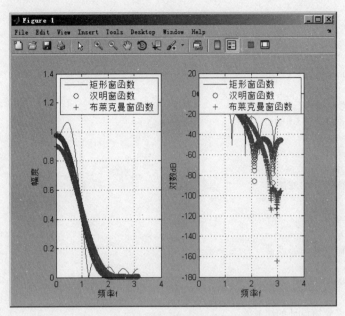

图 7-27 窗函数滤波器幅频特性比较

```
%% 阻带截止频率指标设定
W2 = 0.2 * pi;
%% 通带截止频率指标设定
deltaW = W1 - W2;
%% 过渡带宽计算
L = ceil(6.6 * pi/deltaW) + 1;
%% 滤波器长度 L 计算
n = [ 0:1:L-1 ];
WC = ( W1 + W2 )/2;

alpha = (L-1)/2;
n = 0:1:L-1;
m = n - alpha + eps;
%% + eps 避免零操作
hd = sin(WC * m)./(pi * m);
%% 理想单位脉冲响应

w_ham = (hamming(L))';
%% 窗函数
h = hd. * w_ham;
%%%%%%%%%%%%%%%%%%%%%%%%%%%%%%%%%%%%%%
%[ db, mag, pha, grd, w ] = freqz_m( h,[1] );
[H,w] = freqz(h,[1],1000,'whole');
H = (H(1:1:501))';
w = (w(1:1:501))';
mag = abs(H);
```

```
db = 20 * log10((mag + eps)/max(mag));
pha = angle(H);
grd = grpdelay(h,[1],w);
%%%%%%%%%%%%%%%%%%%%%%%%%%%%%%%%%%%%%%%%
%% 滤波器幅频特性和相频特性

delta_W = 2 * pi/1000;
Ap = - (min(db(1:1:W2/delta_W + 1)));
As = - (max(db(W1/delta_W + 1:1:50)));
%% 计算滤波器的通带衰减和阻带衰减

subplot(2,2,1);
stem(n,hd);
title('理想单位脉冲响应');
% legend('矩形窗函数','汉明窗函数','布莱克曼窗函数');
xlabel('n');
ylabel('hd');
grid on;
subplot(2,2,2);
stem(n,w_ham);
title('hamming');
% legend('矩形窗函数','汉明窗函数','b布莱克曼窗函数');
xlabel('n');
ylabel('W');
grid on;
subplot(2,2,3);
stem(n,h);
title('单位脉冲响应');
% legend('矩形窗函数','汉明窗函数','布莱克曼窗函数');
xlabel('n');
ylabel('hd');
grid on;
subplot(2,2,4);
plot(w/pi,db);
title('幅频特性');
% legend('矩形窗函数','汉明窗函数','布莱克曼窗函数');
xlabel('频率');
ylabel('幅度 dB');
axis([ 0 1 - 150 10 ]);
grid on;
```

程序运行结果如图 7-28 所示。

所计算的滤波器系数如下：

```
h =
  Columns 1 through 10
    0.0002    0.0016    0.0022    0.0006   - 0.0037   - 0.0075   - 0.0048    0.0066
```

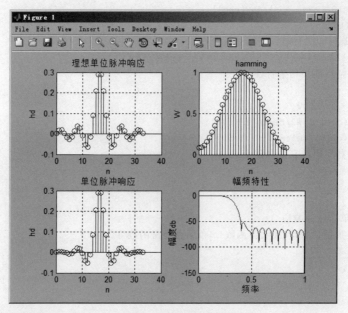

图 7-28 所设计的 FIR 滤波器幅频特性和单位脉冲响应

```
    0.0192    0.0182
Columns 11 through 20
  - 0.0053   - 0.0397   - 0.0530   - 0.0128    0.0854    0.2057    0.2884    0.2884
    0.2057    0.0854
Columns 21 through 30
  - 0.0128   - 0.0530   - 0.0397   - 0.0053    0.0182    0.0192    0.0066   - 0.0048
  - 0.0075   - 0.0037
Columns 31 through 34
    0.0006    0.0022    0.0016    0.0002
```

在窗函数的选择问题上,其原则是过渡带确定窗函数的长度,阻带衰减确定窗函数的类型,基于上下通带、阻带截止频率和衰减系数的 FIR 滤波器设计程序如下:

```
W1s = 0.2 * pi;
%% 阻带截止频率指标设定
W1p = 0.4 * pi;
%% 通带截止频率指标设定
W2s = 0.8 * pi;
%% 阻带截止频率指标设定
W2p = 0.6 * pi;
%% 通带截止频率指标设定
As = 60;
%% 阻带衰减指标设定

deltaW = min((W1p - W1s),(W2s - W2p));
%% 过渡带宽计算
```

```
L = ceil(11 * pi/deltaW)
%% 滤波器长度 L 计算(基于布莱克曼窗)
n = [ 0:1:L - 1 ];
WC1 = ( W1p + W1s )/2;
WC2 = ( W2p + W2s )/2;
%% 滤波器通带、阻带的平均值计算截止频率

alpha = (L - 1)/2;
n = 0:1:L - 1;
m = n - alpha + eps;
%% + eps 避免零操作
hd1 = sin(WC1 * m)./(pi * m);
%% 单位脉冲响应
alpha = (L - 1)/2;
n = 0:1:L - 1;
m = n - alpha + eps;
%% + eps 避免零操作
hd2 = sin(WC2 * m)./(pi * m);
%% 单位脉冲响应
%%%%%%%%%%%%%%%%%%%%%%%%
hd = hd2 - hd1;
%% 理想单位脉冲响应
wwwww = (blackman(L))';
%% 窗函数

h = hd. * wwwww
%% 带通滤波器单位脉冲响应
%%%%%%%%%%%%%%%%%%%%%%%%%%%%%%%%%%%%

%[ db,mag,pha,grd,w ] = freqz_m( h,[1] );
[H,w] = freqz(h,[1],1000,'whole');
H = (H(1:1:501))';
w = (w(1:1:501))';
mag = abs(H);
db = 20 * log10((mag + eps)/max(mag));
pha = angle(H);
grd = grpdelay(h,[1],w);
%%%%%%%%%%%%%%%%%%%%%%%%%%%%%%%%%%%
%% 滤波器幅频特性和相频特性

delta_W = 2 * pi/1000;
Ap = - min(db(W1p/delta_W + 1:1:W2p/delta_W + 1))
As = - (max(db(W2s/delta_W + 1:1:500)))
%% 计算滤波器的通带衰减和阻带衰减

subplot(2,2,1);
stem(n,hd);
```

```
title('理想单位脉冲响应');
% legend('矩形窗函数','汉明窗函数','布莱克曼窗函数');
xlabel('n');
ylabel('hd');
grid on;
subplot(2,2,2);
stem(n,wwwww);
title('布莱克曼');
% legend('布莱克曼窗函数');
xlabel('n');
ylabel('W');
grid on;
subplot(2,2,3);
stem(n,h);
title('单位脉冲响应');
% legend('矩形窗函数','汉明窗函数','布莱克曼窗函数');
xlabel('n');
ylabel('hd0');
grid on;
subplot(2,2,4);
plot(w/pi,db);
title('幅频特性');
% legend('矩形窗函数','汉明窗函数','布莱克曼窗函数');
xlabel('频率');
ylabel('幅度 dB');
axis([ 0 1 -120 10 ]);
grid on;
```

由给定指标计算的滤波器系数如下：

```
h =
  Columns 1 through 8
        0    0.0000         0    0.0002    0.0000   -0.0009    0.0000   -0.0000
  Columns 9 through 16
  -0.0000    0.0044   -0.0000   -0.0049         0   -0.0083    0.0000    0.0218
  Columns 17 through 24
   0.0000    0.0000   -0.0000   -0.0526    0.0000    0.0509         0    0.0856
  Columns 25 through 32
  -0.0000   -0.2961    0.0000    0.4000   -0.0000   -0.2961   -0.0000    0.0856
  Columns 33 through 40
        0    0.0509    0.0000   -0.0526   -0.0000    0.0000    0.0000    0.0218
  Columns 41 through 48
   0.0000   -0.0083         0   -0.0049   -0.0000    0.0044   -0.0000   -0.0000
  Columns 49 through 55
   0.0000   -0.0009    0.0000    0.0002         0    0.0000         0
```

基于布莱克曼窗的带通 FIR 数字滤波器的设计结果如图 7-29 所示。

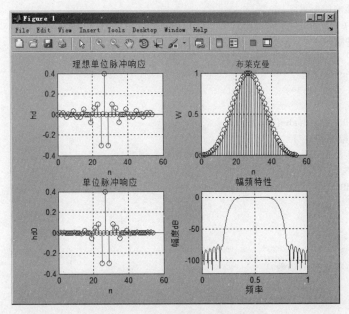

图 7-29　幅频特性和单位脉冲响应

在工程设计中,使用的窗函数包括 kaiserord、fir1 和 fir2。基于汉宁窗函数 hanning 的带阻滤波器设计程序为:

```
W1s = 0.4 * pi;
%% 阻带截止频率指标设定
W1p = 0.2 * pi;
%% 通带截止频率指标设定
W2s = 0.6 * pi;
%% 阻带截止频率指标设定
W2p = 0.8 * pi;
%% 通带截止频率指标设定
As = 40;
%% 阻带衰减指标设定
Ap = 1;
%% 通带衰减指标设定

deltaW = min((W2p - W2s),(W1s - W1p))
%% 过渡带宽计算
L = ceil(6.2 * pi/deltaW)
%% 滤波器长度 L 计算(基于汉宁窗)
n = [ 0:1:L - 1 ];
WC1 = ( W1p + W1s )/2;
WC2 = ( W2p + W2s )/2;
%% 滤波器通带、阻带的平均值计算截止频率
h = fir1( L - 1,[WC1/pi WC2/pi],'stop',hanning(L))
```

```
%% 单位脉冲响应
hh = fir1( L-1,[WC1/pi WC2/pi],'stop',blackman(L))
%% 单位脉冲响应

[H,W] = freqz(h,1);
[HH,WW] = freqz(hh,1);
subplot(2,2,1);
plot(W/pi,20 * log10(abs(H)));
title('对数幅频特性');
% legend('矩形窗函数','汉明窗函数','布莱克曼窗函数');
xlabel('频率');
ylabel('W /dB');
grid on;
subplot(2,2,2);
stem([0:L-1],h);
title('汉宁');
% legend('布莱克曼窗函数');
xlabel('n');
ylabel('W');
grid on;
subplot(2,2,3);
plot(WW/pi,20 * log10(abs(HH)));
title('对数幅频特性');
% legend('矩形窗函数','汉明窗函数','布莱克曼窗函数');
xlabel('频率');
ylabel('W /dB');
grid on;
subplot(2,2,4);
stem([0:L-1],hh);
title('布莱克曼');
% legend('布莱克曼窗函数');
xlabel('n');
ylabel('W');
grid on;
```

由给定指标计算的滤波器系数如下：

```
h =
  Columns 1 through 8
    0.0000    0.0010   -0.0000   -0.0074    0.0000   -0.0000    0.0000    0.0379
  Columns 9 through 16
   -0.0000   -0.0431    0.0000   -0.0799    0.0000    0.2914    0.0000    0.6003
  Columns 17 through 24
    0.0000    0.2914    0.0000   -0.0799    0.0000   -0.0431   -0.0000    0.0379
  Columns 25 through 31
    0.0000   -0.0000    0.0000   -0.0074   -0.0000    0.0010    0.0000
hh =
```

```
Columns 1 through 8
       0    0.0001   - 0.0000   - 0.0020    0.0000   - 0.0000    0.0000    0.0219
Columns 9 through 16
 - 0.0000   - 0.0318    0.0000   - 0.0698    0.0000    0.2816    0.0000    0.6000
Columns 17 through 24
   0.0000    0.2816    0.0000   - 0.0698    0.0000   - 0.0318   - 0.0000    0.0219
Columns 25 through 31
   0.0000   - 0.0000    0.0000   - 0.0020   - 0.0000    0.0001        0
```

程序运行结果如图 7-30 所示。

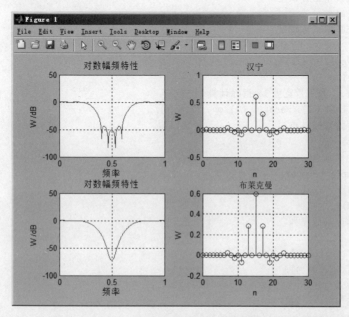

图 7-30　选择汉宁窗函数和布莱克曼函数时的幅频特性和单位脉冲响应

7.3　基于频率采样的 FIR 数字滤波器设计及 MATLAB 实现

频率采样法是直接从频谱角度出发,逼近频谱函数 H 的方法。因为有限长序列与其傅里叶变换是一一对应的,而傅里叶变换即为频谱函数在一个周期内等间隔采样的样本,因此对理想的频谱函数在频域内等间隔抽样,将抽样所得到的样本作为所设计的 FIR 滤波器单位脉冲响应的傅里叶变换,可以得到频率响应在样本点的频谱函数值。

在信号的频率域内进行采样,则相应信号将在时域范围内发生周期性拓展,即频域离散化、时域周期化。与此同时,用有限点的频率样点替代理想滤波器频率响应函数,时间上发生周期拓展后,时域响应将产生混叠效应,在采样点以外的地方将会产生误差,导致通带和阻带内产生波动,并且过渡带宽加宽。

为了减少波动,需要对理想特性加以修正,在其不连续点处加入过渡采样点,使得滤波器具有一定的过渡带,换得峰值和起伏的减少,以及阻带衰减。过渡点的多少影响阻带衰减特性和过渡带宽,过渡点的值通过优化计算得出,在低通滤波器中,初始阻带衰减约为-20;当增加一个过渡点后,阻带衰减约为-50;当增加两个过渡点后,阻带衰减约为-70;增加3个过渡点后,阻带衰减约为-90。

基于频率采样原理设计线性相位低通滤波器的程序如下:

```
L = 21;
W1s = 0.4 * pi;
%% 阻带截止频率指标设定
W1p = 0.3 * pi;
%% 通带截止频率指标设定

L1 = fix(W1p/(2 * pi/L));
L2 = L - 2 * L1 - 1;
%% 通带点数 L1 和阻带宽度 L2 指标计算
HK = [ones(1,L1 + 1), zeros(1,L2),ones(1,L1)];
%% 理想幅度特性样本点
theta = - pi * [0:L-1] * (L-1)/L;
%% 相位特性样本点
H = HK. * exp(j * theta);
HH = ifft(H);
h = real(HH)
%% 取实部脉冲响应序列

[H_H,w] = freqz(h,[1],1000,'whole');
H_H = (H_H(1:1:501))';
w = (w(1:1:501))';
mag = abs(H_H);
db = 20 * log10((mag + eps)/max(mag));
pha = angle(H_H);
grd = grpdelay(h,[1],w);
%% 计算幅频特性、相频

delta_W = 2 * pi/1000;
Ap = - (min(db(1:1:W1p/delta_W + 1)))
As = - (max(db(W1s/delta_W + 1:1:500)))
%% 计算滤波器的通带衰减和阻带衰减

subplot(2,2,1);
plot([0:2/L:(2/L) * (L-1)],HK,'o');
%% 理想低通滤波器样本序列
title('理想低通滤波器样本序列');
% legend('矩形窗函数','汉明窗函数','布莱克曼窗函数');
axis([0,1, - 0.1,1.1]);
xlabel('频率');
ylabel('H_K');
```

```
grid on;

subplot(2,2,2);
stem([0:L-1],h);
title('单位脉冲响应');
% legend('布莱克曼窗函数');
axis([0,L,-0.1,0.4]);
xlabel('n');
ylabel('h');
grid on;

subplot(2,2,3);
plot(w/pi,mag);
% 滤波器频率响应
title('幅度特性');
% legend('矩形窗函数','汉明窗函数','布莱克曼窗函数');
axis([0,1,-0.2,1.2]);
xlabel('频率');
ylabel('Hw');
grid on;

subplot(2,2,4);
plot(w/pi,db);
title('幅度特性');
% 对数幅度特性
axis([0,1,-60,10]);
xlabel('频率');
ylabel('W_dB');
grid on;
```

计算得到的滤波器参数包括幅度系数和衰减系数：

```
h =
  Columns 1 through 8
   -0.0414    -0.0000    0.0443    0.0476    0.0000    -0.0606    -0.0732    0.0000
  Columns 9 through 16
    0.1399    0.2767    0.3333    0.2767    0.1399    -0.0000    -0.0732    -0.0606
  Columns 17 through 21
   -0.0000    0.0476    0.0443    0.0000    -0.0414
Ap =   1.9297
As =   16.4989
```

程序运行结果如图 7-31 所示。

当增加 L 长度，使 L=61，计算滤波器的衰减系数的结果为：

```
h =
  Columns 1 through 8
```

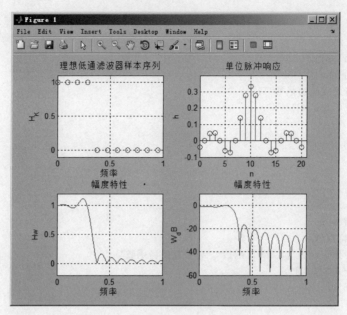

图 7-31　基于频率采样的滤波器设计

```
   - 0.0145    - 0.0017    0.0127    0.0160    0.0051    - 0.0106    - 0.0173    - 0.0087
Columns 9 through 16
   0.0081    0.0184    0.0126    - 0.0050    - 0.0194    - 0.0171    0.0011    0.0201
Columns 17 through 24
   0.0225    0.0041    - 0.0208    - 0.0297    - 0.0117    0.0212    0.0409    0.0249
Columns 25 through 32
   - 0.0216    - 0.0633    - 0.0559    0.0218    0.1477    0.2642    0.3115    0.2642
Columns 33 through 40
   0.1477    0.0218    - 0.0559    - 0.0633    - 0.0216    0.0249    0.0409    0.0212
Columns 41 through 48
   - 0.0117    - 0.0297    - 0.0208    0.0041    0.0225    0.0201    0.0011    - 0.0171
Columns 49 through 56
   - 0.0194    - 0.0050    0.0126    0.0184    0.0081    - 0.0087    - 0.0173    - 0.0106
Columns 57 through 61
   0.0051    0.0160    0.0127    - 0.0017    - 0.0145
Ap =     2.1515
As =    25.3669
```

$L=61$ 的滤波器设计结果如图 7-32 所示。

保持 $L=61$,在过渡带增加一个点,计算滤波器的衰减系数,实现程序如下:

```
L = 61;
W1s = 0.4 * pi;
%% 阻带截止频率指标设定
W1p = 0.3 * pi;
%% 通带截止频率指标设定
```

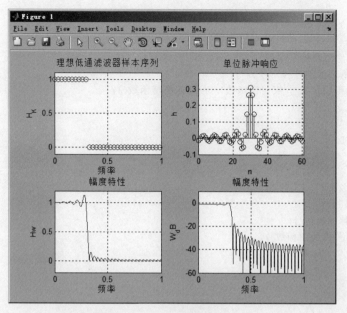

图 7-32　L＝61 时滤波器设计结果

```
L1 = fix(W1p/(2 * pi/L));
L2 = L - 2 * L1 - 1;
%% 通带点数 L1 和阻带宽度 L2 指标计算
HK = [ones(1, L1 + 1), 0.7, zeros(1, L2 - 2), 0.7, ones(1, L1)];
%% 理想幅度特性样本点
theta = - pi * [0:L - 1] * (L - 1)/L;
%% 相位特性样本点
H = HK. * exp(j * theta);
HH = ifft(H);
h = real(HH)
%% 取实部脉冲响应序列

[H_H, w] = freqz(h, [1], 1000, 'whole');
H_H = (H_H(1:1:501))';
w = (w(1:1:501))';
mag = abs(H_H);
db = 20 * log10((mag + eps)/max(mag));
pha = angle(H_H);
grd = grpdelay(h, [1], w);
%% 计算幅频特性、相频

delta_W = 2 * pi/1000;
Ap = - (min(db(1:1:W1p/delta_W + 1)))
As = - (max(db(W1s/delta_W + 1:1:500)))
%% 计算滤波器的通带衰减和阻带衰减
```

```
subplot(2,2,1);
plot([0:2/L:(2/L)*(L-1)],HK,'o');
%% 理想低通滤波器样本序列
title('理想低通滤波器样本序列');
% legend('矩形窗函数','汉明窗函数','布莱克曼窗函数');
axis([0,1,-0.1,1.1]);
xlabel('频率');
ylabel('H_K');
grid on;

subplot(2,2,2);
stem([0:L-1],h);
title('单位脉冲响应');
% legend('布莱克曼窗函数');
axis([0,L,-0.1,0.4]);
xlabel('n');
ylabel('h');
grid on;

subplot(2,2,3);
plot(w/pi,mag);
% 滤波器频率响应
title('幅度特性');
% legend('矩形窗函数','汉明窗函数','布莱克曼窗函数');
axis([0,1,-0.2,1.2]);
xlabel('频率');
ylabel('Hw');
grid on;

subplot(2,2,4);
plot(w/pi,db);
title('幅度特性');
% 对数幅度特性
axis([0,1,-60,10]);
xlabel('频率');
ylabel('W_dB');
grid on;
```

程序运行后使 h 和衰减系数变为：

```
h =
  Columns 1 through 8
    0.0055   -0.0011   -0.0067   -0.0045    0.0034    0.0081    0.0037   -0.0058
  Columns 9 through 16
   -0.0099   -0.0031    0.0085    0.0122    0.0025   -0.0118   -0.0153   -0.0021
  Columns 17 through 24
```

| 0.0161 | 0.0197 | 0.0017 | −0.0222 | −0.0264 | −0.0014 | 0.0323 | 0.0387 |

Columns 25 through 32

| 0.0012 | −0.0536 | −0.0687 | −0.0011 | 0.1369 | 0.2760 | 0.3344 | 0.2760 |

Columns 33 through 40

| 0.1369 | −0.0011 | −0.0687 | −0.0536 | 0.0012 | 0.0387 | 0.0323 | −0.0014 |

Columns 41 through 48

| −0.0264 | −0.0222 | 0.0017 | 0.0197 | 0.0161 | −0.0021 | −0.0153 | −0.0118 |

Columns 49 through 56

| 0.0025 | 0.0122 | 0.0085 | −0.0031 | −0.0099 | −0.0058 | 0.0037 | 0.0081 |

Columns 57 through 61

| 0.0034 | −0.0045 | −0.0067 | −0.0011 | 0.0055 |

```
Ap =     0.1573
As =    27.7520
```

L＝61 同时增加一个过渡点的滤波器设计结果如图 7-33 所示。

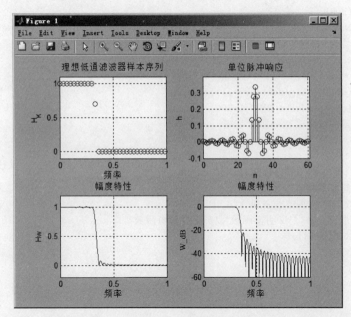

图 7-33　L＝61 且增加一个过渡点时滤波器设计结果

保持 L＝61，在过渡带增加两个点，计算滤波器的衰减系数，实现程序如下：

```
L = 61;
W1s = 0.4 * pi;
%% 阻带截止频率指标设定
W1p = 0.3 * pi;
%% 通带截止频率指标设定

L1 = fix(W1p/(2 * pi/L));
L2 = L - 2 * L1 - 1;
%% 通带点数 L1 和阻带宽度 L2 指标计算
```

```
HK = [ones(1,L1 + 1 ), 0.7,0.5,zeros(1,L2 - 4),0.5,0.7,ones(1,L1)];
%% 理想幅度特性样本点
% theta = - pi * [0:L - 1] * (L - 1)/L;
theta = - pi * [0:L - 1] * (L - 1)/L;
%% 相位特性样本点
H = HK. * exp(j * theta);
HH = ifft(H);
h = real(HH)
%% 取实部脉冲响应序列

[H_H,w] = freqz(h,[1],1000,'whole');
H_H = (H_H(1:1:501))';
w = (w(1:1:501))';
mag = abs(H_H);
db = 20 * log10((mag + eps)/max(mag));
pha = angle(H_H);
grd = grpdelay(h,[1],w);
%% 计算幅频特性、相频

delta_W = 2 * pi/1000;
Ap = - (min(db(1:1:W1p/delta_W + 1)))
As = - (max(db(W1s/delta_W + 1:1:500)))
%% 计算滤波器的通带衰减和阻带衰减

subplot(2,2,1);
plot([0:2/L:(2/L) * (L - 1)],HK,'o');
%% 理想低通滤波器样本序列
title('理想低通滤波器样本序列');
% legend('矩形窗函数','汉明窗函数','布莱克曼窗函数');
axis([0,1, - 0.1,1.1]);
xlabel('频率');
ylabel('H_K');
grid on;

subplot(2,2,2);
stem([0:L - 1],h);
title('单位脉冲响应');
% legend('布莱克曼窗函数');
axis([0,L, - 0.1,0.4]);
xlabel('n');
ylabel('h');
grid on;

subplot(2,2,3);
plot(w/pi,mag);
% 滤波器频率响应
title('幅度特性');
```

```
% legend('矩形窗函数','汉明窗函数','布莱克曼窗函数');
axis([0,1,-0.2,1.2]);
xlabel('频率');
ylabel('Hw');
grid on;

subplot(2,2,4);
plot(w/pi,db);
title('幅度特性');
% 对数幅度特性
axis([0,1,-60,10]);
xlabel('频率');
ylabel('W_dB');
grid on;
```

程序运行后使 h 和衰减系数变为：

```
h =
  Columns 1 through 10
   -0.0070    0.0003    0.0070    0.0062   -0.0007   -0.0060   -0.0047    0.0007
    0.0039    0.0026
  Columns 11 through 20
    0.0001   -0.0005   -0.0003   -0.0020   -0.0043   -0.0021    0.0057    0.0110
    0.0044   -0.0119
  Columns 21 through 30
   -0.0206   -0.0064    0.0228    0.0359    0.0080   -0.0456   -0.0690   -0.0090
    0.1311    0.2792
  Columns 31 through 40
    0.3426    0.2792    0.1311   -0.0090   -0.0690   -0.0456    0.0080    0.0359
    0.0228   -0.0064
  Columns 41 through 50
   -0.0206   -0.0119    0.0044    0.0110    0.0057   -0.0021   -0.0043   -0.0020
   -0.0003   -0.0005
  Columns 51 through 60
    0.0001    0.0026    0.0039    0.0007   -0.0047   -0.0060   -0.0007    0.0062
    0.0070    0.0003
  Column 61
   -0.0070
Ap =    0.8257
As =   25.5691
```

L＝61 同时增加两个过渡点的滤波器设计结果如图 7-34 所示。

保持 L＝61，改变过渡带增加的两个点，计算滤波器的衰减系数的结果为：

```
h =
  Columns 1 through 10
    0.0028   -0.0002   -0.0032   -0.0030    0.0006    0.0042    0.0036   -0.0014
```

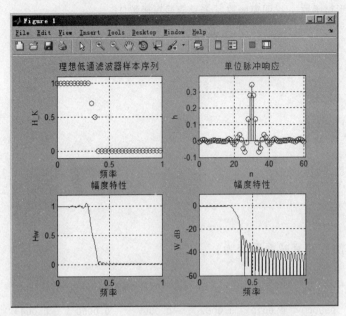

图 7-34 L＝61 且增加两个过渡点时滤波器设计结果

```
     − 0.0061    −.0.0046
   Columns 11 through 20
     0.0028     0.0088    0.0058    − 0.0050   − 0.0127   − 0.0071    0.0087    0.0182
     0.0083    − 0.0146
   Columns 21 through 30
    − 0.0264    − 0.0094   0.0249    0.0402    0.0102    − 0.0469   − 0.0718   − 0.0107
     0.1312     0.2805
   Columns 31 through 40
     0.3443     0.2805    0.1312   − 0.0107   − 0.0718   − 0.0469    0.0102    0.0402
     0.0249    − 0.0094
   Columns 41 through 50
    − 0.0264    − 0.0146   0.0083    0.0182    0.0087   − 0.0071   − 0.0127   − 0.0050
     0.0058     0.0088
   Columns 51 through 60
     0.0028    − 0.0046   − 0.0061   − 0.0014   0.0036    0.0042    0.0006   − 0.0030
    − 0.0032   − 0.0002
   Column 61
     0.0028
   Ap =    0.1035
   As =   40.1773
```

L＝61 同时改变两个过渡点序列的滤波器设计结果如图 7-35 所示。

对于给定频率处的幅度响应问题，可以由滤波器设计函数 fir2 来实现，调用格式为 b＝fir2(n,f,m)，实现程序如下：

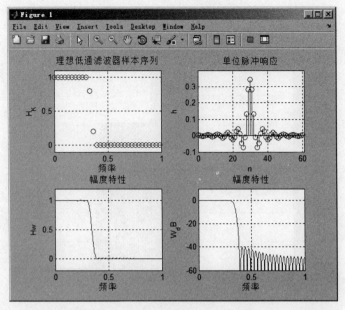

图 7-35　L＝61 且改变两个过渡点序列的滤波器设计结果

```
f = [0 0.5 0.5 1];
m = [1 1 0 0];
b = fir2(45,f,m);
%% 调用 fir2 ( n,f,m )
[h,w] = freqz(b,1,128);
subplot(1,2,1);
plot(f,m,w/pi,abs(h))
xlabel('w');
ylabel('h');
title('幅频特性')
grid on;
subplot(1,2,2);
stem(w/pi,abs(h));
xlabel('w');
ylabel('h');
title('幅频特性')
grid on;
```

程序运行结果如图 7-36 所示。

所返回的长度为 L＋1，并且规定了频率点序列和幅度向量。对于复杂的频率响应函数，程序设计如下：

```
L = 100;
%% 滤波器长度指标设定
f = [0 0.1 0.2 0.3 0.4 0.5 0.6 0.7 0.8 0.9 1];
```

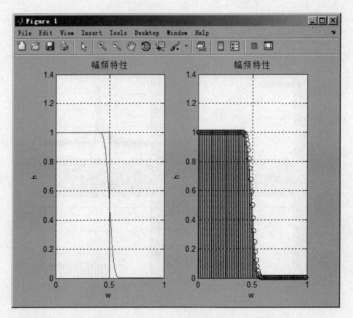

图 7-36   fir2(45,f,m)滤波器设计的波形

```
m = [11 0 0 1 0 0 1 0 0 1];
%%滤波器频率响应函数指标设定
h = fir2(L-1,f,m);
[H,w] = freqz(h,1);
subplot(3,1,1);
plot(f,m)
xlabel('w');
ylabel('H');
title('幅频特性')
grid on;
subplot(3,1,2);
stem(w/pi,abs(H));
xlabel('w');
ylabel('H');
title('幅频特性')
grid on;
subplot(3,1,3);
stem([0:L],h);
xlabel('n');
ylabel('h');
title('幅频特性')
grid on;
```

程序运行结果如图 7-37 所示。

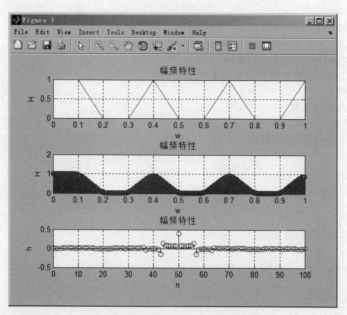

图 7-37　基于 fir2 设计的滤波器

设计一个最优化带通滤波器,实现程序如下:

```
N = 40;
alfa = (40 - 1)/2;
k = 0:N - 1;
w1 = (2 * pi/N) * k;
% T1 = 0.109021;
% T2 = 0.59417456;
T1 = 0.23;
T2 = 0.72;
hrs = [zeros(1,5),T1,T2,ones(1,7),T2,T1,zeros(1,9),T1,T2,ones(1,7),T2,T1,zeros(1,4)];
hdr = [0,0,1,1,0,0]; wd1 = [0,0.2,0.35,0.65,0.8,1];
k1 = 0:floor((N - 1)/2);
k2 = floor((N - 1)/2) + 1:N - 1;
angH = [ - alfa * (2 * pi)/N * k1,alfa * (2 * pi/N * (N - k2))];
H = hrs. * exp(j * angH);
h = real(ifft(H));
%%%%%%%%%%%%%%%%%%%%%%%%%%%%%%%
% [db,mag,pha,grd,w] = freqz_m(h,1);
%%%%%%%%%%%%%%%%%%%%%%%%%%%%%%
[H_H,w] = freqz(h,[1],1000,'whole');
H_H = (H_H(1:1:501))';
w = (w(1:1:501))';
mag = abs(H_H);
db = 20 * log10((mag + eps)/max(mag));
pha = angle(H_H);
```

```
grd = grpdelay(h,[1],w);
%%%%%%%%%%%%%%%%%%%%%%%%%%%%%%%
%  [Hr,ww,a,L] = hr_type2(h);
%%%%%%%%%%%%%%%%%%%%%%%%%%%%%%%
% 计算所设计的 2 型滤波器的振幅响应
% Hr = 振幅响应
% b = 2 型滤波器的系数
% L = Hr 的阶次
% h = 2 型滤波器的单位冲激响应
M = length(h);
L = M/2;
b = 2 * h(L: - 1:1);
n = [1:1:L];
n = n - 0.5;
w = [0:1:500]' * 2 * pi/500;
Hr = cos(w * n) * b';
%%%%%%%%%%%%%%%%%%%%%%%%%%%%%%%
subplot(2,2,1)
plot(w1(1:21)/pi,hrs(1:21),'o',wd1,hdr)
axis([0,1, - 0.1,1.1]);
title('带通: N = 40,T1 = 0.23, T2 = 0.72')
grid on;
ylabel('Hr(k)');
set(gca,'XTickMode','manual','XTick',[0,0.2,0.35,0.65,0.8,1])
set(gca,'YTickMode','manual','YTick',[0,0.059,0.109,1]);
grid on;
% 绘制带网格的图像
subplot(2,2,2);
stem(k,h);
axis([ - 1,N, - 0.4,0.4])
title('脉冲响应');
ylabel('h(n)');
text(N + 1, - 0.4,'n')
grid on;
subplot(2,2,3);
plot(w/pi,Hr,w1(1:21)/pi,hrs(1:21),'o');
axis([0,1, - 0.1,1.1]);
title('幅度响应');
xlabel('频率');
ylabel('Hr(w)');
set(gca,'XTickMode','manual','XTick',[0,0.2,0.35,0.65,0.8,1]);
set(gca,'YTickMode','manual','YTick',[0,0.059,0.109,1]);
grid on;
subplot(2,2,4);
plot(w/pi,db);
axis([0,1, - 100,10]);
grid on;
```

```
title('幅度响应');
xlabel('频率');
ylabel('dB')
set(gca,'XTickMode','manual','XTick',[0,0.2,0.35,0.65,0.8,1])
set(gca,'YTickMode','manual','YTick',[-60;0]);
set(gca,'YTickLabelMode','manual','YTickLabels',[60;0]);
grid on;
```

程序运行结果如图 7-38 所示。

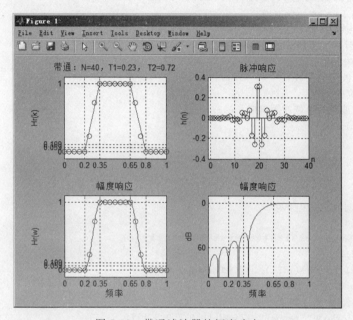

图 7-38　带通滤波器的幅度响应

设计一个最优化低通滤波器,实现程序如下:

```
% T1 = 0.2
% 设计条件:wp = 0.2 * pi;ws = 0.3 * pi;Rp = 0.25dB;Rp = 50dB;
M = 40;
alpha = (M - 1)/2;l = 0:M - 1;w1 = (2 * pi/M) * l;
Hrs = [ones(1,5),0.2,zeros(1,29),0.2,ones(1,4)];
% 理想滤波器振幅响应抽样
Hdr = [1,1,0,0];
wdl = [0,0.25,0.25,1];
% 理想滤波器振幅响应
k1 = 0:floor((M - 1)/2);
k2 = floor((M - 1)/2) + 1:M - 1;
angH = [-alpha * (2 * pi)/M * k1,alpha * (2 * pi)/M * (M - k2)];
H = Hrs. * exp(j * angH);
h = real(ifft(H,M));
% [db,mag,pha,grd,w] = freqz_m(h,1);
```

```
%%%%%%%%%%%%%%%%%%%%%%%%%%%%%%%%%%%%%%
[H_H,w] = freqz(h,[1],1000,'whole');
H_H = (H_H(1:1:501))';
w = (w(1:1:501))';
mag = abs(H_H);
db = 20 * log10((mag + eps)/max(mag));
pha = angle(H_H);
grd = grpdelay(h,[1],w);
%%%%%%%%%%%%%%%%%%%%%%%%%%%%%%%%%%%%%%
%  [Hr,ww,a,L] = hr_type2(h);
%%%%%%%%%%%%%%%%%%%%%%%%%%%%%%%%%%%%%%
% 计算所设计的 2 型滤波器的振幅响应
% Hr = 振幅响应
% b = 2 型滤波器的系数
% L = Hr 的阶次
% h = 2 型滤波器的单位冲激响应
M = length(h);
L = M/2;
b = 2 * h(L: - 1:1);
n = [1:1:L];
n = n - 0.5;
w = [0:1:500]' * 2 * pi/500;
Hr = cos(w * n) * b';
%%%%%%%%%%%%%%%%%%%%%%%%%%%%%%%%%%%%%%
subplot(2,2,1);
plot(w1(1:21)/pi,Hrs(1:21),' * ',wd1,Hdr);
axis([0,1, - 0.1,1.1]);
title('频率样本:M,   T1');
set(gca,'XTickMode','manual','XTick',[0,0.2,0.3,1]);
set(gca,'YTickMode','manual','YTick',[0,0.5,1]);
grid on;
xlabel('k');
ylabel('Hr(k)')
subplot(2,2,2);
stem(l,h);
axis([ - 1,M, - 0.1,0.3]);
title('脉冲响应');
xlabel('n');ylabel('h(n)')
grid on;
xa = 0. * l;
hold on;
plot(l,xa,'k');
hold off
subplot(2,2,3);
plot(w/pi,Hr,w1(1:21)/pi,Hrs(1:21),'o');
axis([0,1, - 0.2,1.2]);
title('幅度响应');
```

```
xlabel('频率');
ylabel('Hr(w)')
set(gca,'XTickMode','manual','XTick',[0,0.2,0.3,1]);
set(gca,'YTickMode','manual','YTick',[0,0.5,1]);
grid on;
subplot(2,2,4);
plot(w/pi,db);
axis([0,1,-100,10]);
title('幅度响应');
xlabel('频率');
ylabel('dB')
set(gca,'XTickMode','manual','XTick',[0,0.2,0.3,1]);
set(gca,'YTickMode','manual','YTick',[-30,0]);
grid on;
set(gca,'YTickLabelMode','manual','YTickLabels',[30;0])
```

计算出的滤波器系数如下：

```
b =
  Columns 1 through 10
    0.4593    0.3788    0.2437    0.0956   -0.0241   -0.0887   -0.0940   -0.0564
   -0.0034    0.0385
  Columns 11 through 20
    0.0542    0.0428    0.0149   -0.0144   -0.0328   -0.0348   -0.0223   -0.0023
    0.0169    0.0285
```

程序运行结果如图 7-39 所示。

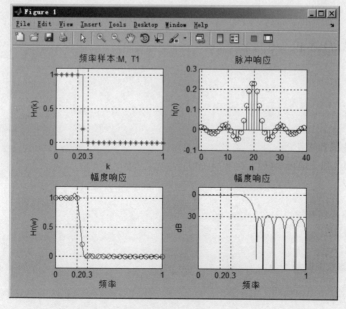

图 7-39   低通滤波器的幅度响应（M，T1）

设计一个最优化高通滤波器,实现程序如下:

```
M = 32;
% 所需频率采样点个数
Wp = 0.6 * pi;
% 通带截止频率
m = 0:M/2;
% 阻频带上的采样点
Wm = 2 * pi * m./(M + 1);
% 阻带截止频率
mtr = ceil(Wp * (M + 1)/(2 * pi));
% 向正方向舍入 ceil(3.5) = 4;ceil( - 3.2) = - 3;
Ad = [Wm > = Wp];
Ad(mtr) = 0.28;
Hd = Ad. * exp( - j * 0.5 * M * Wm);
% 构造频域采样向量 H(k)
Hd = [Hd conj(fliplr(Hd(2:M/2 + 1)))];
% fliplr 函数实现矩阵的左右翻转,conj 是求复数的共轭
h = real(ifft(Hd))
% h(n) = IDFT[H(k)]
w = linspace(0,pi,1000);
% 用于产生 0～pi 的 1000 点行向量
H = freqz(h,[1],w);
% 滤波器的幅频特性图

f1 = 200;
f2 = 700;
f3 = 800;
% 待滤波正弦信号频率
fs = 2000;
% 采样频率
figure(1)
subplot(311)
t = 0:1/fs:0.25;
% 定义时间范围和步长
s = sin(2 * pi * f1 * t) + sin(2 * pi * f2 * t) + sin(2 * pi * f3 * t);
% 滤波前信号
plot(t,s);
% 滤波前的信号图像
xlabel('时间');
ylabel('幅度');
title('信号滤波前时域图');
subplot(312)
Fs = fft(s,512);
% 将信号变换到频域
```

```
AFs = abs(Fs);
% 信号频域图的幅值
f = (0:255) * fs/512;
% 频率采样
plot(f, AFs(1:256));
% 滤波前的信号频域图
xlabel('频率');
ylabel('幅度');
title('信号滤波前频域图');

subplot(313)
plot(w/pi, 20 * log10(abs(H)));
% 滤波器的幅频特性图
% 参数分别是归一化频率与幅值
xlabel('归一化频率');
ylabel('增益/分贝');
axis([0 1 - 50 0]);

figure(2)
sf = filter(h, 1, s);
% 使用 filter 函数对信号进行滤波
% 输入的参数分别为滤波器系统函数的分子和分母多项式系数向量和待滤波信号输入
subplot(211)
plot(t, sf)
% 滤波后的信号图像
xlabel('时间');
ylabel('幅度');
title('信号滤波后时域图');
axis([0.2 0.25 - 2 2]);
% 限定图像坐标范围
subplot(212)
Fsf = fft(sf, 512);
% 滤波后的信号频域图
AFsf = abs(Fsf);
% 信号频域图的幅值
f = (0:255) * fs/512;
% 频率采样
plot(f, AFsf(1:256))
% 滤波后的信号频域图
xlabel('频率');
ylabel('幅度');
title('信号滤波后频域图');
```

计算出的滤波器系数如下：

h =

Columns 1 through 10

　 − 0.0209　　 0.0231　　 0.0193　　 − 0.0261　　 − 0.0180　　 0.0303　　 0.0170　　 − 0.0365
　 − 0.0163　　 0.0463

Columns 11 through 20

　 0.0158　　 − 0.0643　　 − 0.0154　　 0.1065　　 0.0152　　 − 0.3184　　 0.4848　　 − 0.3184
　 0.0152　　 0.1065

Columns 21 through 30

　 − 0.0154　　 − 0.0643　　 0.0158　　 0.0463　　 − 0.0163　　 − 0.0365　　 0.0170　　 0.0303
　 − 0.0180　　 − 0.0261

Columns 31 through 33

　 0.0193　　 0.0231　　 − 0.0209

程序运行结果如图 7-40 所示。

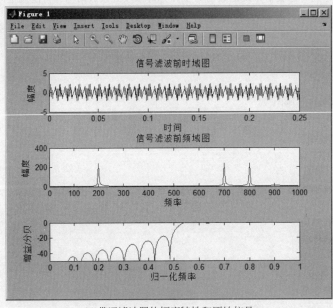

(a) 带通滤波器的幅度特性和原始信号

图 7-40　带通滤波器设计

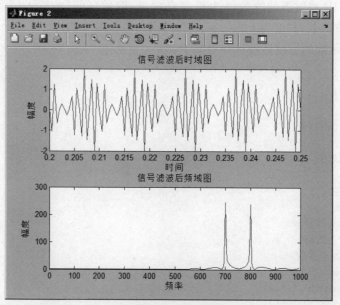

(b) 带通滤波器滤波后的输出

图 7-40　（续）

7.4　其他类型的 FIR 数字滤波器设计及 MATLAB 实现

在介绍过的 IIR 滤波器和 FIR 滤波器中，其分析和设计波形能够实现大部分的工程应用，但有一些特殊需求场景，需要对滤波器的参数变量增加相应的约束，包括阶数、处理速度和性能优化，本节将对这类场景下的滤波器设计进行分析。

7.4.1　等纹波滤波器 MATLAB 设计

为了精确控制通带截止频率和阻带截止频率，实际场景中设计的滤波器使用切比雪夫等纹波逼近的算法，可以优化理想幅度特性和实际幅度特性之间的加权逼近误差值，使其均匀地分散到所设计的滤波器的通带和阻带中。

最优等纹波滤波器的误差对频带上极值数目进行分析，基于 Parks-McClellan 优化算法，首先，假设有 L+2 个频率极值点，估计这些频率点上的误差，按照给定的点向量拟合 L 阶多项式；其次，在频率点上确定 L+2 个极值频率，然后确定新的频率点向量再拟合 L 阶多项式。反复迭代，找到最优的频率极值点，最后计算出滤波器的单位脉冲响应。

Parks-McClellan 优化算法的调用格式为：

```
b = firpm(n,f,a);
b = firpm(n,f,a,w);
```

其中,n 为 FIR 滤波器的阶数,f 为频率点向量,取值区间[0,1],a 为要设计的幅度特性,w 为误差加权函数,长度为 f 的一半,b 为返回的单位脉冲响应。

基于 firpm 函数的滤波器设计程序如下:

```
n  = 6;
n1 = 7;
n2 = 8;
%% 设定 n、n1、n2 的值
f = [0 0.3 0.4  0.6 0.7 1];
%% 设定 f 的值
a = [0 0  1   1  0  0];
%% 设定 a 的值
b  = firpm(n,f,a)
b1 = firpm(n1,f,a);
b2 = firpm(n2,f,a);
%% 计算滤波器的参数
[h ,w ] = freqz(b,1,512);
[h1,w1] = freqz(b1,1,512);
[h2,w2] = freqz(b2,1,512);
subplot(3,1,1);
plot(f,a,w/pi,abs(h),'. - ')
legend('理想值','firpm 设计')
xlabel('f');
ylabel('a');
title('n = 6');
grid on;
subplot(3,1,2);
plot(f,a,w1/pi,abs(h1),'. - ')
legend('理想值','firpm 设计')
xlabel('f');
ylabel('a');
title('n = 7');
grid on;
subplot(3,1,3);
plot(f,a,w2/pi,abs(h2),'. - ')
legend('理想值','firpm 设计')
xlabel('f');
ylabel('a');
title('n = 8');
grid on;
```

计算出的滤波器系数如下:

```
b =
   - 0.0000   - 0.2764   - 0.0000    0.1910   - 0.0000   - 0.2764   - 0.0000
```

程序运行结果如图 7-41 所示。

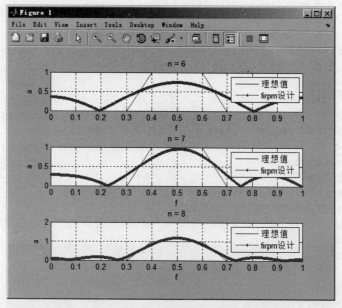

图 7-41　基于 Parks-McClellan 优化算法的滤波器设计

对于给定通带截止频率和阻带截止频率的等波纹低通滤波器,滤波器的设计实现程序如下:

```
W1s = 0.4 * pi;
%% 阻带截止频率指标设定
W1p = 0.3 * pi;
%% 通带截止频率指标设定
Ap = 0.4;
As = 40;
delta_1 = ( 10^(Ap/20) - 1)/( 10^(Ap/20) + 1);
delta_2 = ( 1 + delta_1 ) * (10^( - As/20))
%% 计算波纹参数
weights = [ delta_2/delta_1 1 1 ];
delta_f = ( W1s - W1p )/(2 * pi);
%% 计算权值与过渡带宽

n = ceil(( - 20 * log10(sqrt( delta_2 * delta_1 )) - 13)/(14.6 * delta_f) + 1);
%% 计算阶数
n = n + mod(n, 2);
n = n + 4;
f = [0 W1p/pi W1s/pi 1];
%% 设定频率点 f 的值
a = [1    1   0  0];
%% 设定幅度 a 的值
```

```
b  = firpm(n,f,a,weights)
%%计算滤波器的参数

%%%%%%%%%%%%%%%%%%%%%%%%%%%%%%%%%%
[H_H,w] = freqz(b,[1],1000,'whole');
H_H = (H_H(1:1:501))';
w = (w(1:1:501))';
mag = abs(H_H);
db = 20 * log10((mag + eps)/max(mag));
pha = angle(H_H);
grd = grpdelay(b,[1],w);
%%计算幅频特性、相频并验证
%%%%%%%%%%%%%%%%%%%%%%%%%%%%%%%%%%
delta_w = 2 * pi/1000;
wsi = W1s/delta_w + 1;
As_d = - max(db(wsi:1:500));
subplot(1,2,1);
L = 0:1:n;
stem (L,b,'b');
legend('单位脉冲响应')
xlabel('n');
ylabel('b');
title('h');
grid on;
subplot(1,2,2);
plot(w/pi,db,'k')
legend('幅度特性')
xlabel('f');
ylabel('a');
title('dB');
grid on;
```

计算的滤波器参数和指标如下：

```
delta_2 =     0.0102

b =

  Columns 1 through 10

    0.0060    0.0023   - 0.0043   - 0.0102   - 0.0074    0.0043    0.0134    0.0074
   - 0.0115   - 0.0237

  Columns 11 through 20

   - 0.0106    0.0210    0.0380    0.0118   - 0.0439   - 0.0713   - 0.0133    0.1289
    0.2813    0.3468
```

Columns 21 through 30

　0.2813　　　0.1289　　−0.0133　　−0.0713　　−0.0439　　0.0118　　0.0380　　0.0210
−0.0106　　−0.0237

Columns 31 through 39

−0.0115　　　0.0074　　　0.0134　　　0.0043　　−0.0074　　−0.0102　　−0.0043　　0.0023
　0.0060

程序运行结果如图 7-42 所示。

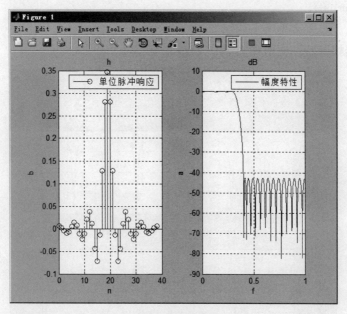

图 7-42　等波纹滤波器优化设计

7.4.2　梳状滤波器 MATLAB 设计

梳状滤波器是由许多按一定频率间隔相同排列的通带和阻带,只让某些特定频率范围的信号通过。在滤波器的单位圆上按相角均匀分配若干零点,即可以产生梳状幅频特性。梳状滤波器的应用很广泛,其中,梳状滤波器被用于分离色度信号的两个正交分量——U色差信号与 V 色差信号。梳状滤波器一般由延时、加法器、减法器和带通滤波器组成,对于静止图像,梳状滤波在帧间进行,即三维梳状滤波,对活动图像,梳状滤波在帧内进行,即二维梳状滤波。除特殊要求的场外,大多数的数字电视设备或高质量的数字电视接收机,都采用行延迟的梳状滤波器与带通滤波器级联,构成 Y、C 分离方案,就可以获得满意的图像质量。

梳状滤波器使得图像质量明显提高,解决了"色串亮"及"亮串色"(是色度信号与亮度信号未能彻底分离而产生的现象)造成的干扰光点、干扰花纹的问题,消除了 U、V 混迭造成的彩色边缘蠕动以及镶边问题。

在已知系统函数和零点数的条件下,设计梳状滤波器的程序如下:

```
b = [ 1 0 0 0 0 0 0 0 -1 ];
a = [ 1 0 0 0 0 0 0 0 -0.5 ];
%% 系统函数分子与分母多项式
zplane(b,a);
%% 系统零极点分布图
freqz(b,a,'whole');
%% 幅频特性
```

梳状滤波器幅频特性波形如图 7-43 所示。

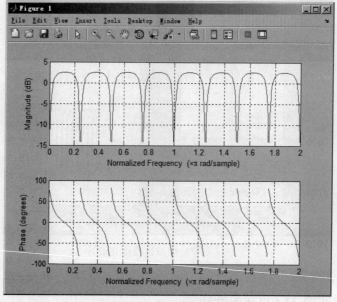

图 7-43　梳状滤波器幅频特性波形

7.4.3　维纳滤波器 MATLAB 设计

维纳滤波器(wiener filtering)是一种以最小平方为最优准则的线性滤波器,其本质是使估计误差均方值最小化,维纳滤波器的设计为广义平稳随机信号的线性滤波提供了一个参考框架。

最佳滤波器是指能够根据某一最佳准则进行滤波的滤波器,维纳滤波器也被称为最小二乘滤波器或最小平方滤波器。是一种利用平稳随机过程的相关特性和频谱特性对混有噪声的信号进行滤波的方法,即假定线性滤波器的输入为有用信号和噪声之和,两者均为广义平稳过程且已知它们的二阶统计特性,根据最小均方误差准则(滤波器的输出信号与需要信号之差的均方值最小),求得最佳线性滤波器的参数。除此之外,还包括最大输出信噪比准则、统计检测准则以及其他最佳准则求得的最佳线性滤波器。因为信号与噪声均可能具有连续的功率谱,因此,需要寻找一种使误差最小的最佳滤波方法。

设维纳滤波器的输入为含噪声的随机信号,期望输出与实际输出之间的差值为误差,对该误差求方,即为均方误差,因此均方误差越小,噪声滤除效果就越好。为使均方误差最小,关键在于求冲激响应,如果能够满足维纳-霍夫方程,就可使维纳滤波器达到最佳。根据维纳-霍夫方程,最佳维纳滤波器的冲激响应完全由输入自相关函数以及输入与期望输出的互相关函数所决定。

与设计一个特定频率响应所用的通常滤波器设计理论不同,维纳滤波器从另外一个不同的角度实现滤波,仅仅在频域进行滤波的滤波器,仍然会有噪声通过,维纳设计方法需要额外的关于原始信号所包含的频谱以及噪声的信息。

设计目的就是滤除按照统计方式干扰信号的噪声,其特点如下。

(1)假设:信号以及附加噪声都是已知频谱特性或者自相关和互相关的随机过程。

(2)性能标准:最小均方差。

(3)能够用标量的方法找到最优滤波器。

维纳滤波器的设计程序如下:

```
L = input('请输入信号长度 L = ');
N = input('请输入滤波器阶数 N = ');
% 产生 w(n),v(n),u(n),s(n)和 x(n)
a = 0.95;
b1 = sqrt(12 * (1 - a^2))/2;
b2 = sqrt(3);
w = random('uniform', - b1,b1,1,L);
% 利用 random 函数产生均匀白噪声
v = random('uniform', - b2,b2,1,L);
u = zeros(1,L);
for i = 1:L
  u(i) = 1;
end
s = zeros(1,L);
s(1) = w(1);
for i = 2:L,
  s(i) = a * s(i - 1) + w(i);
end
x = zeros(1,L);
x = s + v;
% 绘出 s(n)和 x(n)的曲线图
set(gcf,'Color',[1,1,1]);
i = L - 100:L;
subplot(2,2,1);
```

```matlab
plot(i,s(i),i,x(i),'r:');
title('s(n) & x(n)');
legend('s(n)', 'x(n)');
grid on;
%计算理想滤波器的 h(n)
h1 = zeros(N:1);
for i = 1:N
    h1(i) = 0.238 * 0.724^(i-1) * u(i);
end
%利用公式,计算 Rxx 和 rxs
Rxx = zeros(N,N);
rxs = zeros(N,1);
for i = 1:N
    for j = 1:N
        m = abs(i-j);
        tmp = 0;
        for k = 1:(L-m)
            tmp = tmp + x(k) * x(k+m);
        end
        Rxx(i,j) = tmp/(L-m);
    end
end
for m = 0:N-1
    tmp = 0;
    for i = 1: L-m
        tmp = tmp + x(i) * s(m+i);
    end
    rxs(m+1) = tmp/(L-m);
end
%产生 FIR 维纳滤波器的 h(n)
h2 = zeros(N,1);
h2 = Rxx^(-1) * rxs;
%绘出理想和维纳滤波器 h(n)的曲线图
i = 1:N;
subplot(2,2,2);
plot(i,h1(i),i,h2(i),'r:');
title('h(n) & h～(n)');
legend('h(n) ','h～(n)');
grid on;
%计算 Si
Si = zeros(1,L);
Si(1) = x(1);
for i = 2:L
Si(i) = 0.724 * Si(i-1) + 0.238 * x(i);
end
%绘出 Si(n)和 s(n)曲线图
i = L-100:L;
```

```
subplot(2,2,3);
plot(i,s(i),i,Si(i),'r:');
title('Si(n) & s(n)');
legend('Si(n) ','s(n)');
grid on;
% 计算 Sr
Sr = zeros(1,L);
for i = 1:L
    tmp = 0;
    for j = 1:N − 1
        if(i − j < = 0)
            tmp = tmp;
        else
            tmp = tmp + h2(j) * x(i − j);
        end
    end
    Sr(i) = tmp;
end
% 绘出 Si(n) 和 s(n) 曲线图
i = L − 100:L;
subplot(2,2,4);
plot(i,s(i),i,Sr(i),'r:');
title('s(n) & Sr(n)');
legend('s(n) ','Sr(n)');
grid on;
% 计算均方误差 Ex、Ei 和 Er
tmp = 0;
for i = 1:L
    tmp = tmp + (x(i) − s(i))^2;
end
Ex = tmp/L
%% 输入和理想估计时的均方误差
tmp = 0;
for i = 1:L
    tmp = tmp + (Si(i) − s(i))^2;
end
Ei = tmp/L
%% 有用信号和理想估计时的均方误差
tmp = 0;
for i = 1:L
    tmp = tmp + (Sr(i) − s(i))^2;
end
Er = tmp/L
%% 有用信号和实验估计时的均方误差
```

下面分 5 种场景介绍不同长度、阶数时的计算结果及维纳滤波器波形。

(1) 场景一：输入长度为 500，阶数为 10。

均方误差的计算结果如下：

```
Ex =
    1.0189
Ei =
    0.2168
Er =
    0.2519
```

单位响应的计算结果如下：

```
h1 =

    0.2380    0.1723    0.1248    0.0903    0.0654    0.0473    0.0343    0.0248
    0.0180    0.0130
```

维纳滤波器波形如图 7-44 所示。

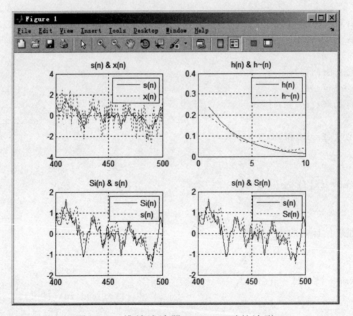

图 7-44　维纳滤波器(500,10)时的波形

(2) 场景二：输入长度为 500，阶数为 20。

均方误差的计算结果为：

```
Ex =
    1.0158
Ei =
    0.2502
Er =
    0.3217
```

单位响应的计算结果为：

h1 =

  Columns 1 through 10

    0.2380   0.1723   0.1248   0.0903   0.0654   0.0473   0.0343   0.0248
    0.0180   0.0130

  Columns 11 through 20

    0.0094   0.0068   0.0049   0.0036   0.0026   0.0019   0.0014   0.0010
    0.0007   0.0005

维纳滤波器波形如图 7-45 所示。

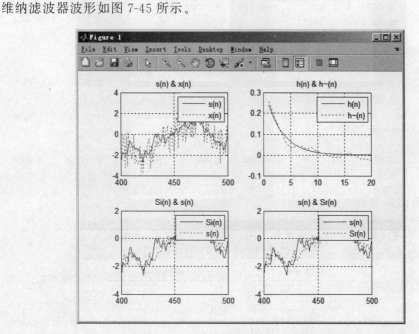

图 7-45　维纳滤波器(500,20)时的波形

（3）场景三：输入长度为 500，阶数为 50。

均方误差的计算结果如下：

Ex =
    0.9511
Ei =
    0.2116
Er =
    0.2484

单位响应的计算结果如下：

```
h1 =

  Columns 1 through 10

    0.2380    0.1723    0.1248    0.0903    0.0654    0.0473    0.0343    0.0248
    0.0180    0.0130

  Columns 11 through 20

    0.0094    0.0068    0.0049    0.0036    0.0026    0.0019    0.0014    0.0010
    0.0007    0.0005

  Columns 21 through 30

    0.0004    0.0003    0.0002    0.0001    0.0001    0.0001    0.0001    0.0000
    0.0000    0.0000

  Columns 31 through 40

    0.0000    0.0000    0.0000    0.0000    0.0000    0.0000    0.0000    0.0000
    0.0000    0.0000

  Columns 41 through 50

    0.0000    0.0000    0.0000    0.0000    0.0000    0.0000    0.0000    0.0000
    0.0000    0.0000
```

维纳滤波器波形如图 7-46 所示。

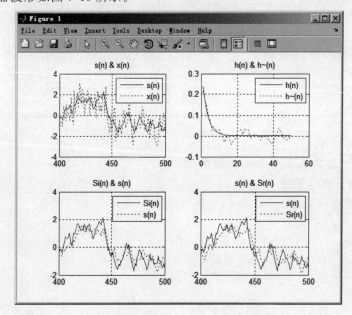

图 7-46　维纳滤波器(500,50)时的波形

（4）场景四：输入长度为 150，阶数为 10。

均方误差的计算如下：

```
Ex =
    1.0483
Ei =
    0.2512
Er =
    0.3266
```

单位响应的计算结果如下：

```
h1 =

    0.2380    0.1723    0.1248    0.0903    0.0654    0.0473    0.0343    0.0248
    0.0180    0.0130
```

维纳滤波器波形如图 7-47 所示。

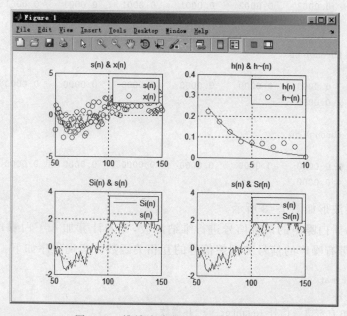

图 7-47　维纳滤波器(150,10)时的波形

（5）场景五：输入长度为 150，阶数为 50。

均方误差的计算如下：

```
Ex =
    0.9393
Ei =
    0.2683
Er =
```

0.3359

单位响应的计算结果如下：

h1 =

Columns 1 through 10

0.2380	0.1723	0.1248	0.0903	0.0654	0.0473	0.0343	0.0248
0.0180	0.0130						

Columns 11 through 20

0.0094	0.0068	0.0049	0.0036	0.0026	0.0019	0.0014	0.0010
0.0007	0.0005						

Columns 21 through 30

0.0004	0.0003	0.0002	0.0001	0.0001	0.0001	0.0001	0.0000
0.0000	0.0000						

Columns 31 through 40

0.0000	0.0000	0.0000	0.0000	0.0000	0.0000	0.0000	0.0000
0.0000	0.0000						

Columns 41 through 50

0.0000	0.0000	0.0000	0.0000	0.0000	0.0000	0.0000	0.0000
0.0000	0.0000						

维纳滤波器波形如图 7-48 所示。

对加入了高斯白噪声的语音信号进行维纳滤波，首先计算加入了白噪声后的信号自相关函数，再计算带有噪声的信号和理想信号的互相关函数。实现程序如下：

```
load laughter.mat
% sound(y,Fs);
% 加载 MATLAB 自带语音信号 laughter.mat 并播放
%% 若要播放自做文件
%% 用[y,fs] = wavread('xiaotiqin - 1.wav');
%% 和 sound(y,fs);
%% 替代 load laughter.mat
%% 和 sound(y,Fs);
d = y;
d = d * 8;
% 增强语音信号强度
d = d';
```

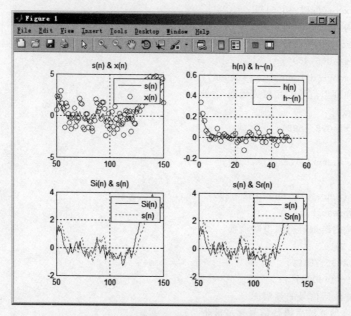

图 7-48　维纳滤波器(150,50)时的波形

```
fq = fft(d,8192);
% 进行 FFT 得到语音信号频频
subplot(3,1,1);
f = Fs * (0:4095)/8192;
plot(f,abs(fq(1:4096)));
% 频谱图 abs
title('原始语音信号频域波形');
xlabel('频率');
ylabel('FFT');
grid on;
[m,n] = size(d);
x_noise = randn(1,n);
% (0,1)分布的高斯白噪声
x = d + x_noise;
% 加入噪声后的语音信号 x
fq = fft(x,8192);
% 对加入噪声后的信号进行傅里叶变换 fq 并显示
subplot(3,1,2);
plot(f,abs(fq(1:4096)));
% 画出加入噪声后信号的频谱图
title('加入噪声后语音信号的频域图形');
xlabel('频率');
ylabel('FFT');
grid on;
```

```
yyhxcorr = xcorr(x(1:4096));
% 求取信号的自相关函数
size(yyhxcorr);
A = yyhxcorr(4096:4595);
yyhdcorr = xcorr(d(1:4096),x(1:4096));
% 求取信号和理想信号的互相关函数
size(yyhdcorr);
B = yyhdcorr(4096:4595);
M = 500;
yyhresult = wienerfilter(x,A,B,M);
% 维纳滤波
yyhresult = yyhresult(300:8192 + 299);
fq = fft(yyhresult);
% 对维纳滤波的结果进行傅里叶变换
subplot(3,1,3);
f = Fs * (0:4095)/8192;
plot(f,abs(fq(1:4096)));
% 画出维纳滤波后信号的频谱图
title('经过维纳滤波后语音信号频域波形');
xlabel('频率');
ylabel('FFT');
```

滤波后的效果如图 7-49 所示。

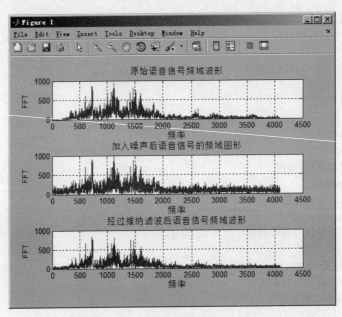

图 7-49 基于维纳滤波的语音信号处理

7.4.4 Kalman(卡尔曼)滤波器 MATLAB 设计

传统的滤波方法只能在有用信号与噪声具有不同频带的条件下才能实现。卡尔曼滤波(Kalman filtering)是一种利用线性系统状态方程,通过系统输入输出观测数据,对系统状态进行最优估计的算法。数据滤波是去除噪声、还原真实数据的一种数据处理技术,Kalman 滤波在测量方差已知的情况下,能够从一系列存在测量噪声的数据中,估计动态系统的状态,并且便于计算机编程实现,能够对现场采集的数据进行实时更新和处理。

基于时间域上的表述,在线性系统的状态空间表示基础上,从输出和输入观测数据求系统状态的最优估计,即系统所有过去的输入和扰动对系统的作用的最小参数的集合,知道了系统的状态就能够与未来的输入与系统的扰动一起确定系统的整个行为。Kalman 滤波不要求信号和噪声都是平稳过程的假设条件,对于每个时刻的系统扰动和观测误差,只要对它们的统计性质做某些适当的假定,通过对含有噪声的观测信号进行处理,就能在平均的意义上,求得误差为最小的真实信号的估计值。例如,用 Kalman 算法以递推的方式从模糊图像中得到均方差最小的真实图像,使模糊的图像得到复原。

Kalman 滤波用于线性、离散和有限维系统。每个有外部变量的自回归移动平均系统或可用有理传递函数表示的系统,都可以转换成用状态空间表示的系统,从而能用卡尔曼滤波进行计算。

当观测数据和状态联合服从高斯分布时,用 Kalman 递归公式计算得到的,是高斯随机变量的条件均值和条件方差,从而,卡尔曼滤波公式给出了计算状态的条件概率密度的更新过程线性最小方差估计,也就是最小方差估计。

Kalman 滤波已经有很多不同的实现形式,最初的形式一般称为简单 Kalman 滤波器,除此以外,还有施密特扩展滤波器、信息滤波器以及 Bierman、Thornton 开发的平方根滤波器的变种。常见的 Kalman 滤波器是锁相环。被锁定的目标测量值往往在任何时候都有噪声,Kalman 滤波利用目标的动态信息,设法去掉噪声的影响,得到一个关于目标位置的好的估计,这个估计可以是对当前目标位置的估计(滤波),也可以是对于将来位置的估计(预测),还可以是对过去位置的估计(插值或平滑)。

状态估计是 Kalman 滤波的重要组成部分,根据观测数据对随机量进行定量推断,就是估计问题。特别是对动态行为的状态估计,它能实现实时运行状态的估计和预测功能,状态估计对于了解和控制一个系统具有重要意义,所应用的方法属于统计学中的估计理论。常用的包括最小二乘估计、线性最小方差估计、最小方差估计、递推最小二乘估计、风险准则的贝叶斯估计、最大似然估计和随机逼近等。

受噪声干扰的状态量是个随机量,不可能测得精确值,但可对它进行一系列观测,并依据一组观测值,按某种统计观点对它进行估计。使估计值尽可能准确地接近真实值,真实值与估计值之差称为估计误差。若估计值的数学期望与真实值相等,这种估计称为无偏估计。Kalman 提出的递推最优估计理论,采用状态空间描述法及递推算法。Kalman 滤波能处理多维和非平稳的随机过程。

基于 Kalman 函数的稳态滤波器设计,实现程序如下:

```
A = [1.1269    − 0.4940      0.1129
      1.0000           0          0
           0      1.0000          0];

B = [− 0.3832
       0.5919
       0.5191];

C = [1 0 0];
%%状态矩阵参数 A B C

Plant = ss(A,[B B],C,0, − 1,'inputname',{'u' 'w'},...'outputname','y');
%%稳态滤波器,定义带噪声的系统模型
Q = 1; R = 1;
[kalmf,L,P,M] = kalman(Plant,Q,R);
%%计算 Kalman 滤波器的状态模型 kalmf 和修正增益 M
kalmf = kalmf(1,:);
%%保留 kalmf 的第 1 行输出 = 输出估计 y

a = A;
b = [B B 0 * B];
c = [C;C];
d = [0 0 0;0 0 1];
P = ss(a,b,c,d, − 1,'inputname',{'u' 'w' 'v'},...
'outputname',{'y' 'yv'});
sys = parallel(P,kalmf,1,1,[],[])
% 创建并联系统
SimModel = feedback(sys,1,4,2,1)
%%将系统输出正反馈到滤波器的输入端,形成闭环系统
SimModel = SimModel([1 3],[1 2 3])
%%从 I/O 列表中删除 yv
t = [0:100]';
u = sin(t/5);

n = length(t)
randn('seed',0)
w = sqrt(Q) * randn(n,1);
v = sqrt(R) * randn(n,1);
% 产生高斯噪声信号
[out,x] = lsim(SimModel,[w,v,u]);
y = out(:,1);
% 系统真实(理想)输出响应
ye = out(:,2);
% 滤波后的系统输出
```

```
yv = y + v;
% 系统输出的测量值

figure(1);
subplot(211);
plot(t,y,'--',t,ye,'-');
xlabel('No. of samples');
ylabel('Output');
title('Kalman filter response');
subplot(212);
plot(t,y-yv,'-.',t,y-ye,'-');
xlabel('No. of samples');
ylabel('Error');

%% 比较结果,图形显示的是真实响应 y(虚线)和滤波后的输出 ye(实线)
%% 比较测量误差(虚线)与估计误差(实线)
%% 滤波器最大程度地消除了系统输出中的噪声影响
%% 这可以通过计算误差的协方差进行验证

MeasErr = y-yv;
MeasErrCov = sum(MeasErr.*MeasErr)/length(MeasErr);
%% 滤波前误差(测量误差)的协方差
EstErr = y-ye;
EstErrCov = sum(EstErr.*EstErr)/length(EstErr);
%% 滤波后的误差(估计误差)的协方差

%% 时变条件下的滤波器设计
sys = ss(A,B,C,0,-1);
y = lsim(sys,u+w);
% 使用已经产生的系统噪声 w = process noise
yv = y + v;
% 使用前一节产生的测量噪声 v = measurement noise

%% 以下定义迭代的初始条件
P = B*Q*B';
% 误差协方差的初始条件矩阵 Initial error covariance
x = zeros(3,1);
% 初始状态矩阵 Initial condition on the state
ye = zeros(length(t),1);
ycov = zeros(length(t),1);

for i = 1:length(t)
    % 测量修正值计算
    Mn = P*C'/(C*P*C'+R);
    x = x + Mn*(yv(i)-C*x);
    % x[n|n]
    P = (eye(3)-Mn*C)*P;
```

```
    % P[n|n]

    ye(i) = C * x;
    errcov(i) = C * P * C';

    % 下一时刻的预测值 Time update
    x = A * x + B * u(i);
    % x[n+1|n]
    P = A * P * A' + B * Q * B';
    % P[n+1|n]
end

figure(2)
subplot(211);
plot(t, y, '--', t, ye, '-');
title('Time-varying Kalman filter response');
xlabel('No. of samples');
ylabel('Output');
subplot(212);
plot(t, y-yv, '-.', t, y-ye, '-');
xlabel('No. of samples');
ylabel('Output');

%% 误差的协方差估计输出显示 errcov
figure(3);
subplot(211);
plot(t, errcov);
ylabel('Error covar');
subplot(212);
plot(t, ye);
ylabel('ye');

EstErr = y - ye;
EstErrCov = sum(EstErr.*EstErr)/length(EstErr);
```

MeasErrCov 和 EstErrCov 的计算结果如图 7-50 所示。

图 7-50　稳态条件下系统模型的协方差比较

稳定状态下滤波前后的输出响应对比如图 7-51 所示。

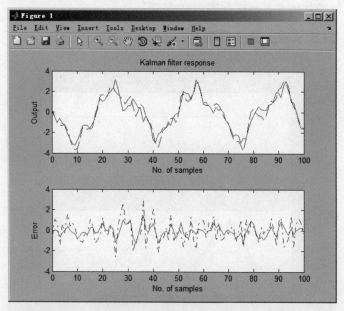

图 7-51　稳定状态下滤波前后的输出响应对比

　　对于时变滤波器的设计,是稳态滤波器在时变系统或具有可变协方差噪声的 LTI 系统的推广,其计算程序是基于滤波器的迭代计算实现的,时变滤波器的输出响应如图 7-52 所示。

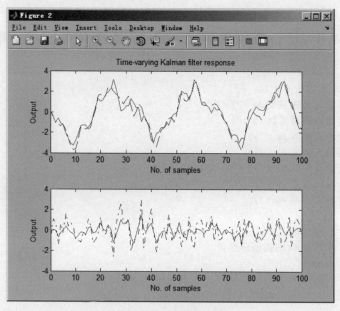

图 7-52　时变滤波器的输出响应

时变滤波器的误差协方差波形如图 7-53 所示。

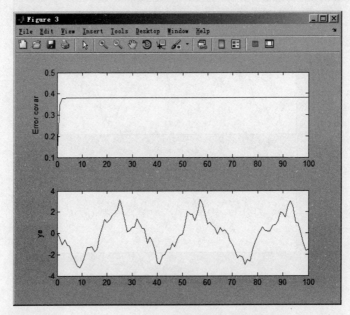

图 7-53　时变滤波器的误差协方差波形

估计误差协方差如下：

```
EstErrCov =
    0.2718
```

由于所需要的状态量不一定完整，所以测量矩阵的维数不完全与状态矩阵维数相同，实现程序如下：

```
L = input('请输入信号长度 L = ');
Ak = input('请输入传递系数 Ak = ');
Ck = input('请输入测量系数 Ck = ');
Bk = input('请输入矩阵 Bk = ');
Wk = input('请输入矩阵 Wk = ');
Vk = input('请输入矩阵 Vk = ');
Rw = input('请输入方差 Rw = ');
Rv = input('请输入方差 Rv = ');

w = sqrt(Rw) * randn(1,L);
% w 为均值零方差为 Rw 的高斯白噪声
v = sqrt(Rv) * randn(1,L);
% v 为均值零方差为 Rv 的高斯白噪声
x0 = sqrt(10^( - 12)) * randn(1,L);
for i = 1:L
    u(i) = 1;
end
```

```
x(1) = w(1);
% 给 x(1) 赋初值
for i = 2:L
    % 递推求出 x(k)
    x(i) = Ak * x(i - 1) + Bk * u(i - 1) + Wk * w(i - 1);
end
yk = Ck * x + Vk * v;
yik = Ck * x;
n = 1:L;
subplot(2,2,1);
plot(n,yk,n,yik,'r:');
legend('yk','yik',1)
grid on;
Qk = Wk * Wk' * Rw;
Rk = Vk * Vk' * Rv;
P(1) = var(x0);
% P(1) = 10;
% P(1) = 10^( - 12);
P1(1) = Ak * P(1) * Ak' + Qk;
xg(1) = 0;
for k = 2:L
    P1(k) = Ak * P(k - 1) * Ak' + Qk;
    H(k) = P1(k) * Ck' * inv(Ck * P1(k) * Ck' + Rk);
    I = eye(size(H(k)));
    P(k) = (I - H(k) * Ck) * P1(k);
    xg(k) = Ak * xg(k - 1) + H(k) * (yk(k) - Ck * Ak * xg(k - 1)) + Bk * u(k - 1);
    yg(k) = Ck * xg(k);
end
subplot(2,2,2);
plot(n,P(n),n,H(n),'r:')
legend('P(n)','H(n)',4)
grid on;
subplot(2,2,3);
plot(n,x(n),n,xg(n),'r:')
legend('x(n)','估计 xg(n)',1)
grid on;
subplot(2,2,4);
plot(n,yik(n),n,yg(n),'r:')
legend('估计 yg(n)','yik(n)',1)
set(gcf,'Color',[1,1,1]);
grid on;
```

待输入参数如图 7-54 所示。

程序运行结果如图 7-55 所示。

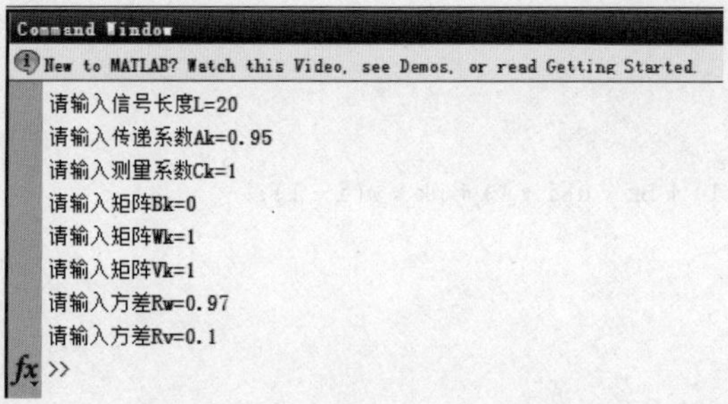

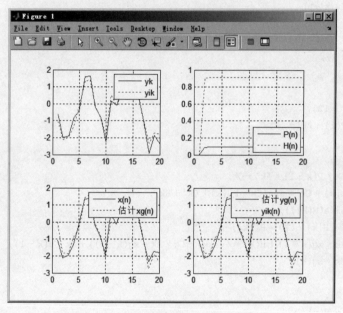

图 7-54 卡尔曼滤波参数输入

图 7-55 卡尔曼滤波输出与估计值比较

7.4.5 自适应滤波器 MATLAB 设计

自适应滤波器能够根据环境的改变,使用自适应算法来改变滤波器的参数和结构。自适应滤波器的系数是自适应算法更新的时变系数,即其系数自动连续地适应于给定信号,以获得期望响应。自适应滤波器能够在未知环境中有效工作,并能够跟踪输入信号的时变特征。它的设计以输入和输出信号的统计特性的估计为依据,采取特定算法自动地调整滤波器系数,使其达到最佳。

自适应滤波器可以是连续域的或是离散域的,离散域自适应滤波器由一组抽头延迟线、可变加权系数和自动调整系数的机构组成。自适应滤波器对输入信号序列 x(n) 的每个样值,按特定的算法,更新、调整加权系数,使输出信号序列 y(n) 与期望输出信号序列 d(n) 相比较的均方误差为最小,即输出信号序列 y(n)逼近期望信号序列 d(n)。

基于 LMS 的自适应滤波器设计,实现程序如下:

```
%% ha = adaptfilt.lms(L, step, leakage, coeffs, states)
%% L = 滤波器的长度(必须为整数)
%% step = 步长
%% leakage = 遗漏系数(必须为 0~1, 默认为 0.1)
%% coeffs = 初始滤波器系数矢量(长度必须为 L, 默认为全 0)
%% states = 初始滤波器状态矢量(长度必须为 L-1, 默认为全 0)
% 使用 500 迭代确认一个未知的 32 级的 FIR 滤波器 %
x   = randn(1,500);
% Input to the filter
b   = fir1(31,0.5);
% FIR system to be identified
n   = 0.1 * randn(1,500);
% Observation noise signal
d   = filter(b,1,x) + n;
% Desired signal
mu  = 0.008;
% LMS step size.
ha  = adaptfilt.lms(32,mu);
[y,e] = filter(ha,x,d);
subplot(2,1,1);
plot(1:500,[d;y;e]);
title('System Identification of an FIR Filter');
legend('Desired','Output','Error');
xlabel('Time Index');
ylabel('Signal Value');
grid on;
subplot(2,1,2);
stem([b.',ha.coefficients.']);
legend('Actual','Estimated');
xlabel('Coefficient # ');
ylabel('Coefficient Value');
grid on;
```

在自适应滤波器构架中使用 LMS 滤波器运行的结果如图 7-56 所示。

最小均方误差算法和最陡下降算法的程序实现如下:

```
COUNT = 120;
n = 1:COUNT;
N = sin(8 * n * pi/16 + pi/10);
X = 2^0.5 * sin(2 * n * pi/16);
X1 = 2^0.5 * sin(2 * (n-1) * pi/16);
S = sqrt(0.05) * randn(1,COUNT);
% 随机信号
Y = S + N;
```

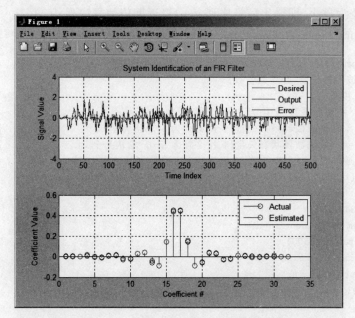

图 7-56   基于 LMS 的自适应滤波器

```
figure
subplot(311)
plot(n, X);
title('信号图');
subplot(312)
plot(n, S);
title('噪声图');
subplot(313)
plot(n, Y);
title('信号加噪声图');
% 误差性能曲面及等值线
ESS = 0.05;
ENN = Expectation(N, N, 16);
EXX = Expectation(X, X, 16);
R(1, 1) = EXX;
R(2, 2) = EXX;
EXX1 = Expectation(X, X1, 16);
R(1, 2) = EXX1;
R(2, 1) = EXX1;
EYY = ENN + ESS;
EYX = Expectation(N, X, 16);
EYX1 = Expectation(N, X1, 16);
P = zeros(1, 2);
P(1) = EYX;
P(2) = EYX1;
x = -4:0.05:6;
y = -5:0.05:5;
```

```matlab
[h0,h1] = meshgrid(x,y);
z = EYY + R(1,1) * h0. * h0 + 2 * R(1,2) * h0. * h1 + R(2,2) * h1. * h1 - 2 * P(1) * h0 - 2 * P(2) * h1;
figure
subplot(1,2,1);
mesh(h0,h1,z);
xlabel('h0');
ylabel('h1');
title('误差性能曲面图');
subplot(1,2,2);
V = 0.2:0.2:3;
contour(h0,h1,z,V);
xlabel('h0');
ylabel('h1');
title('等值线');
hold on;
% LMS 算法
u = 0.4;
[e,w1,w2] = LMS(COUNT,X,Y,u);
length(w1);
length(w2);
plot(w1,w2);
hold on;
% DSP - 2 最陡下降法
[w1,w2] = Steepest_Algorithm(R,P,u,COUNT);
plot(w1,w2);
% LMS 算法中,一次和多次实验中梯度估计和平均值随时间 n 的变化情况
Jn = zeros(1,COUNT);
Jn = e.^2;
figure
subplot(1,2,1);
plot(n,Jn);
title('LMS 算法中 1 次实验梯度估计');
% 200 次实验
e_avr = zeros(1,COUNT);
w1_avr = zeros(1,COUNT);
w2_avr = zeros(1,COUNT);
for i = 1:200
    S = sqrt(0.05) * randn(1,COUNT);
    Y = S + N;
    [e,w1,w2] = LMS(COUNT,X,Y,u);
    e_avr = e_avr + e./100;
    w1_avr = w1_avr + w1./100;
    w2_avr = w2_avr + w2./100;
end;
subplot(1,2,2);
Jn = e_avr.^2;
plot(n,Jn);
title('LMS 算法中 200 次实验梯度估计曲线图');
figure
plot(w1_avr,w2_avr);
```

```
xlabel('h0');
ylabel('h1');
title('LMS 算法 200 次实验中 H(n)的平均轨迹曲线图');
```

程序运行过程中所调用的 3 个子函数 Expectation(N, N, 16)、[e, w1, w2] = LMS (COUNT, X, Y, u)以及[w1, w2] = Steepest_Algorithm(R, P, u, COUNT),程序分别如下:

```
function EX = Expectation(x, y, N)
EX = 0;
for n = 1:1:N
    EX = EX + x(n) * y(n)/N;
end;
% 最陡下降法
function [w1, w2] = Steepest_Algorithm(R, P, u, COUNT)
VGn = zeros(2, 1);
H = zeros(2, 1);
w1 = zeros(1, COUNT);
w2 = zeros(1, COUNT);
w1(1) = 3;
w2(1) = - 4;
for i = 1:COUNT
    H = [w1(i), w2(i)]';
    VGn = 2 * R * H - 2 * P';
    w1(i + 1) = w1(i) - 0.5 * u * VGn(1, 1);
    w2(i + 1) = w2(i) - 0.5 * u * VGn(2, 1);
end;
% LMS 算法
function [e, w1, w2] = LMS(COUNT, X, Y, u)
e = zeros(1, COUNT);
w1 = zeros(1, COUNT);
w2 = zeros(1, COUNT);
w1(1) = 3;
w2(1) = - 4;
for i = 1:COUNT
    if(i - 1 == 0)
        yy = w1(i) * X(i) + w2(i) * X(16);
    else
        yy = w1(i) * X(i) + w2(i) * X(i - 1);
    end;

    e(i) = Y(i) - yy;

    if(i < COUNT)
        w1(i + 1) = w1(i) + u * e(i) * X(i);
    end;
    if(0 == i - 1)
        w2(i + 1) = w2(i) + u * e(i) * X(16);
    else
        if(i < COUNT)
            w2(i + 1) = w2(i) + u * e(i) * X(i - 1);
```

```
        end;
    end;
end;
```

加入噪声的信号波形如图 7-57 所示。

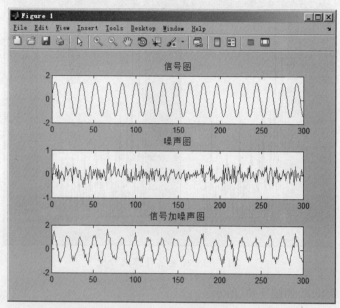

图 7-57 信号波形

误差性能分析如图 7-58 所示。

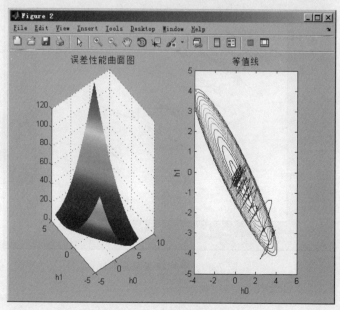

图 7-58 误差性能分析

梯度估计算法分析如图 7-59 所示。

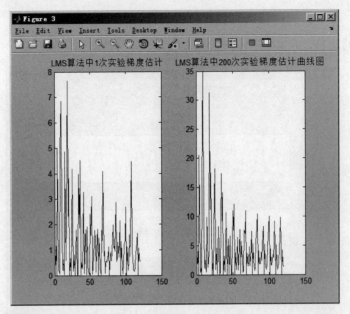

图 7-59　梯度估计算法分析

平均轨迹跟踪曲线如图 7-60 所示。

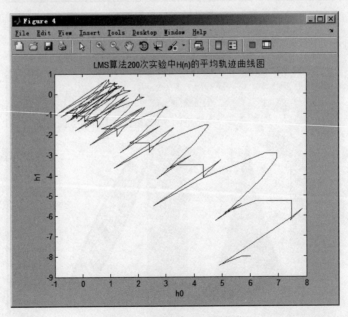

图 7-60　平均轨迹跟踪曲线

7.4.6　Lattice 滤波器 MATLAB 设计

MATLAB库含有 3 个标准函数实现 Lattice 滤波器,基于不同的算法,格式分别如下:

```
% 梯度算法
ha = adaptfilt.gal(l,step,leakage,offset,rstep,delta,lambda,…rcoeffs,coeffs,states)
% Least squares 算法
ha = adaptfilt.lsl(l,lambda,delta,coeffs,states)
% QR-decomposition 算法
ha = adaptfilt.qrdlsl(l,lambda,delta,coeffs,states)
```

基于梯度算法 adaptfilt.gal 实现滤波的程序如下:

```
ha = adaptfilt.gal(l,step,leakage,offset,rstep,delta,lambda,…rcoeffs,coeffs,states)
D   = 16;
% Number of delay samples
b   = exp(1j * pi/4) * [-0.7 1];
% Numerator coefficients
a   = [1 -0.7];
% Denominator coefficients
ntr = 1000;
% Number of iterations
s   = sign(randn(1,ntr + D)) + 1j * sign(randn(1,ntr + D));
% QPSK signal
n   = 0.1 * (randn(1,ntr + D) + 1j * randn(1,ntr + D));
% Noise signal
r   = filter(b,a,s) + n;
% Received signal
x   = r(1 + D:ntr + D);
% Input signal (received signal)
d   = s(1:ntr);
% Desired signal (delayed QPSK signal)
L = 32;
% filter length
mu = 0.007;
% Step size
ha = adaptfilt.gal(L,mu);
[y,e] = filter(ha,x,d);

subplot(2,2,1);
plot(1:ntr,real(d),' * ',1:ntr,real(y),'o',1:ntr,real(e),' + ');
title('In-Phase Components');
legend('Desired','Output','Error');
xlabel('Time Index');
ylabel('signal value');
```

```
grid on;
subplot(2,2,2);
plot(1:ntr,imag(d),' * ',1:ntr,imag(y),'o',1:ntr,imag(e),' + ');
title('Quadrature Components');
legend('Desired','Output','Error');
xlabel('Time Index');
ylabel('Signal Value');
grid on;
subplot(2,2,3);
plot(x(ntr - 100:ntr),'.');
axis([ - 3 3 - 3 3]);
title('Received Signal Scatter Plot');
axis('square');
xlabel('Real[x]');
ylabel('Imag[x]');
grid on;
subplot(2,2,4);
plot(y(ntr - 100:ntr),'.');
axis([ - 3 3 - 3 3]);
title('Equalized Signal Scatter Plot');
axis('square');
xlabel('Real[y]');
ylabel('Imag[y]');
grid on;
```

程序运行结果如图 7-61 所示。

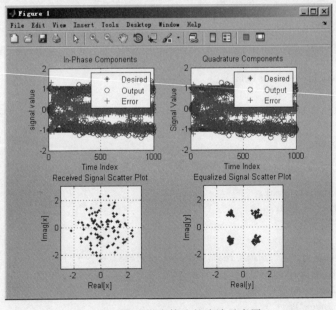

图 7-61　基于梯度算法的滤波示意图

基于 Least squares 算法 ha = adaptfilt.lsl(l, lambda, delta, coeffs, states) 实现滤波的程序如下：

```
%% ha = adaptfilt.lsl(l,lambda,delta,coeffs,states)
D   = 16;
% Number of samples of delay
b   = exp(1j * pi/4) * [ - 0.7 1];
% Numerator coefficients of channel
a   = [1 - 0.7];
% Denominator coefficients of channel
ntr = 1000;
% Number of iterations
s   = sign(randn(1,ntr + D)) + 1j * sign(randn(1,ntr + D));
% QPSK signal
n   = 0.1 * (randn(1,ntr + D) + 1j * randn(1,ntr + D));
% Noise signal
r   = filter(b,a,s) + n;
% Received signal
x   = r(1 + D:ntr + D);
% Input signal (received signal)
d   = s(1:ntr);
% Desired signal (delayed QPSK signal)
lam = 0.995;
% Forgetting factor
del = 1;
% initialization factor
ha  = adaptfilt.lsl(32,lam,del);
[y,e] = filter(ha,x,d);

subplot(2,2,1);
plot(1:ntr,real(d),' * ',1:ntr,real(y),'o',1:ntr,real(e),' + ');
grid on;
title('In - Phase Components');
legend('Desired','Output','Error');
xlabel('Time Index');
ylabel('Signal Value');
subplot(2,2,2);
plot(1:ntr,imag(d),' * ',1:ntr,imag(y),'o',1:ntr,imag(e),' + ');
title('Quadrature Components');
legend('Desired','Output','Error');
xlabel('Time Index');
ylabel('Signal Value');
grid on;
subplot(2,2,3);
plot(x(ntr - 100:ntr),'.');
axis([ - 3 3 - 3 3]);
title('Received Signal Scatter Plot');
```

```
axis('square');
xlabel('Real[x]'); ylabel('Imag[x]');
grid on;
subplot(2,2,4);
plot(y(ntr - 100:ntr),'.');
axis([-3 3 -3 3]);
title('Equalized Signal Scatter Plot');
grid on;
axis('square');
xlabel('Real[y]');
ylabel('Imag[y]');
```

程序运行结果如图 7-62 所示。

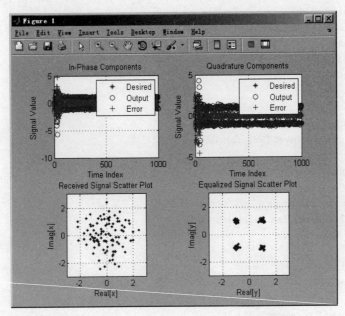

图 7-62　基于 Least squares 算法的滤波示意图

基于 QR-decomposition 算法 ha＝adaptfilt. qrdlsl(l,lambda,delta,coeffs,states)实现滤波的程序如下：

```
%% ha = adaptfilt.qrdlsl(l,lambda,delta,coeffs,states)
D = 16;
% Number of samples of delay
b = exp(1j * pi/4) * [-0.7 1];
% Numerator coefficients of channel
a = [1 - 0.7];
% Denominator coefficients of channel
ntr = 1000;
% Number of iterations
```

```matlab
s   = sign(randn(1,ntr + D)) + 1j * sign(randn(1,ntr + D));
% Baseband  QPSK signal
n   = 0.1 * (randn(1,ntr + D)  + 1j * randn(1,ntr + D));
% Noise signal
r   = filter(b,a,s) + n;
% Received signal
x   = r(1 + D:ntr + D);
% Input signal (received signal)
d   = s(1:ntr);
% Desired signal (delayed QPSK signal)
lam = 0.995;
% Forgetting factor
del = 1;
% Soft - constrained initialization factor
ha = adaptfilt.qrdlsl(32,lam,del);
[y,e] = filter(ha,x,d);


subplot(2,2,1);
plot(1:ntr,real(d),' * ',1:ntr,real(y),'o',1:ntr,real(e),' + ');
title('In - Phase Components');
legend('Desired','Output','Error');
xlabel('Time Index');
ylabel('Signal Value');
grid on;
subplot(2,2,2);
plot(1:ntr,imag(d),' * ',1:ntr,imag(y),'o',1:ntr,imag(e),' + ');
title('Quadrature Components');
legend('Desired','Output','Error');
xlabel('Time Index');
ylabel('Signal Value');
grid on;
subplot(2,2,3);
plot(x(ntr - 100:ntr),'.');
axis([ - 3 3  - 3 3]);
title('Received Signal Scatter Plot');
axis('square');
xlabel('Real[x]');
ylabel('Imag[x]');
grid on;
subplot(2,2,4);
plot(y(ntr - 100:ntr),'.');
axis([ - 3 3  - 3 3]);
title('Equalized Signal Scatter Plot');
axis('square');
xlabel('Real[y]');
ylabel('Imag[y]');
grid on;
```

程序运行结果如图 7-63 所示。

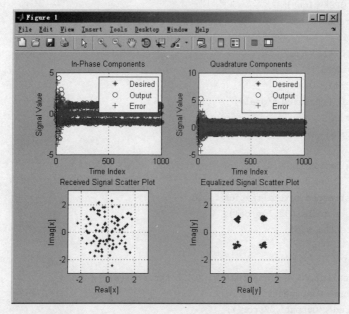

图 7-63　基于 QR-decomposition 算法的滤波示意图

7.5　本章小结

本章主要介绍了 FIR 滤波器的结构,包括窗函数的程序实现及基于频率采样的滤波器实现。除此之外,对于等纹波滤波器、梳状滤波器、维纳滤波器、卡尔曼滤波器和自适应滤波器也进行了详细介绍,并给出了设计方法,能够利用已经获得的滤波器系数,自动调节目前的系数,以适应所处理的信号的时变统计特性,实现最优滤波。

第 8 章 随机信号处理与 MATLAB 实现

随机信号处理关注的是研究随机信号的特点及其处理方法,是目标检测、估计及滤波等信号处理理论的基础,在通信、雷达、自动控制、随机振动、图像处理、气象预报、生物医学及地震信号处理等领域有着广泛的应用,随着信息技术的发展,随机信号分析与处理的理论将日益广泛和深入。

基于 MATLAB 的随机过程分析方法,本章的例题给出了 MATLAB 程序的实现方法,使抽象的理论分析更加形象化,加强实践性环节训练。

8.1 随机信号处理 MATLAB 基本函数

1. 均匀分布的伪随机序列函数 rand

rand 函数能产生 0~1 的随机数,由种子递推出来,而种子在程序初始时都一样,其用法有如下几种。

```
Y = rand(n)
Y = rand(m,n)
Y = rand([mn])
Y = rand(m,n,p,...)
Y = rand([mnp...])
Y = rand(size(A))
```

rand 函数产生由在(0,1)之间均匀分布的随机数组成的数组。Y=rand(n)返回一个 n 阶的随机矩阵,如果 n 不是数量,则返回错误信息; Y=rand(m,n)或 Y=rand([mn])返回一个 m*n 的随机矩阵; Y=rand(m, n, p, …)或 Y=rand([mnp…])产生随机数组; Y=rand(size(A))返回一个和 A 有相同尺寸的随机矩阵。

在命令窗口中执行 rand(3)＊2 后,运行结果如图 8-1 所示。

在命令窗口中执行 x＝rand(1,20)＊2 后,运行的结果输出如下:

Command Window
New to MATLAB? Watch this Video, see Demos, or read Getting Started.
>> rand(3)*2
ans =
1.6294 1.8268 0.5570
1.8116 1.2647 1.0938
0.2540 0.1951 1.9150
>>
Workspace
Select dat...
Name
Value
Min
ans
[1.6294,1.8268,0....
0.1951

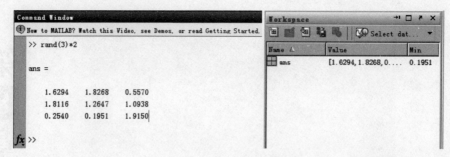

图 8-1 rand(3) * 2 结果

```
x =

  Columns 1 through 10

    1.4963    0.9011    0.1676    0.4580    1.8267    0.3048    1.6516    1.0767
    1.9923    0.1564

  Columns 11 through 20

    0.8854    0.2133    1.9238    0.0093    1.5498    1.6346    1.7374    0.1689
    0.7996    0.5197
```

2. 正态分布随机数函数 randn

randn 函数是用于产生均值为 0,方差为 1,标准差 $\sigma=1$ 的正态分布的随机数或矩阵的函数,Y=randn(n)返回一个 n * n 的随机项的矩阵,如果 n 不是个数量,将返回错误信息;Y=randn(m,n)或 Y=randn([m n])返回一个 m * n 的随机项矩阵;Y=randn(m,n,p,…)或 Y=randn([m n p…])产生随机数组;Y=randn(size(A))返回一个和 A 有同样维数的随机数组。

在命令窗口中执行 x=.6+sqrt(0.1) * randn(5)后,运行结果如图 8-2 所示。

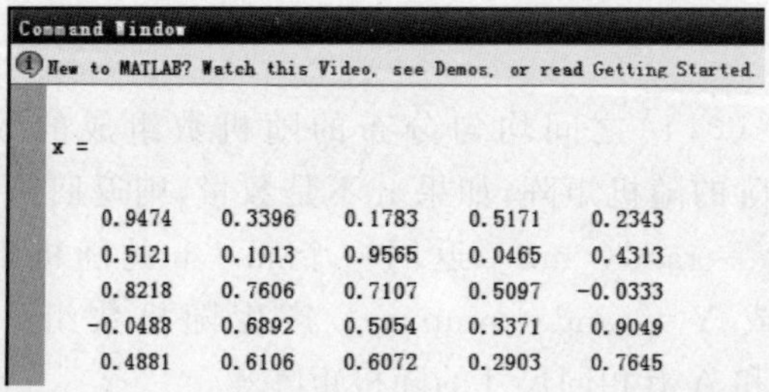

Command Window
New to MATLAB? Watch this Video, see Demos, or read Getting Started.
x =
0.9474 0.3396 0.1783 0.5171 0.2343
0.5121 0.1013 0.9565 0.0465 0.4313
0.8218 0.7606 0.7107 0.5097 -0.0333
-0.0488 0.6892 0.5054 0.3371 0.9049
0.4881 0.6106 0.6072 0.2903 0.7645

图 8-2 x=.6+sqrt(0.1) * randn(5)运行结果

3. 均值函数 mean

mean 函数是一个求数组平均值的函数,用法为 M＝mean(A)和 M＝mean(A,dim)。已知 A＝[1 2 3; 3 3 6; 4 6 8; 4 7 7],mean(A)的运行结果如下:

```
ans =
    3.0000    4.5000    6.0000
```

mean(A,2)的运行结果如下:

```
ans =

    2
    4
    6
    6
```

4. 方差函数 var

var 函数是 MATLAB 中计算样本方差的函数,调用格式有如下 4 种:

```
V = var(X)
V = var(X,1)
V = var(X,w)
V = var(X,w,dim)
```

var(x)返回样本的方差,如果为矩阵,返回每列方差构成行向量,如图 8-3 所示。

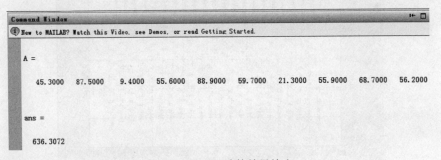

图 8-3　var(A)计算结果输出

5. 互相关函数 xcorr

xcorr 函数是用于计算序列的互相关函数,表示随机信号 x(t)和 y(t)在任意两个不同时刻 t1 以及 t2 的取值之间的相关程度,调用格式有如下 9 种:

```
c = xcorr(x,y)
c = xcorr(x)
```

```
c = xcorr(x,y,'option')
c = xcorr(x,'option')
c = xcorr(x,y,maxlags)
c = xcorr(x,maxlags)
c = xcorr(x,y,maxlags,'option')
c = xcorr(x,maxlags,'option')
[c,lags] = xcorr(...)
```

程序调用过程如下：

```
dt = 0.2;
t  = [0:dt:70];
x  = cos(t) + sin(t);
[a,b] = xcorr(x,'unbiased');
plot(b * dt,a,'+')
title('xcorr Plot');
xlabel('t');
grid on;
```

xcorr 函数的波形表示如图 8-4 所示。

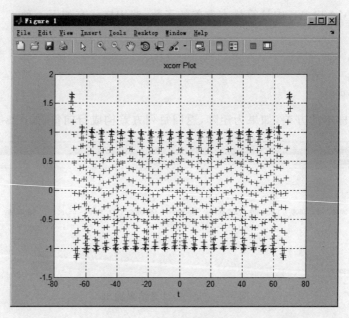

图 8-4　xcorr 函数的波形

　　xcorr 带有一个 option 的参数，option = baised 时，是计算互相关函数的有偏估计；option＝unbiased 时，是计算互相关函数的无偏估计；option＝coeff 时，是计算归一化的互相关函数，即为互相关系数；在－1～1，option＝none，是默认的情况，选择归一化进行互相关运算后，得到结果绝对值越大，两组数据相关程度就越高。当 x、y 是不等长向量时，短的向量会自动填 0，并与长的对齐。

互相关系数的实现程序如下：

```
%%%%%%%%%%%%%%%%%%%%%%%%%%%%%%%
ww = randn(1000,1);
[c_ww,lags] = xcorr(ww,10,'coeff');
stem(lags,c_ww)
%%%%%%%%%%%%%%%%%%%%%%%%%%%%%%%
```

程序运行结果如图 8-5 所示。

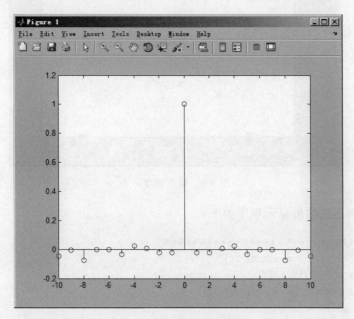

图 8-5　互相关系数的表示

6. 概率密度估计函数 ksdensity

ksdensity 函数用于计算一个样本的概率密度估计，调用格式为[f,xi]＝ksdensity(x)，实现概率密度计算的程序如下：

```
x = [randn(30,1); 10 + randn(30,1)];
%计算概率密度
[f,xi] = ksdensity(x);
subplot( 211)
plot(x)
title('样本数据(x)')
subplot(212)
plot(xi,f)
title('概率密度分布(PDF)')
```

计算结果如图 8-6 所示。

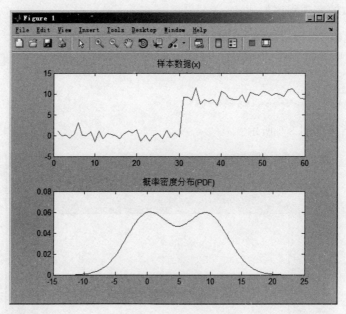

图 8-6　概率密度分布

在特定区间上的波形显示程序如下：

```
%%%%%%%%%%%%%%%%%%%%%%%%%%%%%%%%%%
x = [randn(30,1); 5 + randn(30,1)];
xi = linspace( - 10,15,201);
f = ksdensity(x,xi,'function','cdf');
plot(xi,f);
%%%%%%%%%%%%%%%%%%%%%%%%%%%%%%%%%%
```

累计分布曲线如图 8-7 所示。

逆累计分布的实现程序如下：

```
%%%%%%%%%%%%%%%%%%%%%%%%%%%%%%%%%%
x = [randn(30,1); 5 + randn(30,1)];
yi = linspace(.01,.99,99);
g = ksdensity(x,yi,'function','icdf');
plot(yi,g,' + ');
%%%%%%%%%%%%%%%%%%%%%%%%%%%%%%%%%%
```

逆累计分布曲线如图 8-8 所示。

计算已知序列的均值、平方、平方根、标准差和方差的程序为：

```
N = 1000;
randn('state',0);
y = randn(1,N);
disp('显示平均值:');
```

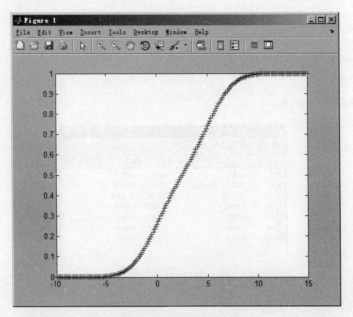

图 8-7 累计分布曲线

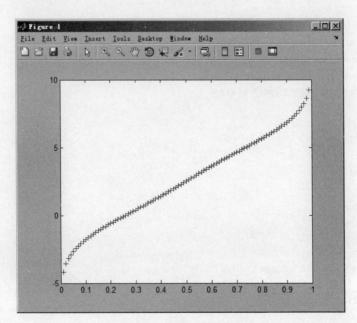

图 8-8 逆累计分布曲线

```
yM = mean(y)
disp('显示平方值:');
yp = y * y'/N
disp('显示平方根:');
```

```
ys = sqrt(yp);
disp('显示标准差:');
yst = std(y,1)
disp('显示方差:');
yd = yst. * yst
```

计算结果如图 8-9 所示。

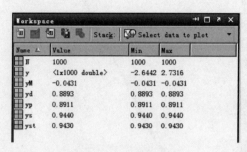

图 8-9　计算结果输出

正态随机序列产生的程序如下：

```
a = 0.75;
sigma = 2;
N = 100;
u = randn(N,1);
x(1) = sigma * u(1)/sqrt(1 - a^2);
for i = 2:N
    x(i) = a * x(i - 1) + sigma * u(i);
end
subplot(211)
plot(x,' + ');
xlabel('n');
ylabel('x(n)');
grid on;
N = 300;
u = randn(N,1);
x(1) = sigma * u(1)/sqrt(1 - a^2);
for i = 2:N
    x(i) = a * x(i - 1) + sigma * u(i);
end
subplot(212)
plot(x,'o');
xlabel('n');
ylabel('x(n)');
grid on;
```

不同长度下序列的输出如图 8-10 所示。

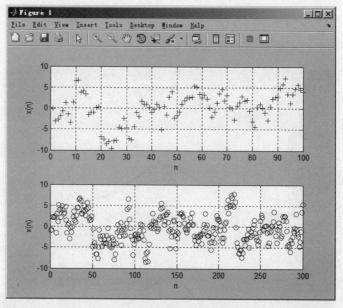

图 8-10 不同长度下序列的输出

对上述产生的序列做概率密度分析,实现程序如下:

```
a = 0.75;
sigma = 2;
N = 100;
u = randn(N,1);
x(1) = sigma * u(1)/sqrt(1 - a^2);
for i = 2:N
    x(i) = a * x(i - 1) + sigma * u(i);
end
[f,xi] = ksdensity(x);
subplot(211)
plot(xi,f,' + ');
xlabel('x');
ylabel('f(x)');
axis([ - 12 12 0 0.2]);
subplot(212)
N = 300;
u = randn(N,1);
x(1) = sigma * u(1)/sqrt(1 - a^2);
for i = 2:N
    x(i) = a * x(i - 1) + sigma * u(i);
end
[f,xi] = ksdensity(x);
plot(xi,f,' + ');
xlabel('x');
```

```
ylabel('f(x)');
axis([ - 12 12 0 0.2]);
```

不同长度序列的概率密度估计如图 8-11 所示。

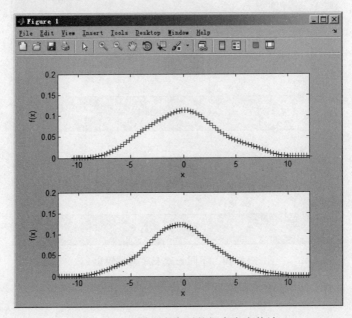

图 8-11　不同长度序列的概率密度估计

8.2　随机信号功率谱分析与 MATLAB 实现

对于随机信号而言,信号有 3 个组成部分,分别为幅值、相位和频率,这 3 部分都是随机的,其幅值是围绕平均值在交变,包含所有的频率成分,相位完全杂乱无序,任一时刻与下一时刻之间没有任何关联,所以,不能用确定的数学函数来表征,只能从统计学角度来分析处理。功率谱反映了信号的功率在频域随频率的分布,与随机信号的自相关函数有关,功率谱密度 PSD 表征的是单位频率上的能量分布,它等于功率谱除以频率分辨率,因此,它的单位为平方关系。由于 FFT 通常只能对有限长度的信号做分析,如果一个信号时间很长,因此,需要对这个信号做截断:一次取一帧数据用于 FFT 分析。对于随机信号而言,每一帧数据与其他帧数据都是毫不相关的。所以,当对 FFT 的结果做线性平均时,随机信号的幅值会随着平均时间的推进慢慢地趋于为 0。

8.2.1　经典谱估计

经典谱估计(非参数谱估计)主要包括两种方法:周期图法和自相关法,下面分别进行介绍。

（1）周期图法又称为直接法，它是把随机信号的 N 点观察数据视为一个能量有限信号，直接取傅里叶变换得到，然后再取其幅值的平方，并除以 N，作为对真实功率谱的估计，以表示周期图法估计的功率谱。

（2）自相关法（间接法：因为这种方法求出的功率谱是通过自相关函数间接得到的）的理论基础是维纳-辛钦定理，它由序列估计出自相关函数，然后对函数求傅里叶变换得到序列的功率谱，并以此作为对目标的估计。

基于相关函数法求解，先求信号自相关函数，再根据维纳-辛钦定理，功率谱密度就是自相关函数的傅里叶变换，对自相关函数求傅里叶变换，得到功率谱密度。xcorr 函数的调用格式在基本函数中已做介绍，注意输入参数 x 为待求自相关函数的信号，biased 表示使用有偏差的自相关函数求法。

周期图法的函数调用格式如下：

```
[Pxx,w] = periodogram(x)
[Pxx,w] = periodogram(x,window)
[Pxx,w] = periodogram(x,window,nfft)
[Pxx,w] = periodogram(x,window,w)
[Pxx,f] = periodogram(x,window,nfft,fs)
[Pxx,f] = periodogram(x,window,f,fs)
[Pxx,f] = periodogram(x,window,nfft,fs,'range')
[Pxx,w] = periodogram(x,window,nfft,'range')
periodogram(...)
```

其中，x 为所求功率谱密度的信号，window 为所使用的窗口，默认是 boxcar，其长度必须与 x 的长度一致，nfft 为采样点数，fs 为采样频率。调用 periodogram 计算功率谱密度的程序如下：

```
figure(1)
Fs = 1000;
t = 0:1/Fs:.3;
x = cos(2 * pi * t * 200) + 0.1 * randn(size(t));
periodogram(x,[],'onesided',512,Fs)

figure(2)
Fs = 1000;
t = 0:1/Fs:.3;
x = cos(2 * pi * t * 200) + 0.1 * randn(size(t));
periodogram(x,[],'onesided',128,Fs)

figure(3)
Fs = 1000;
t = 0:1/Fs:.3;
x = cos(2 * pi * t * 200) + 0.1 * randn(size(t));
periodogram(x,[],'onesided',64,Fs)
```

功率谱密度曲线图形如图 8-12 所示。

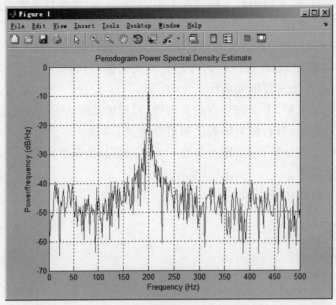

(a) L=512

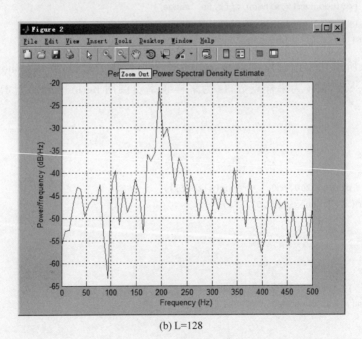

(b) L=128

图 8-12　功率谱密度曲线图形

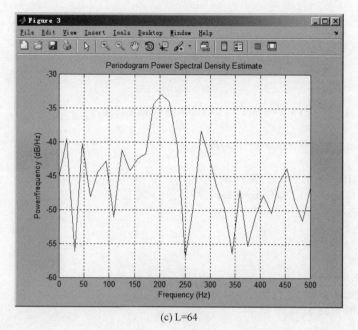

(c) L=64

图 8-12 （续）

用周期图法计算信号的功率谱程序如下：

```
Fs = 1000;
N = 64;
Nfft = N;
% 数据的长度输入和 FFT 的长度
n = 0:N - 1;
t = n/Fs;
% 时间序列
xn = sin(4 * pi * 10 * t) + 4 * sin(2 * pi * 100 * t) + randn(1,N);
% 时间序列
Pxx = 10 * log10(abs(fft(xn,Nfft).^2)/N);
% Pxx
% 傅里叶振幅谱平方的平均值,表示 dB
f = (0:length(Pxx) - 1) * Fs/length(Pxx);
% 频率序列表示
subplot(3,1,1),
plot(f,Pxx,' + ');
% 功率谱曲线
xlabel('频率/Hz');
ylabel('功率谱/dB');
title('周期图 N64');
grid on;
Fs = 1000;
```

```
N = 128;
Nfft = N;
% 数据的长度输入和 FFT 的长度
n = 0:N - 1;
t = n/Fs;
% 时间序列
xn = sin(4 * pi * 10 * t) + 4 * sin(2 * pi * 100 * t) + randn(1,N);
% 时间序列
Pxx = 10 * log10(abs(fft(xn,Nfft).^2)/N);
% Pxx
% 傅里叶振幅谱平方的平均值,表示 dB
f = (0:length(Pxx) - 1) * Fs/length(Pxx);
% 频率序列表示
subplot(3,1,2),
plot(f,Pxx,' + ');
% 功率谱曲线
xlabel('频率/Hz');
ylabel('功率谱/dB');
title('周期图 N128');
grid on;

Fs = 1000;
N = 1024;
Nfft = N;
% 数据的长度和 FFT 所用的数据长度
n = 0:N - 1;
t = n/Fs;
% 采用的时间序列
xn = sin(4 * pi * 10 * t) + 4 * sin(2 * pi * 100 * t) + randn(1,N);
Pxx = 10 * log10(abs(fft(xn,Nfft).^2)/N);
% 傅里叶振幅谱平方的平均值,并转换为 dB
f = (0:length(Pxx) - 1) * Fs/length(Pxx);
% 给出频率序列
subplot(3,1,3),
plot(f,Pxx,' + ');
% 绘制功率谱曲线
xlabel('频率/Hz');
ylabel('功率谱/dB');
title('周期图 N1024');
grid on;
```

不同长度周期图法的功率谱输出如图 8-13 所示。

Welch 平均周期图法也是其中一种,通过选取的窗口对数据进行加窗处理,先分段求功率谱之后再进行平均,为了使周期图法得到的功率谱密度更为平滑,在 MATLAB 中,pwelch 函数就是使用该方法进行功率谱估计,pwelch 函数的调用格式如下:

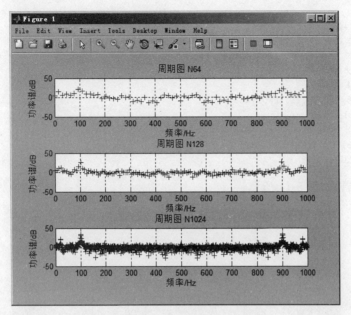

图 8-13 不同长度周期图法功率谱输出

```
[Pxx,w] = pwelch(x)
[Pxx,w] = pwelch(x,window)
[Pxx,w] = pwelch(x,window,noverlap)
[Pxx,w] = pwelch(x,window,noverlap,nfft)
[Pxx,w] = pwelch(x,window,noverlap,w)
[Pxx,f] = pwelch(x,window,noverlap,nfft,fs)
[Pxx,f] = pwelch(x,window,noverlap,f,fs)
[...] = pwelch(x,window,noverlap,...,'range')
pwelch(x,...)
```

　　输入参数 x 为输入信号, window 为选择的窗函数, noverlap 为根据窗的长度分段后, 相邻两段数据之间重合部分, 小于所定义的分段长度(窗口), 通常取 33％～50％窗口长, 窗越大得到的功率谱分辨率越高(越准确), 但方差加大(功率谱曲线不太平滑), 窗越小, 方差会变小, 功率谱分辨率就较低(估计结果不太准确)。窗口重叠使得对分割后信号的分析更可靠, Fs 为信号采样频率, NFFT 为 FFT 数据点的个数, 最大长度不超过每一段的点数。调用后可绘制得到信号功率谱密度图, 如需要观察得到的功率谱密度数值, 可以添加相应的输出参数。

　　在信号分段的确定过程中, 由于频域分辨率取决于分段(窗)的长度, 每一段时间跨度越大, 频域分辨率就越高, 如果整个信号不分段, 那么频域分辨率最高, 但往往噪声也最大, 就噪声而言, 分段也是为了考虑噪声的影响, 分段越多, 噪声越小, 同时, 对于信号来说, 有重叠的可以比无重叠时的频域分辨率高。

　　基于 pwelch 函数的 PSD 程序如下:

```
Fs = 500;
t = 0:1/Fs:1;
randn('state',0);
x = sin(pi*t*800) + randn(size(t));
%   signal + noise
subplot(211)
pwelch(x,128,120,[],Fs,'twosided')
title('noverlap 120');
subplot(212)
pwelch(x,128,60,[],Fs,'twosided')
title('noverlap 20');
```

程序运行结果如图 8-14 所示。

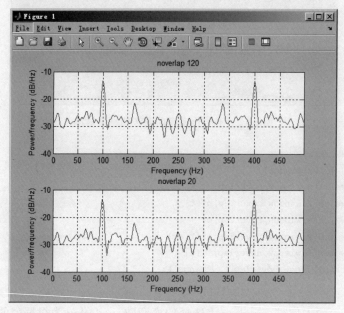

图 8-14　基于 pwelch 函数的 PSD 计算

多种窗函数场景下 PSD 估计的实现程序如下：

```
Fs = 1000;
Nfft = 2000;
n = 1/Fs;
t = 0:n:1;
L = 128;
xn = sin(2*pi*50*t) + sin(2*pi*120*t) + sin(4*pi*120*t) + randn(size(t));
%%信号输入
window_1 = hanning(L);
window_2 = boxcar(L);
window_3 = hamming(L);
window_4 = blackman(L);
window_5 = bartlett(L);
```

```matlab
window_6 = kaiser(L);
noverlap = 10;
%% 重叠长度设定

[Pxx_1,f_1] = pwelch(xn,window_1,noverlap,Nfft,Fs,'twosided');
[Pxx_2,f_2] = pwelch(xn,window_2,noverlap,Nfft,Fs,'twosided');
[Pxx_3,f_3] = pwelch(xn,window_3,noverlap,Nfft,Fs,'twosided');
[Pxx_4,f_4] = pwelch(xn,window_4,noverlap,Nfft,Fs,'twosided');
[Pxx_5,f_5] = pwelch(xn,window_5,noverlap,Nfft,Fs,'twosided');
[Pxx_6,f_6] = pwelch(xn,window_6,noverlap,Nfft,Fs,'twosided');

figure(1)
subplot(311)
plot(f_1,10 * log10(Pxx_1));
xlabel('f');
ylabel('功率谱/dB');
title('Welch PSD L - hanning');
grid on;

subplot(312)
plot(f_2,10 * log10(Pxx_2));
xlabel('f');
ylabel('功率谱/dB');
title('Welch PSD L - boxcar');
grid on;

subplot(313)
plot(f_3,10 * log10(Pxx_3));
xlabel('f');
ylabel('功率谱/dB');
title('Welch PSD L - hamming');
grid on;

figure(2)
subplot(311)
plot(f_4,10 * log10(Pxx_4));
xlabel('f');
ylabel('功率谱/dB');
title('Welch PSD L - blackman');
grid on;

subplot(312)
plot(f_5,10 * log10(Pxx_5));
xlabel('f');
ylabel('功率谱/dB');
title('Welch PSD L - bartlett');
grid on;

subplot(313)
plot(f_6,10 * log10(Pxx_6));
xlabel('f');
ylabel('功率谱/dB');
```

```
title('Welch PSD L-kaiser');
grid on;
```

多种窗场景下的 PSD 运行结果如图 8-15 所示。

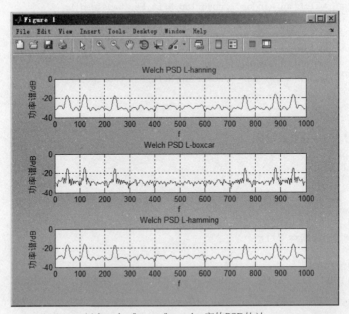

(a) hanning/boxcar/hamming窗的PSD估计

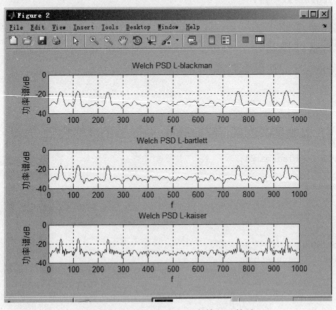

(b) blackman/bartlett/kaiser窗的PSD估计

图 8-15　多种窗场景下的 PSD 估计

基于 PSD 的 wetch 算法实现程序为:

```
Fs = 1000;
N = 1024;
Nfft = 600;
n = 0:N - 1;
t = n/Fs;
window = hanning(256);
noverlap = 128;
dflag = 'none';
randn('state',0);
xn = sin(2 * pi * 50 * t) + 2 * sin(2 * pi * 120 * t) + randn(1,N);
Pxx = psd(xn,Nfft,Fs,window,noverlap,dflag);
f = (0:Nfft/2) * Fs/Nfft;
subplot(221)
plot(f,10 * log10(Pxx));
xlabel('频率/Hz');
ylabel('功率谱/dB');
title('Welch PSD 256 - 128');
grid on;

window = hanning(256);
noverlap = 32;
dflag = 'none';
randn('state',0);
xn = sin(2 * pi * 50 * t) + 2 * sin(2 * pi * 120 * t) + randn(1,N);
Pxx = psd(xn,Nfft,Fs,window,noverlap,dflag);
f = (0:Nfft/2) * Fs/Nfft;
subplot(222)
plot(f,10 * log10(Pxx));
xlabel('频率/Hz');
ylabel('功率谱/dB');
title('Welch PSD 256 - 32');
grid on;

window = hanning(512);
noverlap = 32;
dflag = 'none';
randn('state',0);
xn = sin(2 * pi * 50 * t) + 2 * sin(2 * pi * 120 * t) + randn(1,N);
Pxx = psd(xn,Nfft,Fs,window,noverlap,dflag);
f = (0:Nfft/2) * Fs/Nfft;
subplot(223)
plot(f,10 * log10(Pxx));
xlabel('频率/Hz');
ylabel('功率谱/dB');
title('Welch PSD 512 - 32');
```

```
grid on;

window = hanning(512);
noverlap = 256;
dflag = 'none';
randn('state',0);
xn = sin(2 * pi * 50 * t) + 2 * sin(2 * pi * 120 * t) + randn(1,N);
Pxx = psd(xn,Nfft,Fs,window,noverlap,dflag);
f = (0:Nfft/2) * Fs/Nfft;
subplot(224)
plot(f,10 * log10(Pxx));
xlabel('频率/Hz');
ylabel('功率谱/dB');
title('Welch PSD 512 - 256');
grid on;
```

程序运行结果如图 8-16 所示。

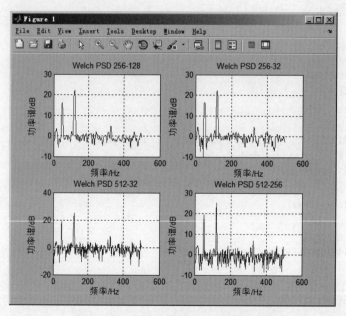

图 8-16　基于 PSD 的 Wetch 算法实现

Multitaper method 是利用多个正交窗口(Tapers)获得各自独立的近似功率谱估计,然后综合这些估计得到一个序列的功率谱估计。相对于周期图法,Multitaper method 功率谱估计具有更大的自由度,并在估计精度和估计波动方面均有较好的效果。周期图法功率谱估计只利用单一窗口,因此在序列始端和末端均会丢失相关信息,而且无法找回,与之对比,Multitaper method 估计会增加窗口使得丢失的信息尽量减少。

Multitaper method 采用的参数为时间带宽积(Time-bandwidth product:NW),NW 用以定义计算功率谱所用窗的数目,大小为 2 * NW－1。NW 越大,功率谱计算次数越多,时间域分辨率越高,而频率域分辨率降低,使得功率谱估计的波动减小。随着 NW 的增大,每次估计中频谱泄露增多,总功率谱估计的偏差增大。对于每个数据组,通常有一个最优的 NW 使得在估计偏差和估计波动两方面求得折中,需要在程序中反复调试来获得。

MATLAB 信号处理工具箱中,基于 Multitaper method,估计功率谱密度的函数是 PMTM,函数调用格式如下:

```
[Pxx, w]   = pmtm(x, nw)
[Pxx, w]   = pmtm(x, nw, nfft)
[Pxx, w]   = pmtm(x, nw, w)
[Pxx, f]   = pmtm(x, nw, nfft, fs)
[Pxx, w]   = pmtm(x, nw, f, fs)
[Pxx, Pxxc, f] = pmtm(x, nw, nfft, fs)
[Pxx, Pxxc, f] = pmtm(x, nw, nfft, fs, p)
[Pxx, Pxxc, f] = pmtm(x, e, v, nfft, fs, p)
[Pxx, Pxxc, f] = pmtm(x, dpss_params, nfft, fs, p)
[...] = pmtm(..., 'DropLastTaper', dropflag)
[...] = pmtm(..., 'method')
[...] = pmtm(..., 'range')
pmtm(...)
```

其中,x 为信号序列,nw 为时间带宽积,默认值为 4,通常可取 2、5/2、3 及 7/2,Nfft 为 FFT 长度,fs 为采样频率。[Pxx, Pxxc, f]函数还可以通过无返回值而绘出置信区间,如 pmtm(x, nw, Nfft, Fs, 'option', p)绘制带置信区间的功率谱密度估计曲线,p 的置信区间为 0~100%,默认值为 95%。

叠加白噪声的输入函数功率谱估计的实现程序如下:

```
fs = 500;
n  = 1/fs;
t  = 0:n:0.7;
x  = cos(2 * pi * t * 200) + cos(4 * pi * t * 200) + 0.1 * randn(size(t));
[Pxx, Pxxc, f] = pmtm(x, 3.5, 512, fs, 0.99);
hpsd = dspdata.psd([Pxx Pxxc], 'Fs', fs);
plot(hpsd)
xlabel('频率');
ylabel('功率谱估计');
title('Multitaper method - pmtm');
grid on;
```

Multitaper method-pmtm 功率谱密度估计的结果如图 8-17 所示。

下面介绍时间带宽积的不同对谱估计的波动变化,实现程序如下:

```
Fs = 500;
n  = 1/Fs;
t  = 0:n:0.4;
Nfft = 512;
```

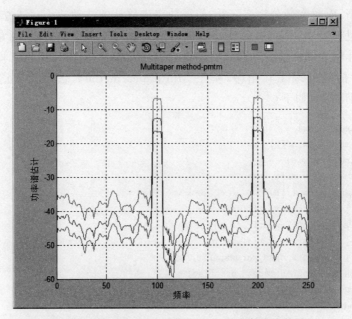

图 8-17　Multitaper method-pmtm 功率谱密度估计

```
x    = cos(2 * pi * t * 200) + cos(4 * pi * t * 200) + 0.1 * randn(size(t));
% 数据长度、分段数据长度,时间序列
[Pxx1, f] = pmtm(x, 2, Nfft, Fs);
% 用多窗口法(NW)估计功率谱

subplot(3, 1, 1),
plot(f, 10 * log10(Pxx1));
% 绘制功率谱
xlabel('频率/Hz');
ylabel('功率谱/dB');
title('多窗口法(MTM) nw = 2 原始信号功率谱');
grid on;

[Pxx, f] = pmtm(x, 4, Nfft, Fs);
% 用多窗口法(NW)估计功率谱
subplot(3, 1, 2),
plot(f, 10 * log10(Pxx));
% 绘制功率谱
xlabel('频率/Hz');
ylabel('功率谱/dB');
title('多窗口法(MTM) nw = 4 滤波后的信号功率谱');
grid on;

[Pxx, f] = pmtm(x, 5/2, Nfft, Fs);
% 用多窗口法(NW)估计功率谱
subplot(3, 1, 3),
```

```
plot(f,10 * log10(Pxx));
% 绘制功率谱
xlabel('频率/Hz');
ylabel('功率谱/dB');
title('多窗口法(MTM) nw = 5/2 滤波后的信号功率谱');
grid on;
```

不同的时间带宽积的波动示意图如图 8-18 所示。

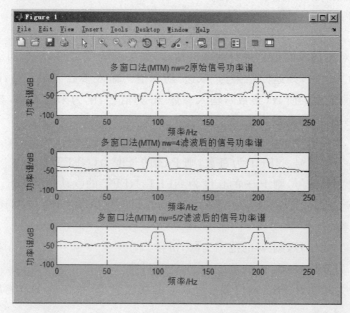

图 8-18   不同的时间带宽积的波动

8.2.2   参数谱估计

在经典法和现代谱估计方法中,现代谱估计方法既有较好的频率分辨率,又能使功率谱密度较为平滑,可以很好地得到信号谱峰。现代 AR 谱估计中,模型的阶数选择是很重要的问题,选择合适的阶数,可以有效地检查出真实信号的谱峰。如果模型阶数过低,则频率分辨率不够,可能会丢失有效信号谱峰,如果模型阶数过高,则可能出现假峰。

参数模型法是现代谱估计的主要内容,参数模型法的思路为:假定目标为输入序列激励一个线性系统产生,由该已知目标和自相关函数估计线性系统的参数,由线性系统参数得到目标的功率谱。

使用现代谱估计方法对信号进行谱估计,伯格谱(Burg)估计是一种 AR 谱估计方法,可调用 MATLAB 中 pburg 函数,其调用格式如下:

```
Pxx = pburg(x,p)
```

```
Pxx = pburg(x,p,nfft)
[Pxx,w] = pburg(...)
[Pxx,w] = pburg(x,p,w)
Pxx = pburg(x,p,nfft,fs)
Pxx = pburg(x,p,f,fs)
[Pxx,f] = pburg(x,p,nfft,fs)
[Pxx,f] = pburg(x,p,f,fs)
[Pxx,f] = pburg(x,p,nfft,fs,'range')
[Pxx,w] = pburg(x,p,nfft,'range')
pburg(...)
```

用 Burg 法对离散时间信号进行功率谱估计,如果 x 为实信号,则返回结果为"单边"功率谱;如果 x 为复信号,则返回结果为"双边"功率谱。输入参数 p 用于估计 PSD 的信号的自回归(AR)预测模型的阶数(整数),输入参数 xn 为信号,fs 为采样频率,参数 NFFT 用来指定 FFT 运算所采用的点数:

(1) 如果 x 为实信号、NFFT 为偶数,则 Pxx 的长度为(NFFT/2+1)。

(2) 如果 x 为实信号、NFFT 为奇数,则 Pxx 的长度为(NFFT+1)/2。

(3) 如果 x 为复信号,则 Pxx 的长度为 NFFT,NFFT 的默认值为 256。

输出参数 w 为和估计 PSD 的位置一一对应的归一化角频率,单位为 rad/sample,其范围如下:

(1) 如果 x 为实信号,则 w 的范围为[0,pi]。

(2) 如果 x 为复信号,则 w 的范围为[0,2 * pi]

输出参数 f 为和估计 PSD 的位置一一对应的线性频率,单位为 Hz,输出参数 f 的范围如下:

(1) 如果 x 为实信号,则 f 的范围为[0,Fs/2]。

(2) 如果 x 为复信号,则 f 的范围为[0,Fs]。

pburg 没有输出参数,在当前图形窗口里绘制出 PSD 估计结果图,坐标分别为 dB 和归一化频率。调用后可绘制得到信号功率谱密度图,如需要观察得到的功率谱密度数值,可以添加相应的输出参数。

下面介绍不同参数时的 Burg 谱估计。

(1) 场景一:不同阶数的 Burg 谱估计实现程序如下。

```
Fs = 1000;
n = 1/Fs;
t = 0:n:1;
NFFT = 1024;
x = cos(2 * pi * 60 * t) + cos(2 * pi * 90 * t) + cos(2 * pi * 210 * t) + randn(size(t));
[Pxx,f] = pburg(x,18,NFFT,Fs);
Pxx = 10 * log10(Pxx);
subplot(311)
plot(f,Pxx);
```

```
xlabel('频率(Hz)');
ylabel('功率谱密度(dB)');
title('PSD pburg - 18 滤波后的信号功率谱');
grid on;

[Pxx, f] = pburg(x, 32, NFFT, Fs);
Pxx = 10 * log10(Pxx);
subplot(312)
plot(f, Pxx);
xlabel('频率(Hz)');
ylabel('功率谱密度(dB)');
title('PSD pburg - 32 滤波后的信号功率谱');
grid on;

[Pxx, f] = pburg(x, 64, NFFT, Fs);
Pxx = 10 * log10(Pxx);
subplot(313)
plot(f, Pxx);
xlabel('频率(Hz)');
ylabel('功率谱密度(dB)');
title('PSD pburg - 64 滤波后的信号功率谱');
grid on;
```

程序运行结果如图 8-19 所示。

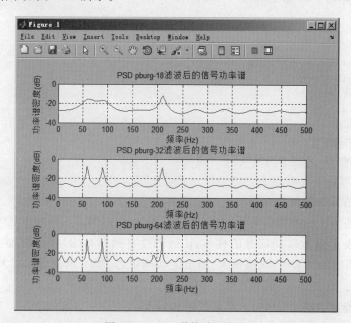

图 8-19 Burg 谱估计示意图

（2）场景二：Nfft 点数变化的 Burg 谱估计实现程序如下。

```
Fs = 3000;
n = 1/Fs;
t = 0:n:1;
NFFT = 1024;
x = cos(2 * pi * 60 * t) + cos(2 * pi * 90 * t) + cos(2 * pi * 210 * t) + randn(size(t));
[Pxx, f] = pburg(x, 32, NFFT, Fs);
Pxx = 10 * log10(Pxx);
subplot(311)
plot(f, Pxx);
xlabel('频率(Hz)');
ylabel('功率谱密度(dB)');
title('PSD pburg - 1024 滤波后的信号功率谱');
grid on;

NFFT = 128;
[Pxx, f] = pburg(x, 32, NFFT, Fs);
Pxx = 10 * log10(Pxx);
subplot(312)
plot(f, Pxx);
xlabel('频率(Hz)');
ylabel('功率谱密度(dB)');
title('PSD pburg - 128 滤波后的信号功率谱');
grid on;

NFFT = 32;
[Pxx, f] = pburg(x, 32, NFFT, Fs);
Pxx = 10 * log10(Pxx);
subplot(313)
plot(f, Pxx);
xlabel('频率(Hz)');
ylabel('功率谱密度(dB)');
title('PSD pburg - 32 滤波后的信号功率谱');
grid on;
```

程序运行结果如图 8-20 所示。

基于协方差算法的参数谱估计方法，返回值为 Pxx，对向量 x 的功率谱密度（PSD）进行估计，其中，x 表示离散时间信号的样本，p 是信号自回归（AR）预测模型阶数，用于估计 PSD。功率谱密度的计算时，实值输入，输出全功率单边 PSD（默认值），而复值输入输出双边 PSD。

基于协方差算法的 PSD 估计，其调用格式如下：

```
Pxx = pcov(x, p)
Pxx = pcov(x, p, nfft)
[Pxx, w] = pcov(...)
```

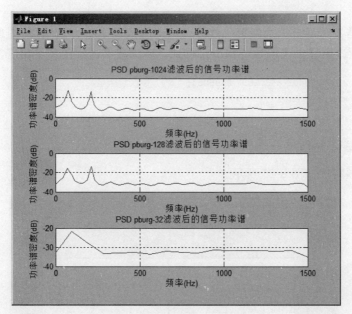

图 8-20　Nfft 变化的 Burg 谱估计

```
[Pxx,w] = pcov(x,p,w)
Pxx = pcov(x,p,nfft,fs)
Pxx = pcov(x,p,f,fs)
[Pxx,f] = pcov(x,p,nfft,fs)
[Pxx,f] = pcov(x,p,f,fs)
[Pxx,f] = pcov(x,p,nfft,fs,'range')
[Pxx,w] = pcov(x,p,nfft,'range')
pcov(...)
```

基于改进的协方差算法的 PSD 估计，其调用格式如下：

```
Pxx = pmcov(x,p)
Pxx = pmcov(x,p,nfft)
[Pxx,w] = pmcov(...)
[Pxx,w] = pmcov(x,p,w)
Pxx = pmcov(x,p,nfft,fs)
Pxx = pmcov(x,p,f,fs)
[Pxx,f] = pmcov(x,p,nfft,fs)
[Pxx,f] = pmcov(x,p,f,fs)
[Pxx,f] = pmcov(x,p,nfft,fs,'range')
[Pxx,w] = pmcov(x,p,nfft,'range')
pmcov(...)
```

　　自回归功率谱估计的协方差方法，是一种基于使前向预测误差最小的算法技术，而改进的协方差方法则是同时使前向和后向预测误差均最小的技术。

　　FFT 的长度和输入 x 的值，确定 Pxx 的长度和相应的归一化频率的范围，默认的 FFT

长度为 256。

由于协方差方法通过拟合给定阶数的 AR 预测模型来估计谱密度,因此首先从给定阶数的 AR(全极点)模型生成信号,用 freqz 得到 AR 滤波器的幅度频率响应,实现程序如下:

```
a = [1 − 2.2137 2.9403 − 2.1697 0.9606];
% AR filter coefficients
freqz(1,a)
% AR filter frequency response
title('AR System Frequency Response')
```

归一化幅频特性如图 8-21 所示。

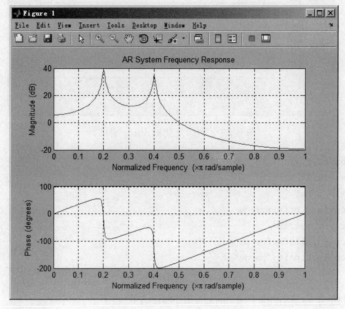

图 8-21　归一化幅频特性曲线

通过 AR 滤波器过滤白噪声来生成输入信号,基于四阶 AR 预测模型估计 x 的 PSD 程序如下:

```
a = [1 − 2.2137 2.9403 − 2.1697 0.9606];
% AR filter coefficients
randn('state',1);
% Signal generated from AR filter
x = filter(1,a,randn(256,1));
% Fourth − order estimate
subplot(211)
pcov(x,4)
title('coefficients − PSD pcov − 4 功率谱');
subplot(212)
pcov(x,20)
title('coefficients − PSD pcov − 20 功率谱');
```

基于 pcov 函数得到的 PSD 估计如图 8-22 所示。

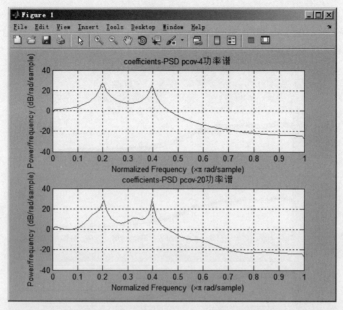

图 8-22　基于 pcov 函数得到的 PSD 估计

协方差算法函数 pcov 与修正的协方差算法函数 pmcov 估计实现程序如下：

```
Fs = 2000;
h = fir1(18,0.3);
r = randn(1024,1);
x = filter(h,1,r);
[P1,f] = pcov(x,10,[],Fs);
[P2,f] = pmcov(x,10,[],Fs);
Pxx1 = 10 * log10(P1);
Pxx2 = 10 * log10(P2);
subplot(311)
plot(f,Pxx1,'o');
ylabel('功率谱密度(dB)');
xlabel('频率(Hz)');
grid on;
subplot(312)
plot(f,Pxx2,' + ');
ylabel('功率谱密度(dB)');
xlabel('频率(Hz)');
grid on;
subplot(313)
plot(f,Pxx1,'o',f,Pxx2,' + ');
ylabel('功率谱密度(dB)');
xlabel('频率(Hz)');
```

```
legend('协方差方法','改进的协方差方法')
grid on;
```

pcov 和 pmcov 算法对比曲线如图 8-23 所示。

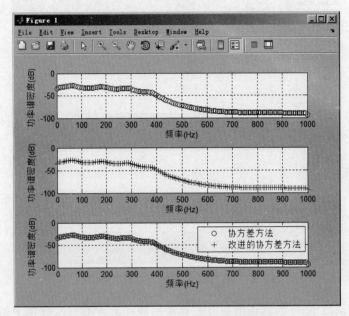

图 8-23   pcov 与 pmcov 算法对比曲线

Yule-Walker 方程是以 AR 模型为基础的谱估计，模型的阶数和模型激励源的方差，关联到由估计得到的自相关函数，再解该方程。Yule-Walker 估计的调用函数如下：

```
Pxx = pyulear(x,p)
Pxx = pyulear(x,p,nfft)
[Pxx,w] = pyulear(...)
[Pxx,w] = pyulear(x,p,w)
Pxx = pyulear(x,p,nfft,fs)
Pxx = pyulear(x,p,f,fs)
[Pxx,f] = pyulear(x,p,nfft,fs)
[Pxx,f] = pyulear(x,p,f,fs)
[Pxx,f] = pyulear(x,p,nfft,fs,'range')
[Pxx,w] = pyulear(x,p,nfft,'range')
pyulear(...)
```

基于 Yule-Walker AR 法对离散时间信号 x 进行功率谱估计，输入参数 p 为 AR 模型的阶数：

（1）如果 x 为实信号，则返回结果为"单边"功率谱。

（2）如果 x 为复信号，则返回结果为"双边"功率谱。

参数 NFFT 用来指定 FFT 运算所采用的点数，NFFT 的默认值为 256。

（1）如果 x 为实信号、NFFT 为偶数，则 Pxx 的长度为（NFFT/2＋1）。

（2）如果 x 为实信号、NFFT 为奇数，则 Pxx 的长度为（NFFT＋1）/2。

（3）如果 x 为复信号，则 Pxx 的长度为 NFFT。

输出参数 w 为和估计 PSD 的位置——对应的归一化角频率，单位为 rad/sample，其范围规定如下：

（1）如果 x 为实信号，则 w 的范围为[0,pi]。

（2）如果 x 为复信号，则 w 的范围为[0,2 * pi]。

f 为返回和估计 PSD 的位置——对应的线性频率，单位为 Hz，参数 fs 为采样频率，当 fs 为空矩阵时，则使用默认值 1Hz。输出参数 f 的范围如下：

（1）如果 x 为实信号，则 f 的范围为[0,fs/2]。

（2）如果 x 为复信号，则 f 的范围为[0,fs]。

在[0,2 * pi]区间和[0,fs]区间上，进行功率谱的"双边"估计，twosided 可以由 onesided 代替。pyulear 表示没有输出参数，在当前图形窗口里绘制出 PSD 估计结果图，坐标分别为 dB 和归一化频率。

pyulear 函数的估计过程如下：

```
Fs = 1000;
n = 1/Fs;
t = 0:n:1;
x = sin(2 * pi * 60 * t) + 2 * sin(2 * pi * 110 * t) + sin(2 * pi * 210 * t) + randn(size(t));
subplot(311)
pyulear(x,4,[],Fs)
ylabel('功率谱密度(dB)');
xlabel('频率(Hz)');
legend('pyulear - 4')
grid on;
subplot(312)
pyulear(x,10,[],Fs)
ylabel('功率谱密度(dB)');
xlabel('频率(Hz)');
legend('pyulear - 10')
grid on;
subplot(313)
pyulear(x,60,[],Fs)
ylabel('功率谱密度(dB)');
xlabel('频率(Hz)');
legend('pyulear - 60')
grid on;
```

基于 pyulear 的估计曲线如图 8-24 所示。

多信号分类法（multiple signal classification，MUSIC）是将数据自相关矩阵看成由信号自相关矩阵和噪声自相关矩阵两部分组成，即数据自相关矩阵包含有两个子空间信息，分别

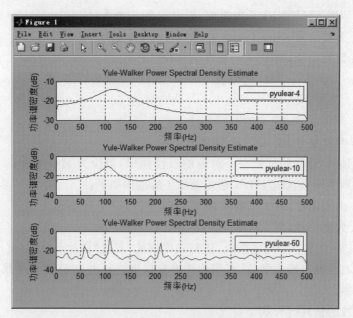

图 8-24　基于 pyulear 的估计曲线

为信号子空间和噪声子空间。由此可得,矩阵特征值向量(Eigen Vector)也可分为两个子空间,分别为信号子空间和噪声子空间。子空间算法(Subspace Methods)计算信号子空间和噪声子空间的特征值向量函数,使得在周期信号频率处函数值最大,功率谱估计出现峰值,而在其他频率处函数值最小。

pmusic 函数调用格式如下:

```
[S,w] = pmusic(x,p)
[S,w] = pmusic(x,p,w)
[S,w] = pmusic(...,nfft)
[S,f] = pmusic(x,p,nfft,fs)
[S,f] = pmusic(x,p,f,fs)
[S,f] = pmusic(...,'corr')
[S,f] = pmusic(x,p,nfft,fs,nwin,noverlap)
[...] = pmusic(...,'range')
[...,v,e] = pmusic(...)
pmusic(...)
```

其中,x 为输入信号的向量或矩阵,p 为信号子空间维数。

下面介绍基于 pmusic 子空间 PSD 估计的 5 种场景。

(1) 场景一(pmusic):信号子空间为 4 的 pmusic 实现程序如下。

```
randn('state',0);
n = 0:199;
x = cos(0.257 * pi * n) + sin(0.2 * pi * n) + 0.01 * randn(size(n));
```

```
subplot(211)
pmusic(x,4)
% Set p to 4 because two real inputs
subplot(212)
pmusic(x,8)
```

程序运行结果如图 8-25 所示。

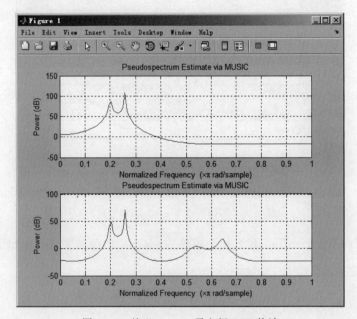

图 8-25 基于 pmusic 子空间 PSD 估计

（2）场景二（pmusic）：确定采样频率和子空间维度的实现程序如下。

```
randn('state',0);
n = 0:199;
x = cos(0.257 * pi * n) + sin(0.2 * pi * n) + 0.01 * randn(size(n));
subplot(311)
pmusic(x,[Inf,1.1],[],8000,7)
legend('pmusic - 7')
% Window length = 7
subplot(312)
pmusic(x,[Inf,1.1],[],8000,10)
legend('pmusic - 10')
subplot(313)
pmusic(x,[Inf,1.1],[],8000,15)
legend('pmusic - 15')
```

程序运行结果如图 8-26 所示。

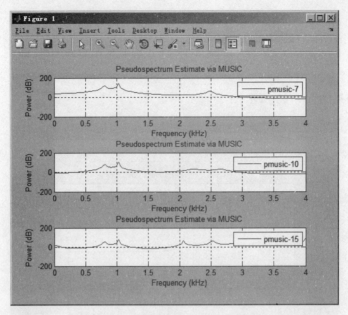

图 8-26　不同长度下 pmusic 频谱估计

（3）场景三（pmusic-corr）：代入相关矩阵的 pmusic 估计的实现程序如下。

```
R = toeplitz(cos(0.1 * pi * [0:6])) + 0.1 * eye(7);
subplot(311)
pmusic(R,4,'corr');
legend('pmusic - corr - 4');
subplot(312)
pmusic(R,5,'corr');
legend('pmusic - corr - 5');
subplot(313)
pmusic(R,6,'corr');
legend('pmusic - corr - 6');
```

程序运行结果如图 8-27 所示。

（4）场景四（pmusic-corrmtx）：基于 corrmtx 输入信号矩阵的 PSD 估计的实现程序如下：

```
randn('state',0);
n = 0:699;
x = cos(0.257 * pi * (n)) + 0.1 * randn(size(n));
Xm = corrmtx(x,7,'mod');
subplot(311)
pmusic(Xm,3);
legend('pmusic - corrmtx - 3');
subplot(312)
pmusic(Xm,5);
legend('pmusic - corrmtx - 5');
```

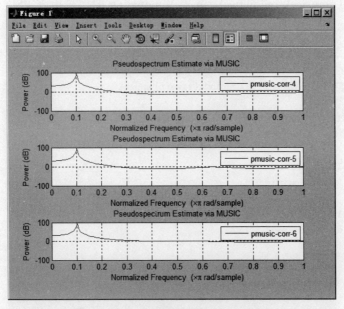

图 8-27　代入相关矩阵的 pmusic 频谱估计

```
subplot(313)
pmusic(Xm,7);
legend('pmusic - corrmtx - 7');
```

程序运行结果如图 8-28 所示。

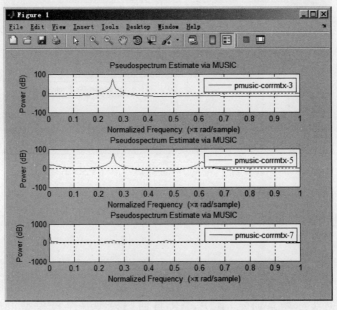

图 8-28　基于 corrmtx 输入信号矩阵的 PSD 估计

（5）场景五（pmusic-Windowing）：基于 Windowing 的信号矩阵 PSD 估计的实现程序如下。

```
randn('state',0);
n = 0:699;
x = cos(0.257 * pi * (n)) + 0.1 * randn(size(n));
subplot(311)
pmusic(x,2,512,[],7,0);
legend('pmusic - Windowing - 2');
subplot(312)
pmusic(x,3,512,[],7,0);
legend('pmusic - Windowing - 3');
subplot(313)
pmusic(x,6,512,[],7,0);
legend('pmusic - Windowing - 6');
```

程序运行结果如图 8-29 所示。

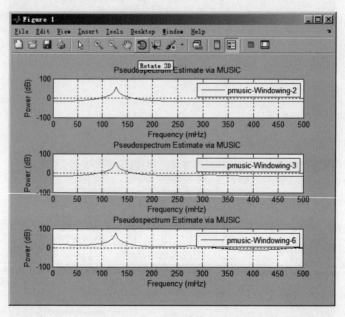

图 8-29　基于 Windowing 的信号矩阵 PSD 估计

8.2.3　AR 谱估计

信号的现代建模方法，是建立在具有最大不确定性基础上的预测，对于随机信号而言，线性预测模型包括 AR 自回归模型、MA 滑动平均模型和 ARMA 自回归滑动平均模型，模型的选择需要根据实际场景而定，其中，AR 自回归模型是全极模型，MA 是全零模型，

ARMA 是极点零点模型。

AR 参数估计的 MATLAB 实现程序如下：

```
a = [2 0.5 1.3 0.2 0.1 0.8 0.1 0.9 0.3 0.4 0.1 0.8 0.1];
% 仿真信号功率谱估计和相关函数
t = 1:1:2000;
y = cos(3 * pi * 10 * t) + sin(3 * pi * 10 * t) + randn(1,2000);
% 正弦信号 + 白噪声
x = filter(1,a,y);
figure(1)
plot(t,x);
title('输入信号')
grid on;
% 模型参数估计
ar1 = arburg(x,12);
% Burg 法
ar1_1 = arburg(x,15);
% Burg 法
ar1_2 = arburg(x,20);
% Burg 法


ar2 = aryule(x,12);
% Yule - Walker 法
ar2_1 = aryule(x,15);
% Yule - Walker 法
ar2_2 = aryule(x,20);
% Yule - Walker 法

X1 = filter(1,ar1,y);
X1_1 = filter(1,ar1_1,y);
X1_2 = filter(1,ar1_2,y);

X2 = filter(1,ar2,y);
X2_1 = filter(1,ar2_1,y);
X2_2 = filter(1,ar2_2,y);

figure(2)
subplot(3,1,1);
plot(X1,' + ');
title('burg - 12')
grid on;
subplot(3,1,2);
plot(X1_1,' + ');
title('burg - 15')
grid on;
subplot(3,1,3);
```

```
plot(X1_2,'+');
title('burg-20')
grid on;

figure(3)
subplot(3,1,1);
plot(X2);
title('Yule-Walker-12')
grid on;
subplot(3,1,2);
plot(X2_1);
title('Yule-Walker-15')
grid on;
subplot(3,1,3);
plot(X2_2);
title('Yule-Walker-20')
grid on;

% AR模型原始参数与估计参数对比
% Burg法
figure(4)
subplot(2,1,1);
plot(a,'r*')
hold on
plot(ar1,'b-')
hold on;
plot(ar1_1,'b+')
hold on;
plot(ar1_2,'b.')
grid on;
title('burg法参数估计对比');
legend('给定参数值','估计参数值-12','估计参数值-15','估计参数值-20')

% Yule-Walker法
subplot(2,1,2);
plot(a,'r*')
hold on
plot(ar2,'bo')
hold on
plot(ar2_1,'b+')
hold on
plot(ar2_2,'b-')
grid on;
title('Yule-Walker参数估计对比');
legend('给定参数值','估计参数值-12','估计参数值-15','估计参数值-20')
```

Burg 估计信号如图 8-30 所示。

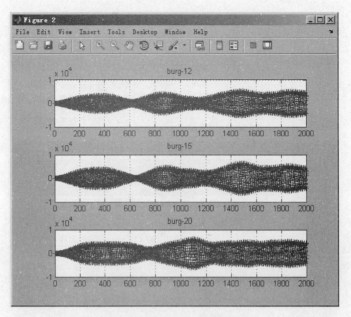

图 8-30　基于 Burg 的信号估计

Yule-Walker 估计信号如图 8-31 所示。

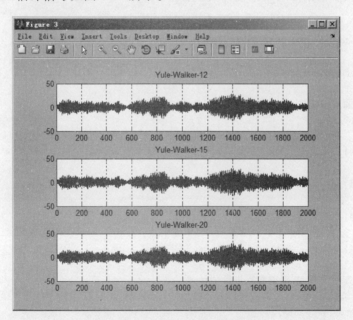

图 8-31　基于 Yule-Walker 的信号估计

Burg 估计与 Yule-Walker 估计参数比较如图 8-32 所示。

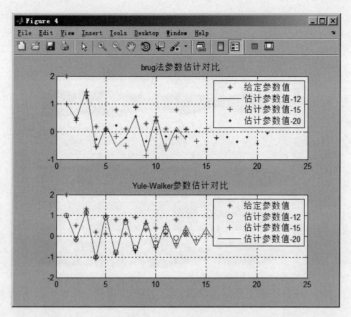

图 8-32　Burg 估计与 Yule-Walker 估计参数比较

基于 MA 模型的信号功率谱估计实现程序如下：

```
N = 456;
B1 = [2 0.3544 0.3508 0.1736 0.2401];
A1 = [1];
w = linspace(0,pi,512);
H1 = freqz(B1,A1,w);
% 产生信号的频域响应
Ps1 = abs(H1).^2;
SPy11 = 0;
 % 20 次 AR(4)
SPy14 = 0;
 % 20 次 MA(4)
VSPy11 = 0;
 % 20 次 AR(4)
VSPy14 = 0;
 % 20 次 MA(4)
for k = 1:20
% 采用自协方差法对 AR 模型参数进行估计 %
y1 = filter(B1,A1,randn(1,N)). * [zeros(1,200),ones(1,256)];
[Py11,F] = pcov(y1,4,512,1);
 % AR(4)的估计 %
[Py13,F] = periodogram(y1,[],512,1);
SPy11 = SPy11 + Py11;
VSPy11 = VSPy11 + abs(Py11).^2;
% -------------- MA 模型 ---------------- %
```

```
y = zeros(1,256);
for i = 1:256
y(i) = y1(200 + i);
end
ny = [0:255];
z = fliplr(y);nz = - fliplr(ny);
nb = ny(1) + nz(1);ne = ny(length(y)) + nz(length(z));
n = [nb:ne];
Ry = conv(y,z);
R4 = zeros(8,4);
r4 = zeros(8,1);
for i = 1:8
r4(i,1) = - Ry(260 + i);
for j = 1:4
R4(i,j) = Ry(260 + i - j);
end
end
R4
r4
a4 = inv(R4' * R4) * R4' * r4
% 利用最小二乘法得到的估计参数
% 对 MA 的参数 b(1) - b(4)进行估计 %
A1
A14 = [1,a4']
% AR 的参数 a(1) - a(4)的估计值
B14 = fliplr(conv(fliplr(B1),fliplr(A14)));
% MA 模型的分子
y24 = filter(B14,A1,randn(1,N));
% . * [zeros(1,200),ones(1,256)];
% 由估计出的 MA 模型产生数据
[Ama4,Ema4] = arburg(y24,32),
B1
b4 = arburg(Ama4,4)
% 求出 MA 模型的参数
% --- 求功率谱 --- %
w = linspace(0,pi,512);
% H1 = freqz(B1,A1,w)
H14 = freqz(b4,A14,w);
% 产生信号的频域响应
% Ps1 = abs(H1).^2; % 真实谱
Py14 = abs(H14).^2;
% 估计谱
SPy14 = SPy14 + Py14;
VSPy14 = VSPy14 + abs(Py14).^2;
end
figure(1)
plot(w./(2 * pi),Ps1,'^',w./(2 * pi),SPy14/20,'o');
```

```
legend('真实功率谱','20 次 MA(4)估计的平均值');
grid on;
xlabel('频率');
ylabel('功率');
```

功率谱估计比较曲线如图 8-33 所示。

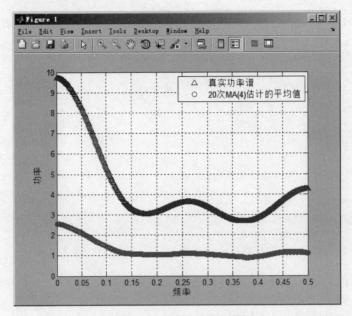

图 8-33　功率谱估计比较曲线

8.3　本章小结

本章介绍了随机信号处理的基本函数,以及基于 MATLAB 的谱估计过程,并针对具体应用,在不同场景下进行了对比,包括 FFT 点数的长度及阶数的取值,在实际应用中,需要根据具体需求进行分析。

第9章 基于小波分析的信号处理与MATLAB实现

　　信号处理已经成为当代科学技术工作的重要部分,信号处理的目的就是:准确地分析和诊断、编码压缩和量化、快速传递或存储、精确地重构或恢复。从数学角度来看,可以统一将信号与图像处理看作信号处理(可以将图像看作二维信号),在小波分析的许多应用中,它们都可以归结为信号处理问题。对于信号性质随时间而言,是稳定不变的信号,处理的理想工具仍然是傅里叶分析,但是,在实际应用中的绝大多数信号是非稳定的,在此种情况下,适用于非稳定信号的工具就是小波分析。

　　与傅里叶变换相比,小波分析是时间(空间)频率的局部化分析,它通过伸缩平移运算,对信号或函数逐步进行多尺度细化,最终达到高频处时间细分,低频处频率细分,自动适应时频信号分析的要求,从而可聚焦到信号的任意细节,解决了傅里叶变换过程中的问题。

　　小波分析的概念是由法国从事石油信号处理的工程师 Morlet 在1974 年首先提出的,通过信号处理的实际经验建立了反演公式。早在 20世纪 70 年代,Calderon 表示定理的发现、Hardy 空间的原子分解和无条件基的深入研究为小波变换的诞生做了理论上的准备,而且 Stromberg 还构造了非常类似于当前小波分析的小波基;1986 年,著名数学家 Meyer 构造出一个真正的小波基,并与 Mallat 合作建立了构造小波基的统一方法及多尺度分析,之后,小波分析才开始蓬勃发展起来,其中,比利时女数学家 Daubechies 撰写的 *Ten Lectures on Wavelets* 对小波的普及起了重要的推动作用。它与傅里叶变换、窗口傅里叶变换(Gabor 变换)相比,是一个时间和频率的局域变换,因而能有效地从信号中提取信息,通过伸缩和平移等运算功能对函数或信号进行多尺度细化分析(Multiscale Analysis),解决了傅里叶变换不能解决的问题。

　　小波分析源于多分辨分析,其基本思想是将函数表示为一系列逐次逼近的表达式,其中每个都是经过平滑后的形式,它们分别对应不同的分辨率。多分辨分析又称多尺度分析,建立在函数空间概念的基础上,创建者 Mallat 是在研究图像处理问题时建立这套理论的。研究图像的一种很普遍的方法,是将图像在不同尺度下分解,并将结果进行比较,以取得有用的信息。Meyer 正交小波基的提出，使 Mallat 想到是否用正交小波基的多尺度特性将图像展开，以得到图像不同尺度间的"信息增量"。这种思想导致了多分辨分析理论的建立。因此，不仅为正交小波基的构造提供了一种简单的方法，而且为正交小波变换的快速算法提供了理论依据，这种分析思想又同多采样率滤波器组不谋而合，又可将小波变换同数字滤波器的理论结合起来。所以，多分辨分析在正交小波变换理论中具有非常重要的地位。

在数学方面，小波分析已用于数值分析、构造快速数值方法、曲线曲面构造、微分方程求解及控制论等；在信号分析方面，应用于滤波、去噪声、压缩及传递等；在图像处理方面，用于图像压缩、分类、识别与诊断，去污等；在医学成像方面，被用于减少 B 超、CT、核磁共振等技术成像的时间，并有效提高分辨率。它的特点是压缩比高，压缩速度快，压缩后能保持信号与图像的特征不变，且在传递中可以抗干扰。基于小波分析的压缩方法包括小波包最优基方法、小波域纹理模型方法、小波变换零树压缩及小波变换向量压缩等。

9.1 小波变换的 MATLAB 实现

傅里叶变换及其离散形式的 DFT 已经成为信号处理，尤其是时频分析中常用的工具，但是，傅里叶变换存在信号的时域与频域信息不能同时局部化的问题，针对此问题，Gabor 于 1946 年引入短时傅里叶变换（Short-Time Fourier Transform，STFT），即把信号划分成许多小的时间间隔，用傅里叶变换分析每个时间间隔，以便确定该时间间隔存在的频率。

STFT 的窗口函数，通过函数时间轴的平移与频率限制得到，由此得到的时频分析窗口具有固定的大小。对于非平稳信号而言，需要时频窗口具有可调的性质，即要求在高频部分具有较好的时间分辨率特性，而在低频部分具有较好的频率分辨率特性。为此特引入窗口函数，并定义了连续小波变换（Continue Wavelet Transform，CWT）的尺度因子（表示与频率相关的伸缩）与时间平移因子。

并非所有小波函数都能保证小波变换有意义，另外，在实际应用尤其是信号处理以及图像处理的应用中，变换只是一种简化问题、处理问题的有效手段，最终目的需要回到原问题的求解，因此，还要保证连续小波变换存在逆变换。同时，作为窗口函数，也要满足时间窗口与频率窗口具有快速衰减特性。

连续小波变换的性质有如下 5 点。

（1）线性：一个多分量信号的小波变换等于各个分量的小波变换之和。

（2）平移不变性：在实际应用中的条件与离散情况不同。

（3）伸缩共变性：即小波变换协变性。

（4）自相似性：对应不同的尺度参数，和不同的平移参数的连续小波变换之间是自相似的。

（5）冗余性：小波变换的冗余性主要表现在由连续小波变换恢复原信号的重构公式不是唯一的，即信号的小波变换与小波重构不存在一一对应关系。另外，小波变换的核函数即小波函数存在许多可能的选择。

离散小波变换（Discrete Wavelet Transform）是对基本小波的尺度因子和时移因子的离散化，1 级分解与重构原始信号函数为 dwt 和 dwt2 与 idwt 和 idwt2；多级（包括 1 级）分解与重构原始信号函数为 wavedec 和 wavedec2 与 waverec 和 waverec2（wavedec 涵盖 dwt）；1 级分解的系数重构函数为 upcoef 和 upcoef2；多级分解的系数重构用函数为 wrcoef 和 wrcoef2；多级分解低频部分系数提取函数为 appcoef 和 appcoef2；多级分解高频部分系数提取函数为 detcoef 和 detcoef2。

连续的一维小波变化调用函数 cwt，调用格式如下：

```
coefs = cwt(x,scales,'wname')
coefs = cwt(x,scales,'wname','plot')
coefs = cwt(x,scales,'wname','coloration')
[coefs, sgram] = cwt(x,scales,'wname','scal')
[coefs, sgram] = cwt(x,scales,'wname','scalCNT')
coefs = cwt(x,scales,'wname','coloration',xlim)
```

支持 haar，db，sym，cmor，mexh，gaus，bior 等小波，连续小波变换的实现程序如下：

```
% 定义信号信息
fs = 2^6;
% 采样频率
dt = 1/fs;
% 时间精度
timestart = - 8;
timeend = 8;
t = (0:(timeend - timestart)/dt - 1) * dt + timestart;
L = length(t);

z = 4 * sin(2 * pi * linspace(6,12,L). * t);

wavename = 'cmor1 - 3';
% 可变参数，分别为 cmor 的
% 频率转换尺度
fmin = 2;
fmax = 20;
df = 0.1;

f = fmin:df:fmax - df;
% 预期的频率
wcf = centfrq(wavename);
% 小波的中心频率
scal = fs * wcf./f;
% 利用频率转换尺度
coefs = cwt(z,scal,wavename);

pcolor(t,f,abs(coefs));
shading interp
```

程序运行结果如图 9-1 所示。

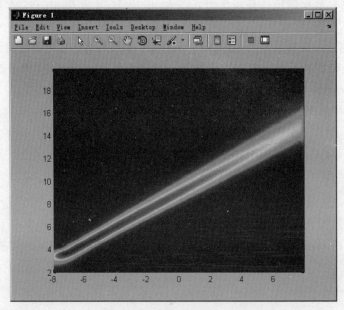

图 9-1 基于函数 cwt 的信号图像

基于 sym2 的 cwt 程序如下：

```
load vonkoch
vonkoch = vonkoch(1:200);
len = length(vonkoch);
cw1 = cwt(vonkoch,1:32,'sym2','plot');
title('Continuous Transform, absolute coefficients.')
ylabel('Scale')
[cw1,sc] = cwt(vonkoch,1:32,'sym2','scal');
title('Scalogram')
ylabel('Scale')
```

程序运行结果如图 9-2 所示。

基于 haar 及 db2 的 dwt 一维小波变换实现程序如下：

```
randn('seed',531316785)
s = 2 + kron(ones(1,8),[1 - 1]) + ...
    ((1:16).^2)/32 + 0.2 * randn(1,16);

% Perform single - level discrete wavelet transform of s by haar.
[ca1,cd1] = dwt(s,'haar');
%% 'haar'

figure(1)
subplot(311);
```

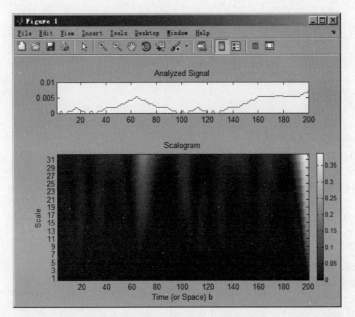

图 9-2　基于 sym2 的小波函数图像

```
plot(s);
title('Original signal');
subplot(323);
plot(ca1);
title('Approx. coef. for haar');
subplot(324);
plot(cd1);
title('Detail coef. for haar');

% For a given wavelet, compute the two associated decomposition
% filters and compute approximation and detail coefficients
% using directly the filters.
[Lo_D,Hi_D] = wfilters('haar','d');
[ca1,cd1] = dwt(s,Lo_D,Hi_D);

% Perform single-level discrete wavelet transform of s by db2
% and observe edge effects for last coefficients.
% These extra coefficients are only used to ensure exact
% global reconstruction.
[ca2,cd2] = dwt(s,'db2');
subplot(325);
plot(ca2);
title('Approx. coef. for db2');
subplot(326);
plot(cd2);
title('Detail coef. for db2');
```

```
[ca1_1,cd1_1] = dwt(s,'db4');
figure(2)
subplot(311);
plot(s);
title('Original signal');
subplot(323);
plot(ca1_1);
title('Approx. coef. for db4');
subplot(324);
plot(cd1_1);
title('Detail coef. for db4');

[ca1_2,cd1_2] = dwt(s,'db6');
subplot(325);
plot(ca1_2);
title('Approx. coef. for db6');
subplot(326);
plot(cd1_2);
title('Detail coef. for db6');
```

程序运行结果如图 9-3 所示。

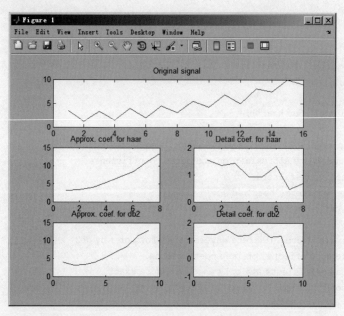

图 9-3   基于 haar 及 db2 的 dwt 一维小波变换图像

基于 db4 的 dwt 一维小波函数的运行结果如图 9-4 所示。

下面介绍一维信号的分解和重构、信号的多尺度分解和重构、基于函数 appcoef 与 detcoef 的一维多级系数提取、基于函数 wrcoef 的一维多级系数重构、基于函数 waverec 的

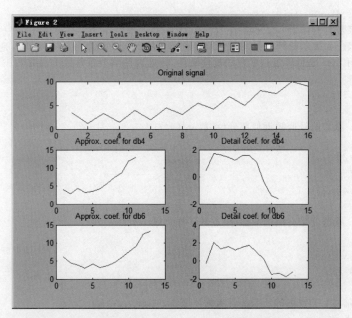

图 9-4　基于 db4 的 dwt 一维小波变换图像

一维多级分解重构/恢复信号及连续小波变换与离散小波变换场景的实现方法。

（1）场景一：一维信号的分解和重构程序如下。

```
load vonkoch;
s = vonkoch(1:8000);
% 一级"分解"：时域 → 小波域
% 2个"系数(低 + 高)"的尺寸全部是一半
% 命令: dwt
[cA1,cD1] = dwt(s,'haar');
figure(1);
subplot(2,2,1);
plot(cA1);
title('小波域：低频近似部分(点数少一半)');
grid on;
xlabel('小波域：横轴坐标无实际意义');
subplot(2,2,2);
plot(cD1);
title('小波域：高频细节部分(点数少一半)');
grid on;
xlabel('小波域：横轴坐标无实际意义');

% 1级分解系数"重构"：小波域 → 时域
% 2个"子信号(低 + 高)"的尺寸全部和原始大小一样
% 命令: upcoef
A1 = upcoef('a',cA1,'haar',1);
```

```
D1 = upcoef('d',cD1,'haar',1);
% 一维 1 级系数重构函数: upcoef
% upcoef 参数: a 表示低频近似,d 表示高频细节,cA1 与 cD1 为系数,1 就是当前是 1 解分解(不变)
% 左边返回值: A1 是低频近似系数的重构结果,D1 是高频细节系数的重构结果

subplot(2,2,3);
plot(A1);
title('时域: 原始信号低频近似部分(点数一样)');
grid on;
xlabel('采样点');
ylabel('振幅');
subplot(2,2,4);
plot(D1);
title('时域: 原始信号高频细节部分(点数一样)');
grid on;
xlabel('采样点');
ylabel('振幅');

% 重构原始信号: 参数用的还是分解出的系数
% 命令: idwt
s_rec = idwt(cA1,cD1,'haar');
% idwt 参数: cA1 和 cD1 就是由 dwt 分解得到的低频近似和高频细节的系数
% 左边返回值: s_rec 就是重构/恢复的原始信号
figure(2);
subplot(2,1,1);
plot(s);
title('原始时域信号');
grid on;
xlabel('采样点');
ylabel('振幅');
subplot(2,1,2);
plot(s_rec);
title('重构原始信号: 点数一样');
grid on;
xlabel('采样点');
ylabel('振幅');
suptitle('一维原始信号与重构原始信号');
```

小波域与时域信号点数如图 9-5 所示。

原始信号与重构信号如图 9-6 所示。

(2) 场景二: 信号的多尺度分解和重构程序如下。

```
load vonkoch;
s = vonkoch(1:8000);
% 多尺度分解
% 命令: wavedec
[C,L] = wavedec(s,3,'db1');
```

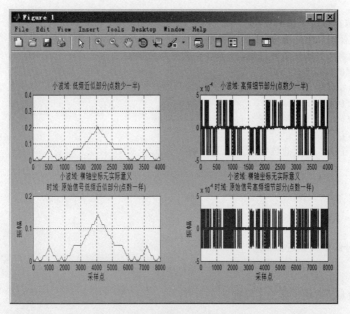

图 9-5　小波域与时域信号点数

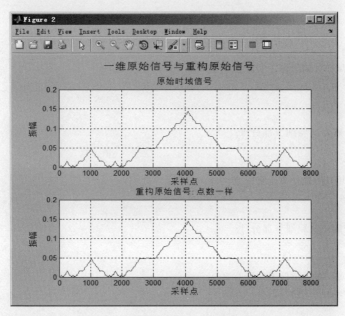

图 9-6　一维原始信号与重构原始信号

%% 系数提取：提取经过变换之后的信号,小波域下的低频系数(近似信息)和高频系数(细节信号),
%% 时域变换为小波域,s 是原始信号,N 是分解级数,wavename 小波基函数
%% 左边返回值：C 是小波分解后的各个系数,L 是相应小波系数的个数
%% C 中是所有分解出来的系数的汇总,即都在这个大矩阵里,所以就需要从 C 中把各个系数提取

```
%% 出来
%% 系数提取在多级分解时才用
%%1级分解有就分成2部分,不需要提取
%% 命令: appcoef 低频系数提取; detcoef 高频系数提取
cA3 = appcoef(C,L,'db1',3);
% (C,L,'db1',3)低: 3 表示第 3 层
cD3 = detcoef(C,L,3);
cD2 = detcoef(C,L,2);
cD1 = detcoef(C,L,1);
% (C,L,1)3 个高: 最后的数字表示的是层数

figure(1)
% 4 部分的长度不一样
subplot(2,2,1);
plot(cA3);
title('3 级分解中低频近似部分');
grid on;
% 长度 1/2^3 = 1/8
xlabel('小波域: 横轴坐标无实际意义');

subplot(2,2,2);
plot(cD3);
title('3 级分解中高频细节部分');
grid on;
% 长度 1/2^3 = 1/8
xlabel('小波域: 横轴坐标无实际意义');

subplot(2,2,3);
plot(cD2);
title('2 级分解中高频细节部分');
grid on;
% 长度 1/2^2 = 1/4
xlabel('小波域: 横轴坐标无实际意义');
subplot(2,2,4);
plot(cD1);
title('1 级分解中高频细节部分');
grid on;
% 长度 1/2^1 = 1/2
xlabel('小波域: 横轴坐标无实际意义');
suptitle('时域→小波域');

% 多级重构系数: 从小波域还原出信号高频部分的子信号, 即小波域变换为时域
% 命令: wrcoef 参数中 a 是低频, d 是高频
A3 = wrcoef('a',C,L,'db1',3);
% ('a',C,L,'db1',3)低频
D3 = wrcoef('d',C,L,'db1',3);
D2 = wrcoef('d',C,L,'db1',2);
```

```
D1 = wrcoef('d',C,L,'db1',1);
% ('d',C,L,'db1',1)3 个高频

figure(2)
subplot(2,2,1);
plot(A3);
title('原始信号中的低频信号成分');
grid on;
xlabel('采样点');
ylabel('振幅');
subplot(2,2,2);
plot(D3);
title('原始信号中的高频信号成分 1');
grid on;
xlabel('采样点');
ylabel('振幅');
subplot(2,2,3);
plot(D2);
title('原始信号中的高频信号成分 2');
grid on;
xlabel('采样点');
ylabel('振幅');
subplot(2,2,4);
plot(D1);
title('原始信号中的高频信号成分 3');
grid on;
xlabel('采样点');
ylabel('振幅');
suptitle('小波域重构时域');

% 重构原始信号: 滤波后恢复原始信号
% 命令: waverec
s_rec = waverec(C,L,'db1');
figure(3);
subplot(2,1,1);
plot(s);
title('原始信号');
grid on;
xlabel('采样点');
ylabel('振幅');
subplot(2,1,2);
plot(s_rec);
title('重构原始信号');
grid on;
xlabel('采样点');
ylabel('振幅');
suptitle('时域原始与重构原始信号');
```

多级分解的小波域系数曲线如图 9-7 所示。

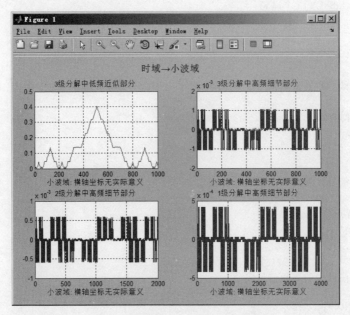

图 9-7　多级分解的小波域系数曲线

系数重构的时域信号如图 9-8 所示。

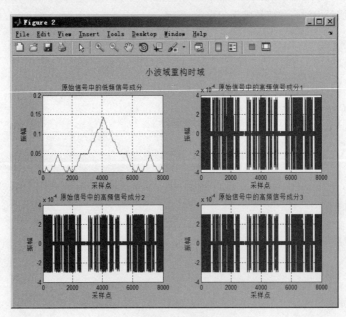

图 9-8　系数重构的时域信号

多级分解原始信号与重构信号如图 9-9 所示。

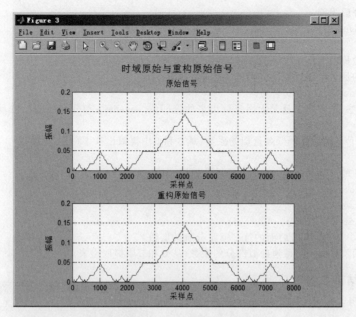

图 9-9　多级分解原始信号与重构信号

一维多级分解函数 wavedec 的返回值结构如图 9-10 所示。

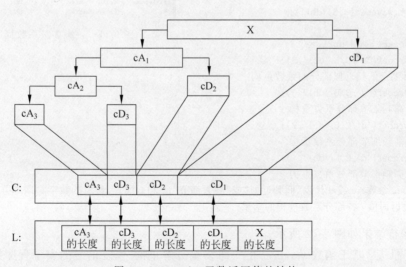

图 9-10　wavedec 函数返回值的结构

（3）场景三：基于函数 appcoef 与 detcoef 的一维多级系数提取的实现程序如下。

```
load leleccum;
s = leleccum(1:4096);
```

```
% 以 3 级分解为例
[C,L] = wavedec(s,3,'db1');


% 各级系数提取
% 最后剩的那个低频近似部分(1 个)的系数提取：appcoef
cA3 = appcoef(C, L, 'db1', 3);
% appcoef 参数：C 和 L 就是上面分解出来的返回值，wavename 和分解用的小波基一致，N 和分解的
级数一致
% 左边返回值：最后那个低频近似的系数(从 C 和 L 中提取出来了)


% 每一级中的高频细节部分(N 个)的系数提取：detcoef
cD3 = detcoef(C, L, 3);
cD2 = detcoef(C, L, 2);
cD1 = detcoef(C, L, 1);
% detcoef 参数：C 和 L，后面的数字就是分解的层数
% 左边返回值：每一级高频近似部分的系数(从 C 和 L 中提取出来)
```

程序运行结果如图 9-11 所示。

（4）场景四：基于函数 wrcoef 的一维多级
系数重构的实现程序如下。

```
load leleccum;
s = leleccum(1:4096);

[C,L] = wavedec(s,3,'db1');
```

图 9-11　一维多级系数提取

```
% 'wavename'使用'db1'
A3 = wrcoef('a',C,L,'db1',3);
% 最后那个低频近似部分的系数重构
D3 = wrcoef('d',C,L,'db1',3);
% 3 级高频细节部分系数重构
D2 = wrcoef('d',C,L,'db1',2);
% 2 级高频细节部分系数重构
D1 = wrcoef('d',C,L,'db1',1);
% 1 级高频细节部分系数重构
% wrcoef 参数：a 或 d 代表"低频近似"或"高频细节",C 和 L 同意,最后的数字是该部分所在的级数
% 左边返回值：各部分系数重构的结果
```

程序运行结果如图 9-12 所示。

（5）场景五：基于函数 waverec 的一维多级分解重构/恢复信号的实现程序如下。

```
load leleccum;
s = leleccum(1:4096);
[C,L] = wavedec(s,3,'db1');
s_rec = waverec(C,L,'db1');
```

恢复结果如图 9-13 所示。

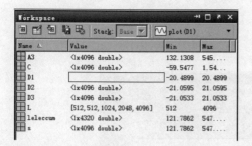

图 9-12　一维多级系数重构结果

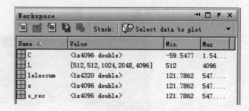

图 9-13　一维多级分解重构/恢复信号结果

（6）场景六：连续小波变换与离散小波变换比较，实现程序如下。

```
load vonkoch;
vonkoch = vonkoch(1:2010);
lv = length(vonkoch);
subplot(311),
plot(vonkoch);
title('原始信号');
set(gca,'Xlim',[0 2010])
% 执行离散 5 层 sym2 小波变换
[c,l] = wavedec(vonkoch,5,'db4');
% 扩展离散小波系数进行画图
% 层数 1～5 分别对应尺度 2、4、8、16 和 32
cfd = zeros(5,lv);
for k = 1:5
    d = detcoef(c,l,k);
    d = d(ones(1,2^k),:);
    cfd(k,:) = wkeep(d(:)',lv);
end
cfd = cfd(:);
I = find(abs(cfd)< sqrt(eps));
cfd(I) = zeros(size(I));
cfd = reshape(cfd,5,lv);
% 画出离散系数

subplot(312),
colormap(gray(64));
img = image(flipud(wcodemat(cfd,64,'row')));
set(get(img,'parent'),'YtickLabel',[]);
title('离散变换,系数绝对值.')
ylabel('层数')

subplot(313)
ccfs = cwt(vonkoch,1:32,'sym2','plot');
title('连续变换,系数绝对值.')
```

```
colormap(gray(64));
ylabel('尺度')
```

程序运行结果如图 9-14 所示。

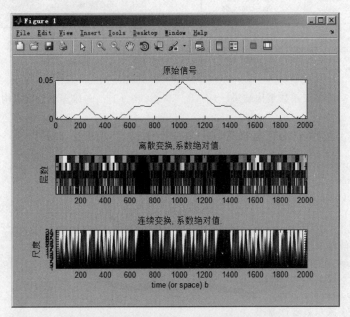

图 9-14　离散小波变换与连续小波变换比较

返回值分布如图 9-15 所示。

Name	Value	Min	Max
I	[ ]		
c	<1x2042 double>	-0.0062	0.2617
ccfs	<32x2010 double>	-0.0084	0.0048
cfd	<5x2010 double>	-0.0062	0.0051
d	<32x69 double>	-0.0062	0.0051
img	177.0011	177.0011	177....
k	5	5	5
l	[69, 69, 132, 257, 507, 1008, 2010]	69	2010
lv	2010	2010	2010
vonkoch	<1x2010 double>	0	0.0481

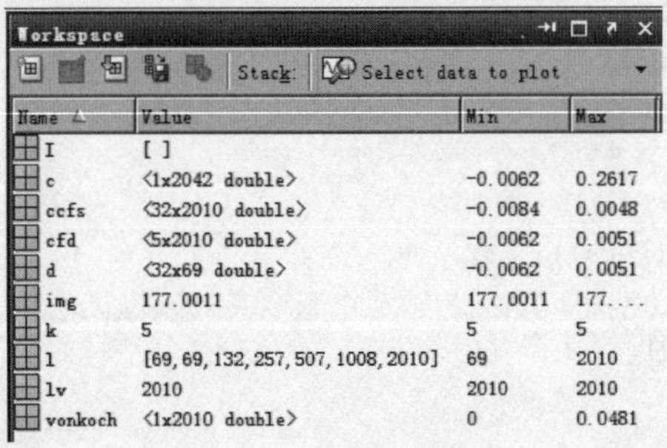

图 9-15　返回值分布

9.2　小波信号分析

在获取小波系数的函数中，wpcoef 是求解某个节点的小波包系数，数据长度是 1/(2^n)段(分解 n 层)，wprcoef 是把某个节点的小波包系数重构，得到和原信号一样长度的信号。实现程序如下：

```
t1 = linspace(0.3, 0.5, 200);
xt1 = 7 * sin(100 * pi * t1) + 5 * cos(180 * pi * t1) + sin(240 * pi * t1);
t2 = linspace(0.5, 0.7, 200);
xt2 = 7 * sin(100 * pi * t2) + 5 * sin(180 * pi * t2) + 3 * sin(240 * pi * t2) + 2 * sin(500 * pi * t2);
t = [t1, t2];
xt = [xt1, xt2];
figure(1);
subplot(311)
plot(t1, xt1);
title('原始信号');
xlabel('时间(t)');
ylabel('幅值');
grid on;
subplot(312)
plot(t2, xt2);
title('原始信号');
xlabel('时间(t)');
ylabel('幅值');
grid on;
subplot(313)
plot(t, xt);
grid on;
title('原始信号');
xlabel('时间(t)');
ylabel('幅值');

figure(2);
T = wpdec(xt, 3, 'db2');
% 进行小波包分解
plot(T);
% 计算小波包分解系数

figure(3);
y7 = wpcoef(T, [3, 6]);
subplot(2, 1, 1);
plot(y7);
title('节点(3,6)系数');
% 重构小波包系数
yy7 = wprcoef(T, [3, 6]);
subplot(2, 1, 2);
plot(t, yy7);
title('第三层分解高频段 3');
```

原始信号如图 9-16 所示。

分解树结构如图 9-17 所示。

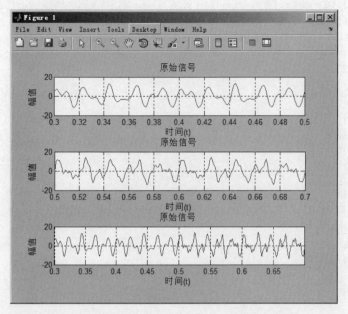

图 9-16　输入的原始信号波形

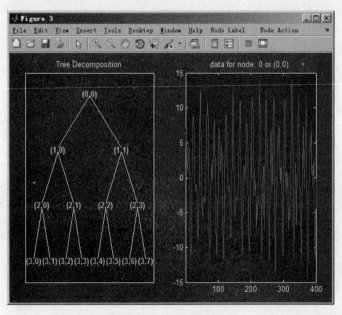

图 9-17　分解树结构

分解系数分布如图 9-18 所示。

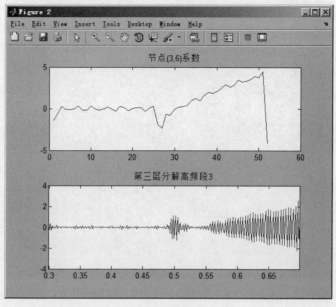

图 9-18 系数分布

基于 3 层的合成信号分解程序如下：

```
fs = 1024;
%采样频率
f1 = 100;
%信号的第 1 个频率
f2 = 500;
%信号第 2 个频率
n = 1/fs;
%%1024 个点,对应 1s,n 就代表 1/1024s
t = 0:n:1;
s = sin(2 * pi * f1 * t) + sin(2 * pi * f2 * t);
%生成原始信号
[T] = wpdec(s,3,'dmey');
%小波包分解,3 代表分解 3 层,dmey 使用 Dmeyer 小波
%%分解 3 层,最后一层为 2^3 = 8 个频率段
%% 每个频率段的频率区间是 512/8 = 64,编号为 8 和 11 的频率段有信号
plot(T)
%画小波包树图
wpviewcf(T,1);
%画出时间频率图
```

程序运行结果如图 9-19 所示。

时频图像分布如图 9-20 所示。

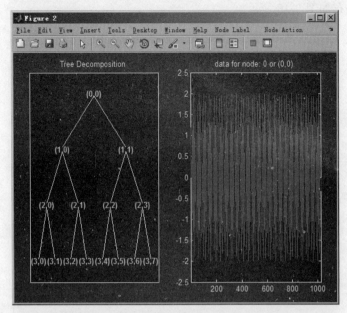

图 9-19　基于 3 层的合成信号分解树结构图

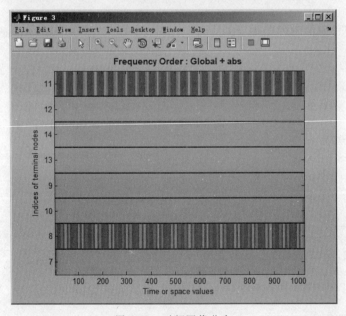

图 9-20　时频图像分布

随着尺度的增加,时间分辨率降低,噪声的影响将减少,信号的变化更加清晰,单尺度的系数重构实现程序如下:

```
% 原始信号导入
```

```
load vonkoch;
x = vonkoch;
N = length(x);
t = 1:N;
figure(1);
subplot(211)
plot(t,x,'LineWidth',1);
xlabel('时间 t/s');
ylabel('幅值');
grid on;
title('原信号')
subplot(212)
stem(t,x,'+');
xlabel('时间 t/s');
ylabel('幅值');
title('原信号')
grid on;

% 一维小波分解
[c,l] = wavedec(x,6,'db3');
% 重构第 1～6 层逼近系数
a6 = wrcoef('a',c,l,'db3',6);
a5 = wrcoef('a',c,l,'db3',5);
a4 = wrcoef('a',c,l,'db3',4);
a3 = wrcoef('a',c,l,'db3',3);
a2 = wrcoef('a',c,l,'db3',2);
a1 = wrcoef('a',c,l,'db3',1);
% 显示逼近系数
figure(2)
title('单尺度系数重构')
subplot(3,1,1);
plot(a6);
ylabel('a6');
grid on;

title('单尺度系数重构')
subplot(3,1,2);
plot(a5);
ylabel('a5');
grid on;
subplot(3,1,3);
plot(a4);
ylabel('a4');
grid on;

figure(3)
subplot(3,1,1);
plot(a3);
ylabel('a3');
grid on;
```

```
subplot(3,1,2);
plot(a2);
ylabel('a2');
grid on;
subplot(3,1,3);
plot(a1);
ylabel('a1');
xlabel('时间 t/s');
grid on;

%%%%%%%%%%%%%%%%%%%%%%%
% 一维小波分解 wavedec(x,6,'sym3')
[c_1,L_1] = wavedec(x,6,'sym3');
% 重构第1~6层逼近系数
a6_1 = wrcoef('a',c_1,L_1,'sym3',6);
a5_1 = wrcoef('a',c_1,L_1,'sym3',5);
a4_1 = wrcoef('a',c_1,L_1,'sym3',4);
a3_1 = wrcoef('a',c_1,L_1,'sym3',3);
a2_1 = wrcoef('a',c_1,L_1,'sym3',2);
a1_1 = wrcoef('a',c_1,L_1,'sym3',1);
% 显示逼近系数
figure(4)
title('单尺度系数重构')
subplot(3,1,1);
plot(a6_1);
ylabel('a6');
grid on;

title('单尺度系数重构')
subplot(3,1,2);
plot(a5_1);
ylabel('a5');
grid on;
subplot(3,1,3);
plot(a4_1);
ylabel('a4');
grid on;

figure(5)
subplot(3,1,1);
plot(a3_1);
ylabel('a3');
grid on;
subplot(3,1,2);
plot(a2_1);
ylabel('a2');
grid on;
subplot(3,1,3);
plot(a1_1);
ylabel('a1');
```

```
xlabel('时间 t/s');
grid on;
```

原始信号波形如图 9-21 所示。

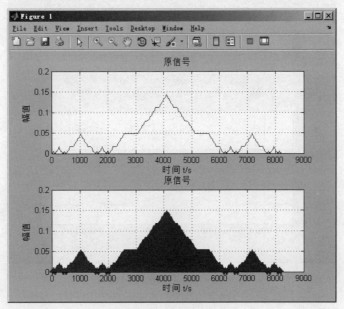

图 9-21　原始信号图像

单尺度重构 db3 中 a4～a6 显示如图 9-22 所示。

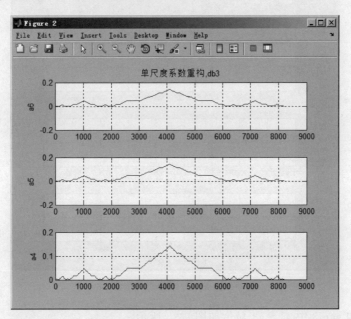

图 9-22　db3 系数重构 a4～a6

单尺度重构 db3 中 a1～a3 显示如图 9-23 所示。

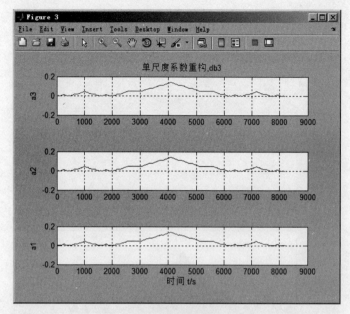

图 9-23　db3 系数重构 a1～a3

单尺度重构 sym3 中 a4～a6 显示如图 9-24 所示。

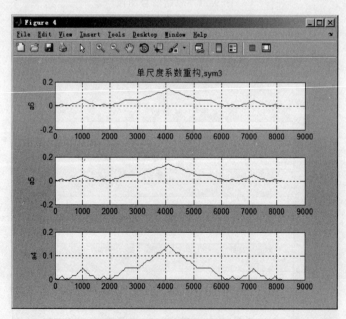

图 9-24　sym3 系数重构 a4～a6

单尺度重构 sym3 中 a1～a3 显示如图 9-25 所示。

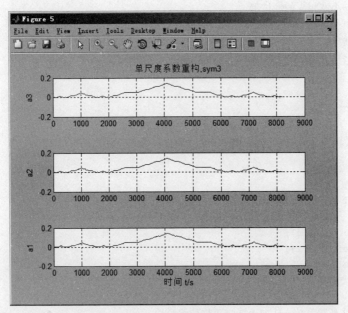

图 9-25　sym3 系数重构 a1～a3

多尺度的小波重构的实现程序如下：

```
% 原始信号导入
load nelec;
s = nelec(1:2000);
figure(1)
subplot(3,1,1);
plot(s);
title('原始信号');
grid on;
[c,l] = wavedec(s, 3, 'db6');
ca1 = appcoef(c, l, 'db6', 1);
sca1 = upcoef('a', ca1, 'db6', 1);
subplot(3,1,2);
plot(sca1);
title('尺度 1 低频系数 ca1 向上 1 步重构信号');
grid on;
axis([0,2000, 0, 600]);
cd1 = detcoef(c,l,1);
scd1 = upcoef('d', cd1, 'db6', 1);
subplot(3,1,3);
plot(scd1);
title('尺度 1 高频系数 cd1 向上 1 步重构信号');
grid on;
axis([0,2000, -20, 20]);
```

```
%产生与db6小波相应的滤波器
[Lo_R, Hi_R] = wfilters('db6', 'r');
ca2 = appcoef(c, l, 'db6', 2);
sca2 = upcoef('a', ca2, Lo_R, Hi_R, 2);

figure(2)
subplot(3,1,1);
plot(ca2);
title('近似系数(低频)');
grid on;
subplot(3,1,2);
plot(sca2);
title('尺度2低频系数ca2向上2步重构信号');
grid on;
axis([0,2000, 0, 600]);
cd2 = detcoef(c, l, 2);
scd2 = upcoef('d', cd2, 'db6', 2);
subplot(3,1,3);
plot(scd2);
title('尺度2高频系数cd2向上2步重构信号');
axis([0,2000, -20, 20]);
grid on;

[c_3,l_3] = wavedec(s, 3, 'db6');
ca3 = appcoef(c, l, 'db6', 3);
sca3 = upcoef('a', ca3, 'db6', 3);
figure(3)
subplot(3,1,1);
plot(ca3);
title('近似系数(低频)');
grid on;
subplot(3,1,2);
plot(sca3);
title('尺度3低频系数ca3向上3步重构信号');
grid on;
axis([0,2000, 0, 600]);
cd3 = detcoef(c, l, 3);
scd3 = upcoef('d', cd3, 'db6', 3);
subplot(3,1,3);
plot(scd2);
title('尺度3高频系数cd3向上3步重构信号');
axis([0,2000, -20, 20]);
grid on;
```

尺度1系数的重构信号如图9-26所示。

尺度2系数的重构信号如图9-27所示。

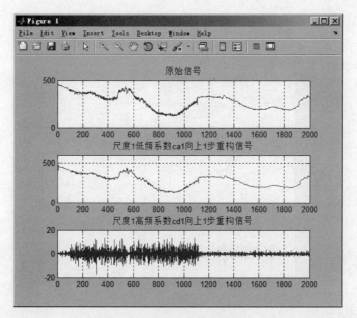

图 9-26　尺度 1 系数重构信号

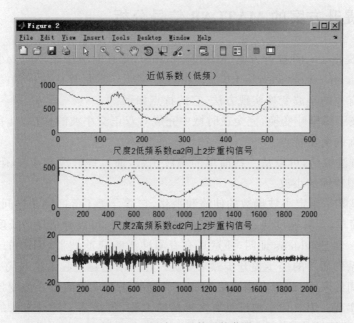

图 9-27　尺度 2 系数重构信号

尺度 3 系数的重构信号如图 9-28 所示。

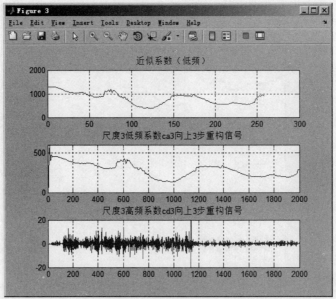

图 9-28　尺度 3 系数重构信号

9.3　基于提升方案的 MATLAB 信号分析

Sweldens 提出了一种提升方案(lifting scheme),是在时域中采用构造小波系数的第二代小波(second generation wavelet)方法。相对于 Mallat 塔形算法而言,第二代小波方法是一种更为快速有效的小波变换实现方法,它的特点如下:

(1) 不依赖于傅里叶变换,完全在时域中完成对双正交小波的构造,具有结构化设计和自适应构造方面的突出特点。

(2) 构造方法灵活,可以从一些简单的小波函数,通过提升改善小波函数的特性,从而构造出具有期望特性的小波。

(3) 不再是某一给定小波函数的伸缩和平移,它适合于不等间隔采样问题的小波构造。

(4) 算法简单,运算速度快、占用内存少,执行效率高,可以分析任意长度的信号。

Daubechies 和 Sweldens 证明,任意具有有限冲激响应滤波器(FIR)的离散小波变换,都可以通过一系列简单的多步提升步骤来解决。这一结论建立起了第一代小波变换和第二代小波变换之间的联系,即所有能够用 Mallat 快速算法实现的离散小波变换都可以用第二代小波方法来实现。第二代小波已具有多种构造方法,包括基于提升方法的第二代小波构造、自适应第二代小波构造、冗余第二代小波构造及自适应冗余第二代小波构造等。

提升算法是将现有的小波滤波器分解成基本的构造模块,分步骤完成小波变换。在整个提升算法中,小波提升的核心是更新算法和预测算法,3 个阶段分别为分解(split)、预测

(predict)和更新(update)。首先,将输入信号分为 2 个较小的子集(小波子集),例如,最简单的分解方法是将输入信号根据奇偶性分为 2 组,这种分裂所产生的小波称为懒小波(lazy wavelet)。其次,在基于原始数据相关性的基础上,用偶数序列的预测值去预测(或者内插)奇数序列,即将滤波器对偶数信号作用以后作为奇数信号的预测值,奇数信号的实际值与预测值相减得到残差信号。实际中虽然不能从子集中准确地预测,但是有可能很接近,因此,可以使用差值来代替预测,这样产生的预测子集比原来包含更少的信息,这里,已经可以用更小的子集序列来代替原信号集,再重复分解和预测过程。最后,为了使原始信号集的某些全局特性在其子集中继续保持,使它保持原图的标量特性(如均值、消失矩等不变),利用已经计算的小波子集对信号序列进行更新,从而使后者保持该特性,即要构造一个算子去更新原始信号子集。

提升方法可以实现原位运算,即该方法不再需要额外的数据量,这样在每个点都可以运用新的数据流替换旧的数据流,当重复使用原位提升滤波器组时,就获得了交织的小波变换系数。

9.3.1　一维提升小波分解及重构 lwt&ilwt

lwt 函数对特定的提升小波执行一维提升小波分解处理,调用格式为:

```
[CA,CD] = lwt(X,W)
X_InPlace = lwt(X,W)
lwt(X,W,LEVEL)
X_InPlace = lwt(X,W,LEVEL,'typeDEC',typeDEC)
[CA,CD] = lwt(X,W,LEVEL,'typeDEC',typeDEC)
```

基于 lwt 的提升小波变换程序为:

```
% Start from the Haar wavelet and get the
% corresponding lifting scheme.
lshaar = liftwave('haar');
% Add a primal ELS to the lifting scheme.
els = {'p',[ - 0.125 0.125],0};
lsnew = addlift(lshaar,els);
% Perform LWT at level 1 of a simple signal.
x = 1:32;
[cA,cD] = lwt(x,lsnew)

% Perform integer LWT of the same signal.
lshaarInt = liftwave('haar','int2int');
lsnewInt = addlift(lshaarInt,els);
[cAint,cDint] = lwt(x,lsnewInt)
```

运行后的返回值如图 9-29 所示。

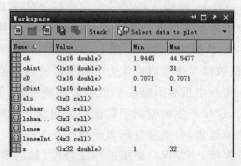

图 9-29　返回值空间

程序运行结果显示如图 9-30 所示。

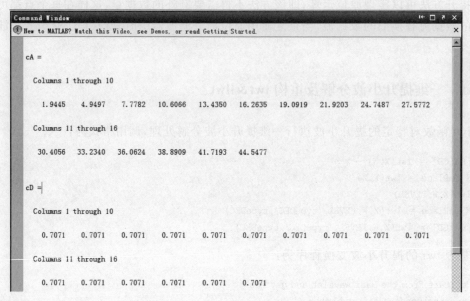

图 9-30　cA 及 cD 的值

整数处理结果如图 9-31 所示。

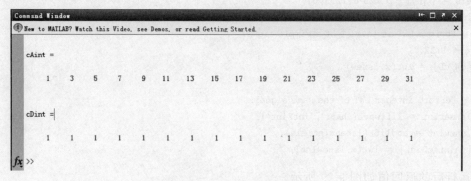

图 9-31　cAint 及 cDint 的值

与 lwt 相对应的，ilwt 用于对指定的提升小波执行一维提升小波重建，调用格式如下：

```
X = ilwt(AD_In_Place,W)
X = ilwt(CA,CD,W)
X = ilwt(AD_In_Place,W,LEVEL)
X = ilwt(CA,CD,W,LEVEL)
X = ilwt(AD_In_Place,W,LEVEL,'typeDEC',typeDEC)
X = ilwt(CA,CD,W,LEVEL,'typeDEC',typeDEC)
```

基于 ilwt 重构的程序如下：

```
% Start from the Haar wavelet and get the
% corresponding lifting scheme.
lshaar = liftwave('haar');

% Add a primal ELS to the lifting scheme.
els = {'p',[-0.125 0.125],0};
lsnew = addlift(lshaar,els);

% Perform LWT at level 1 of a simple signal.
x = 1:8;
[cA,cD] = lwt(x,lsnew);

% Perform integer LWT of the same signal.
lshaarInt = liftwave('haar','int2int');
lsnewInt = addlift(lshaarInt,els);
[cAint,cDint] = lwt(x,lsnewInt);

% Invert the two transforms.
xRec = ilwt(cA,cD,lsnew);
err = max(max(abs(x-xRec)))

xRecInt = ilwt(cAint,cDint,lsnewInt);
errInt = max(max(abs(x-xRecInt)))
```

程序运行结果如图 9-32 所示。

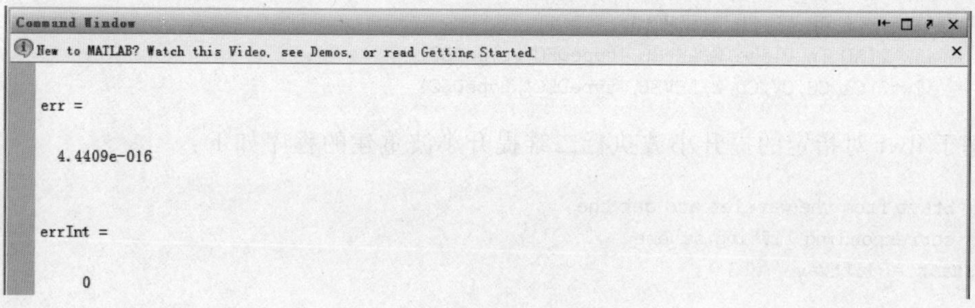

图 9-32 重构结果

9.3.2 二维提升小波分解及重构 lwt2 & ilwt2

lwt2 对特定的提升小波执行二维提升小波分解处理,调用格式如下:

```
[CA,CH,CV,CD] = lwt2(X,W)
X_InPlace = lwt2(X,LS)
lwt2(X,W,LEVEL)
X_InPlace = lwt2(X,W,LEVEL,'typeDEC',typeDEC)
[CA,CD] = lwt2(X,W,LEVEL,'typeDEC',typeDEC)
```

基于 lwt2 对特定的提升小波执行二维提升小波分解的程序如下:

```
% Start from the wavelet and get the
% corresponding lifting scheme.
lshaar = liftwave('db3');

% Add a primal ELS to the lifting scheme.
els = {'p',[-0.125 0.125],0};
lsnew = addlift(lshaar,els);

% Perform LWT at level 1 of a simple image.
x = reshape(1:16,4,4);
[cA,cH,cV,cD] = lwt2(x,lsnew)

% Perform integer LWT of the same image.
lshaarInt = liftwave('db3','int2int');
lsnewInt = addlift(lshaarInt,els);
[cAint,cHint,cVint,cDint] = lwt2(x,lsnewInt)
```

程序运行结果如图 9-33 所示。

整数处理结果如图 9-34 所示。

与 lwt2 相对应的,ilwt2 对指定的提升小波执行二维提升小波重建,调用格式如下:

```
X = ilwt2(AD_In_Place,W)
X = ilwt2(CA,CH,CV,CD,W)
X = ilwt2(AD_In_Place,W,LEVEL)
X = ilwt2(CA,CH,CV,CD,W,LEVEL)
X = ilwt2(AD_In_Place,W,LEVEL,'typeDEC',typeDEC)
X = ilwt2(CA,CH,CV,CD,W,LEVEL,'typeDEC',typeDEC)
```

基于 ilwt 对指定的提升小波执行二维提升小波重建的程序如下:

```
% Start from the wavelet and get the
% corresponding lifting scheme.
lshaar = liftwave('db3');

% Add a primal ELS to the lifting scheme.
els = {'p',[-0.125 0.125],0};
```

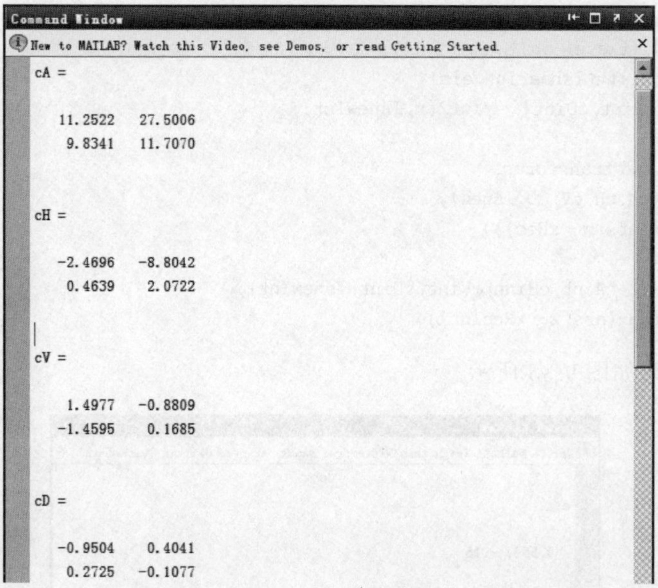

```
Command Window
New to MATLAB? Watch this Video, see Demos, or read Getting Started.

    cA =

       11.2522    27.5006
        9.8341    11.7070


    cH =

       -2.4696    -8.8042
        0.4639     2.0722


    cV =

        1.4977    -0.8809
       -1.4595     0.1685


    cD =

       -0.9504     0.4041
        0.2725    -0.1077
```

图 9-33　二维分解结果

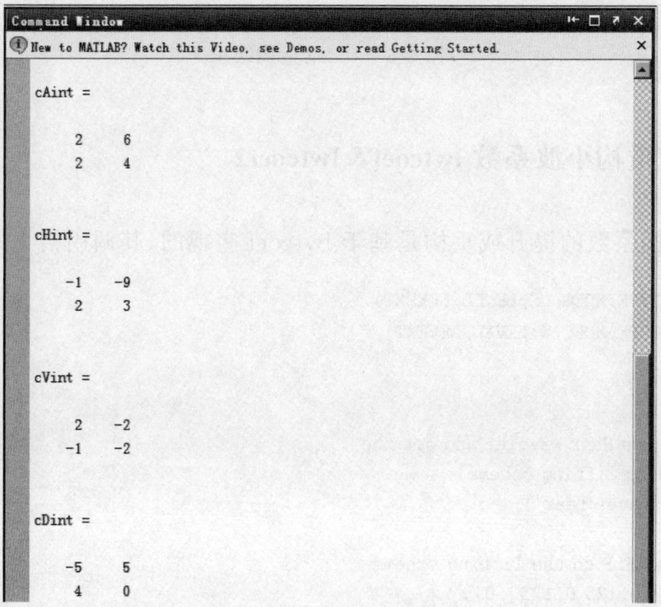

```
Command Window
New to MATLAB? Watch this Video, see Demos, or read Getting Started.

    cAint =

        2     6
        2     4


    cHint =

       -1    -9
        2     3


    cVint =

        2    -2
       -1    -2


    cDint =

       -5     5
        4     0
```

图 9-34　二维分解整数处理结果

```
lsnew = addlift(lshaar,els);

% Perform LWT at level 1 of a simple image.
x = reshape(1:16,4,4);
[cA,cH,cV,cD] = lwt2(x,lsnew);
```

```
% Perform integer LWT of the same image.
lshaarInt = liftwave('db3','int2int');
lsnewInt = addlift(lshaarInt,els);
[cAint,cHint,cVint,cDint] = lwt2(x,lsnewInt);

% Invert the two transforms.
xRec = ilwt2(cA,cH,cV,cD,lsnew);
err = max(max(abs(x - xRec)))

xRecInt = ilwt2(cAint,cHint,cVint,cDint,lsnewInt);
errInt = max(max(abs(x - xRecInt)))
```

程序运行结果如图 9-35 所示。

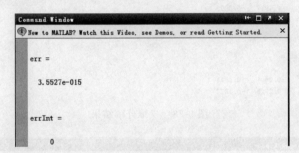

图 9-35　二维重构结果

9.3.3　提升或重构小波系数 lwtcoef & lwtcoef2

一维小波变换系数的提升或重构是基于 lwtcoef 实现的，其调用格式如下：

```
Y = lwtcoef(TYPE,XDEC,LS,LEVEL,LEVEXT)
Y = lwtcoef(TYPE,XDEC,W,LEVEL,LEVEXT)
```

实现程序如下：

```
% Start from the Haar wavelet and get the
% corresponding lifting scheme.
lshaar = liftwave('haar');

% Add a primal ELS to the lifting scheme.
els = {'p',[ - 0.125 0.125],0};
lsnew = addlift(lshaar,els);

% Perform LWT at level 2 of a simple signal.
x = 1:8;
xDec = lwt(x,lsnew,2)

% Extract approximation coefficients of level 1.
ca1 = lwtcoef('ca',xDec,lsnew,2,1)
```

```
% Reconstruct approximations and details.
a1 = lwtcoef('a',xDec,lsnew,2,1)
a2 = lwtcoef('a',xDec,lsnew,2,2)
d1 = lwtcoef('d',xDec,lsnew,2,1)
d2 = lwtcoef('d',xDec,lsnew,2,2)

% Check perfect reconstruction.
err = max(abs(x - a2 - d2 - d1))
```

程序运行结果如图 9-36 所示。

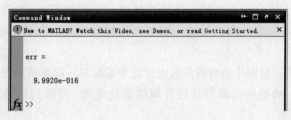

图 9-36　lwtcoef 运行结果

lwtcoef2 的调用格式如下：

```
Y = lwtcoef2(TYPE,XDEC,LS,LEVEL,LEVEXT)
Y = lwtcoef2(TYPE,XDEC,W,LEVEL,LEVEXT)
```

MATLAB 提升小波工具箱函数类别如图 9-37 所示。

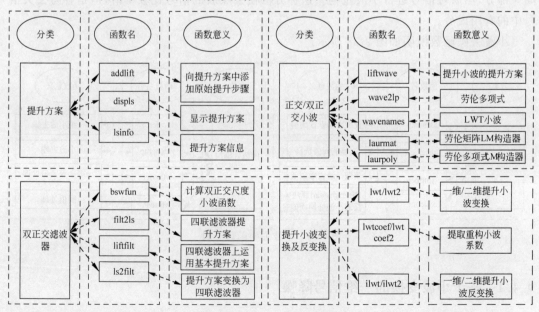

图 9-37　提升小波函数类别

9.4　小波去噪实现及 MATLAB 应用

信号去噪(降噪)实质上是抑制信号中的无用部分,增强信号中的有用部分的过程,传统的傅里叶变换只能在频域中对信号分析,不能给出信号的某个时间点上的变化情况,因此不能分辨出信号在时间轴上的突变。小波分析能同时在时域内对信号分析,能够有效区分突变部分和噪声,从而实现非平稳信号的去噪。

信号去噪的过程一般如下:

(1) 一维信号的小波分解。选择一个小波并确定分解的层次,然后进行分解计算。

(2) 小波分解高频系数的阈值量化。对各个分解尺度下的高频系数选择一个阈值进行阈值量化处理。

(3) 一维小波重构。根据小波分解的最底层低频系数和各层高频系数进行一维小波重构。

而在去噪过程中,阈值的选择以及进行阈值量化处理,关系到信号去噪的质量,包括如下 3 个方面:

(1) 默认阈值去噪处理。该方法利用函数 ddencmp 生成信号的默认阈值,然后利用函数 wdencmp 进行去噪处理。

(2) 给定阈值去噪处理。在实际的去噪处理中,阈值可通过经验公式获得,且这种阈值比默认阈值的可信度高,在进行阈值量化处理时可利用函数 wthresh。

(3) 强制去噪处理。该方法是将小波分解结果中的高频系数全部置为 0,即过滤掉所有高频部分,然后对信号进行小波重构。这种方法使去噪后的信号比较平滑,但是容易丢失信号中的有用成分。

小波去噪函数说明如图 9-38 所示。

图 9-38　小波去噪函数类别

9.4.1　基于小波变换的一维信号降噪

基于小波处理的一维降噪函数 wden 的调用格式如下:

```
[XD,CXD,LXD] = wden(X,TPTR,SorH,SCAL,N,'wname')
[XD,CXD,LXD] = wden(C,L,TPTR,SORH,SCAL,N,'wname')
```

其中,x表示原始信号,TPTR表示阈值类型,SorH表示软阈值(s表示)或硬阈值(h表示),N表示分解层数,wname为小波函数类型,XD为去除噪声后信号,CXD表示各层分量,LXD表示各层分量对应的长度。

wden降噪实现程序如下:

```
% The current extension mode is zero - padding
% Set signal to noise ratio and set rand seed.
snr = 3;
init = 2055615866;
% Generate original signal and a noisy version adding
% a standard Gaussian white noise.
[xref,x] = wnoise(3,11,snr,init);
% De - noise noisy signal using soft heuristic SURE thresholding
% and scaled noise option, on detail coefficients obtained
% from the decomposition of x, at level 5 by sym8 wavelet.
lev = 5;
xd = wden(x,'heursure','s','one',lev,'sym8');
% Plot signals.
figure(1)
subplot(311),
plot(xref),
axis([1 2048 - 10 10]);
title('原始信号');
grid on;
subplot(312),
plot(x),
axis([1 2048 - 10 10]);
title(['Noisy signal - Signal to noise ratio = ',...
num2str(fix(snr))]);
grid on;
subplot(313),
plot(xd),
axis([1 2048 - 10 10]);
title('De - noised signal - heuristic SURE');
grid on;
% De - noise noisy signal using soft SURE thresholding
xd = wden(x,'heursure','s','one',lev,'sym8');

% Plot signal.
figure(2)
subplot(311),
plot(xd),
axis([1 2048 - 10 10]);
title('De - noised signal - SURE');
grid on;
% De - noise noisy signal using fixed form threshold with
```

```
% a single level estimation of noise standard deviation.
xd = wden(x,'sqtwolog','s','sln',lev,'sym8');
% Plot signal.
subplot(312),
plot(xd),
axis([1 2048 - 10 10]);
title('De - noised signal - Fixed form threshold');
grid on;
% De - noise noisy signal using minimax threshold with
% a multiple level estimation of noise standard deviation.
xd = wden(x,'minimaxi','s','sln',lev,'sym8');
% Plot signal.
subplot(313),
plot(xd),
axis([1 2048 - 10 10]);
title('De - noised signal - Minimax');
grid on;
% If many trials are necessary, it is better to perform
% decomposition once and threshold it many times:
% decomposition.
[c,l] = wavedec(x,lev,'sym8');
% threshold the decomposition structure [c,l].
xd = wden(c,l,'minimaxi','s','sln',lev,'sym8');
% Editing some graphical properties,
% the following figure is generated.
```

heuristic SURE 阈值类型的信号波形如图 9-39 所示。

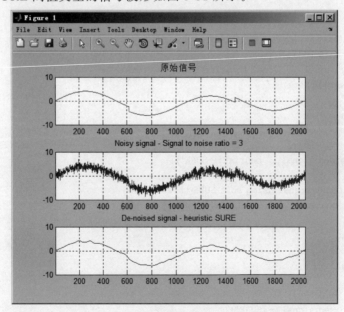

图 9-39   heuristic SURE 阈值类型的信号波形

minimax 阈值类型的信号波形如图 9-40 所示。

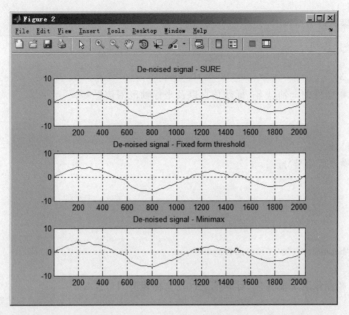

图 9-40　minimax 阈值类型的信号波形

对时间序列信号的去噪程序如下：

```
t = 0:0.001:1;
%% 时间序列 %%
x = sin(4 * pi * t) + 3 * cos(7 * pi * t);
%% 原始信号 %%
n = randn(size(t));
%% 产生一个噪声信号 %%
y = x + n;
%% 输入信号含有噪声的信号 %%
yd = wden(y,'heursure','s','sln',3,'sym5');
figure(1)
subplot(3,1,1)
%% 设置第 1 幅图像的 x 轴、y 轴、标题信息以及坐标轴范围信息 %%
plot(x,'r');
xlabel('n');
ylabel('幅值');
title('原始信号');
axis([0 1000 - 5 5])
grid on;
subplot(3,1,2)
%% 设置第 2 幅图像的 x 轴、y 轴、标题信息以及坐标轴范围信息 %%
plot(y,'k');
```

```
xlabel('n');
ylabel('幅值');
title('含有噪声信号');
axis([0 1000 - 5 5]);
grid on;
subplot(3,1,3)
%% 设置第 3 幅图像的 x 轴、y 轴、标题信息以及坐标轴范围信息 %%
plot(yd);
xlabel('n');
ylabel('幅值');
title('消除噪声后信号');
axis([0 1000 - 5 5]);
grid on;

figure(2)
yd = wden(y,'heursure','s','sln',5,'sym5');
subplot(3,1,1)
%% 设置第 1 幅图像的 x 轴、y 轴、标题信息以及坐标轴范围信息 %%
plot(x,'r');
xlabel('n');
ylabel('幅值');
title('原始信号');
axis([0 1000 - 5 5])
grid on;
subplot(3,1,2)
%% 设置第 2 幅图像的 x 轴、y 轴、标题信息以及坐标轴范围信息 %%
plot(y,'k');
xlabel('n');
ylabel('幅值');
title('含有噪声信号');
axis([0 1000 - 5 5]);
grid on;
subplot(3,1,3)
%% 设置第 3 幅图像的 x 轴、y 轴、标题信息以及坐标轴范围信息 %%
plot(yd);
xlabel('n');
ylabel('幅值');
title('消除噪声后信号');
axis([0 1000 - 5 5]);
grid on;
```

3 层模式下的小波去噪波形如图 9-41 所示。
5 层模式下的小波去噪波形如图 9-42 所示。

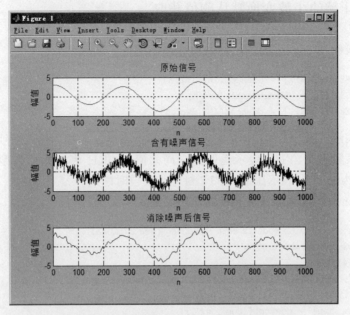

图 9-41　3 层模式下的小波去噪波形

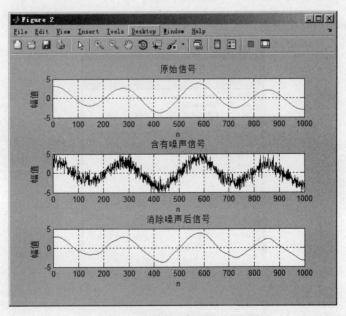

图 9-42　5 层模式下的小波去噪波形

9.4.2　降噪压缩的小波变换默认阈值获取

降噪压缩函数 ddencmp 的调用格式如下：

```
[THR,SORH,KEEPAPP,CRIT] = ddencmp(IN1,IN2,X)
[THR,SORH,KEEPAPP] = ddencmp(IN1,'wv',X)
[THR,SORH,KEEPAPP,CRIT] = ddencmp(IN1,'wp',X)
```

其中,den 表示去噪,wv 为选择小波,wp 为选择小波包,x 为原始输入信号,KEEPAPP=1,表示保留低频系数不变,THR 表示返回的全局阈值,SORH 表示阈值类型,IN1 为 den 时表示去噪,IN1 为 cmp 时表示压缩,CRIT 对应小波包时的熵。

基于 ddencmp 函数实现阈值获取的程序如下：

```
% The current extension mode is zero-padding (see dwtmode).
% Generate Gaussian white noise.
init = 2055415866;
randn('seed',init);
x = randn(1,1000);
[thr,sorh,keepapp] = ddencmp('den','wv',x)
[thr_1,sorh_1,keepapp_1] = ddencmp('cmp','wv',x)
[thr_2,sorh_2,keepapp_2,crit_2] = ddencmp('den','wp',x)
[thr_3,sorh_3,keepapp_3,crit_3] = ddencmp('cmp','wp',x)
```

基于 ddencmp 函数获得的阈值如图 9-43 所示。

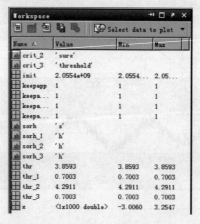

图 9-43　基于 ddencmp 函数获得的阈值

9.4.3　一维或二维信号全局阈值降噪压缩

wdencmp 函数可对一维或二维信号进行全局阈值降噪,调用格式如下：

```
[XC,CXC,LXC,PERF0,PERFL2] = wdencmp('gbl',X,'wname',N,THR,SORH,KEEPAPP)
[XC,CXC,LXC,PERF0,PERFL2] = wdencmp('lvd',X,'wname',N,THR,SORH)
[XC,CXC,LXC,PERF0,PERFL2] = wdencmp('lvd',C,L,'wname',N,THR,SORH)
```

其中,wname 是所用的小波函数;gbl(global 的缩写)表示每层都采用同一个阈值进行处理;lvd 表示每层用不同的阈值进行处理;N 表示小波分解的层数;THR 为阈值向量,对于 lvd 模式,每层都要求有一个阈值,因此阈值向量 THR 的长度为 N,SORH 表示选择软阈值还是硬阈值(分别取为 s 或 h);参数 KEEPAPP 取值为 1 时,则低频系数不进行阈值量化处理,反之,则低频系数进行阈值量化;XC 是消噪或压缩后的信号;CXC 和 LXC 是 XC 的小波分解结构;PERF0 和 PERFL2 是恢复和压缩 L^2 的范数百分比,用百分制表明降噪或压缩所保留的能量成分。

下面介绍基于 wdencmp 函数实现降噪压缩全局阈值消噪、分层阈值消噪、信号压缩、获取默认值的信号降噪以及图像信号压缩场景。

(1) 场景一:基于 wdencmp 函数实现降噪压缩的程序如下。

```
% Load original image.
load sinsin
% X contains the loaded image.
% Generate noisy image.
init = 2055615866;
randn('seed',init);
x = X + 18 * randn(size(X));
% find default values
[thr,sorh,keepapp] = ddencmp('den','wv',x)
% de - noise image using global thresholding option.
xd = wdencmp('gbl',x,'sym4',2,thr,sorh,keepapp)
xd_1 = wdencmp('gbl',x,'sym2',2,thr,sorh,keepapp)
plot(xd)
% Using some plotting commands,
% the following figure is generated.
colormap(map);
subplot(3,1,1);
image(X);
title('原始信号');
subplot(3,1,2);
image(x);
title('叠加噪声的信号');
subplot(3,1,3);
image(xd);
title('去噪输出 - sym4');

figure(2)
subplot(2,1,1);
image(X);
```

```
title('原始信号');
subplot(2,1,2);
image(xd_1);
title('去噪输出 - sym2');
```

程序运行结果如图 9-44 所示。

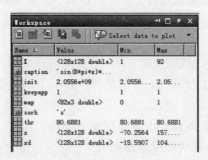

图 9-44   wdencmp 降噪处理结果

wdencmp 降噪输出结果 sym4 如图 9-45 所示。

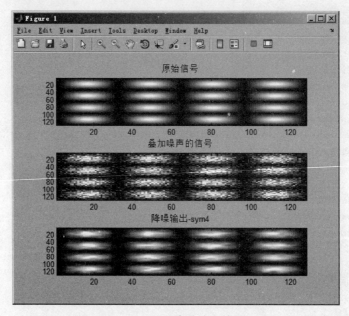

图 9-45   wdencmp 降噪输出结果 sym4

降噪输出结果 sym2 的图像如图 9-46 所示。

（2）场景二：基于 wdencmp 函数对信号进行全局阈值降噪，实现程序如下。

```
t = 0:0.0001:1;
x = sin(5 * pi * t) + 3 * cos(7 * pi * t);
%% 原始信号 %%
n = randn(size(t));
```

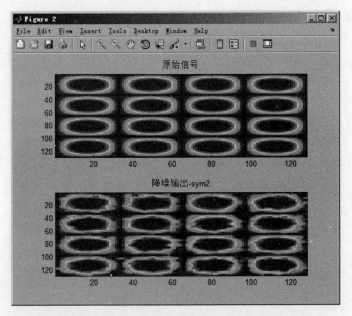

图 9-46 wdencmp 降噪输出结果 sym2

```
%% 产生噪声信号 %%
y = x + n;
%% 获得全局阈值程序 %%
[thr, sorh, keepapp] = ddencmp('den', 'wp', y);
%% 利用全局阈值进行降噪 %%
yd = wdencmp('gbl', y, 'sym2', 4, thr, sorh, keepapp);
subplot(3, 1, 1)
plot(x, 'r');
xlabel('n');
ylabel('幅值');
title('原始信号');
axis([0 2000 - 5 5])
grid on;
subplot(3, 1, 2)
plot(y, 'k');
xlabel('n');
ylabel('幅值');
title('含有噪声信号');
axis([0 2000 - 5 5]);
grid on;
subplot(3, 1, 3)
plot(yd);
xlabel('n');
ylabel('幅值');
title('利用全局阈值降噪后信号');
axis([0 2000 - 5 5]);
grid on;
```

全局阈值降噪处理结果如图 9-47 所示。

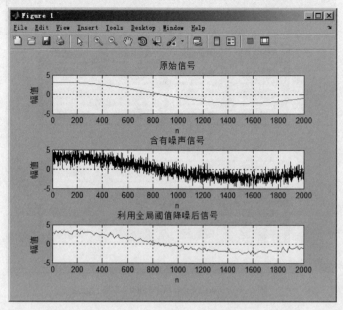

图 9-47　基于 wdencmp 函数全局阈值降噪处理结果

（3）场景三：基于 wdencmp 函数对信号进行分层阈值降噪，实现程序如下。

```
t = 0:0.0001:1;
x = sin(5 * pi * t) + 3 * cos(7 * pi * t);
%% 原始信号 %%
n = randn(size(t));
%% 产生噪声信号 %%
y = x + n;
%% 获得分层阈值程序 %%
[c,l] = wavedec(y,4,'sym4');
[thr1,nkeep] = wdcbm(c,l,4)
%% 利用分层阈值进行降噪 %%
yd = wdencmp('lvd',c,l,'sym4',4,thr1,'s');
subplot(3,1,1)
plot(x,'r');
xlabel('n');
ylabel('幅值');
title('原始信号');
axis([0 2000 - 5 5])
grid on;
subplot(3,1,2)
plot(y,'k');
xlabel('n');
ylabel('幅值');
```

```
title('含有噪声信号');
axis([0 2000 - 5 5]);
grid on;
subplot(3,1,3)
plot(yd);
xlabel('n');
ylabel('幅值');
title('利用全局阈值降噪后信号');
axis([0 2000 - 5 5]);
grid on;
```

分层阈值降噪处理结果如图 9-48 所示。

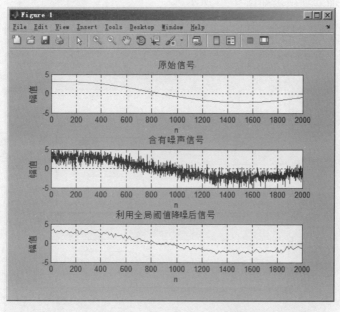

图 9-48　基于 wdencmp 函数分层阈值降噪处理结果

（4）场景四：基于 wdencmp 函数实现信号压缩的程序如下。

```
% Use wdencmp for signal compression.
% Load signal and select a part.
load vonkoch;
indx = 1000:3100;
x = vonkoch(indx);
% Compress using a fixed threshold.
thr = 30;
[xd,cxd,lxd,perf0,perfl2] = wdencmp('gbl',x,'db3',3,thr,'h',1);
subplot(311)
plot(x)
title('原始信号');
grid on;
```

```
subplot(312)
plot(xd)
title('压缩变换 - thr = 30; ');
grid on;
% thr = 30; thr = 40;
thr = 40;
[xd, cxd, lxd, perf0, perfl2] = wdencmp('gbl', x, 'db3', 3, thr, 'h', 1);
subplot(313)
plot(xd)
title('压缩变换 - thr = 40; ');
grid on;
```

部分区间压缩处理结果如图 9-49 所示。

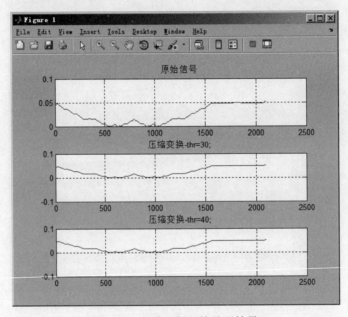

图 9-49　部分区间压缩处理结果

（5）场景五：获取默认值的信号降噪程序如下。

```
load leleccum;
indx = 2000:3000;
x = leleccum(indx);
% Use wdencmp for signal de - noising.
% Find default values (see ddencmp).
[thr, sorh, keepapp] = ddencmp('den', 'wv', x);
% De - noise signal using global thresholding option.
xd = wdencmp('gbl', x, 'db3', 2, thr, sorh, keepapp);
subplot(311)
plot(x)
title('原始信号');
```

```
grid on;
subplot(312)
plot(xd)
title('降噪波形 db3');
grid on;
xd_1 = wdencmp('gbl',x,'db5',2,thr,sorh,keepapp);
subplot(313)
plot(xd_1)
title('降噪波形 db5');
grid on;
```

返回值如图 9-50 所示。

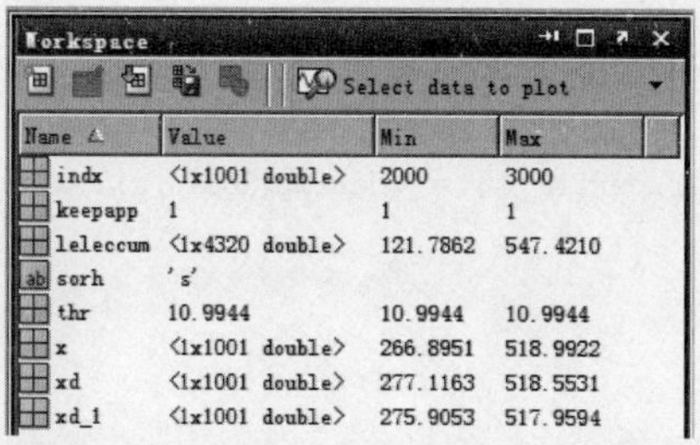

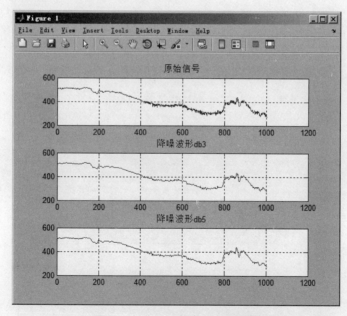

图 9-50　降噪默认返回值结果

默认门限降噪处理结果如图 9-51 所示。

图 9-51　默认门限降噪处理结果

（6）场景六：基于 wdencmp 函数的图像信号压缩程序如下。

```
% Use wdencmp for image compression.
% Load original image.
load woman;
% X contains the loaded image.
x = X(100:200,100:200);
nbc = size(map,1);
% Wavelet decomposition of x.
n = 5;
w = 'sym2';
[c,l] = wavedec2(x,n,w);
% Wavelet coefficients thresholding.
thr = 10;
[xd,cxd,lxd,perf0,perfl2] = wdencmp('gbl',c,l,w,n,thr,'h',1);
thr = 20;
[xd_1,cxd_1,lxd_1,perf0_1,perfl2_1] = wdencmp('gbl',c,l,w,n,thr,'h',1);
colormap(map);
subplot(3,1,1);
image(X);
title('原始信号');
subplot(3,1,2);
image(xd);
title('压缩信号 - thr = 10');
subplot(3,1,3);
image(xd_1);
title('压缩信号 - thr = 20');
```

压缩信号的图像如图 9-52 所示。

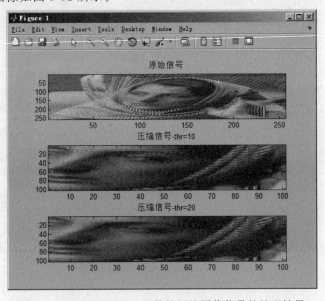

图 9-52　基于 wdencmp 函数的压缩图像信号的处理结果

9.5　小波变换与傅里叶变换比较

对于非平稳信号,不但需要分析出所包括的频率成分,还要了解各个频率成分对应出现的时间,处理信号频率随时间变化的场景,分为各个时刻对应的瞬时频率与幅度值,这要求从时域分析得到。

小波变换和傅里叶变换对降噪性能的比较程序如下:

```
snr = 3;
% 设置信噪比
init = 2055615866;
% 设置随机数初值
[si,xi] = wnoise(1,11,snr,init);
%%%%%%%%%% 产生矩形波信号和含白噪声信号
figure(1)
subplot(311);
plot(si);
axis([1 2048 - 15 15]);
title('原始信号');
grid on;
subplot(312);
plot(xi);
axis([1 2048 - 15 15]);
title('噪声叠加信号');
grid on;
%% FFT 计算
ssi = fft(si);
ssi = abs(ssi);
xxi = fft(xi);
absx = abs(xxi);
subplot(313);
plot(ssi);
title('原始信号的频谱 - FFT');
grid on;
%%%%%%%%%% 噪声叠加后的信号频谱
figure(2)
subplot(311);
plot(absx);
title('含噪信号的频谱 - FFT');
grid on;
% 进行低通滤波
```

```
indd2 = 200:1800;
xxi(indd2) = zeros(size(indd2));
xden = ifft(xxi);
% 进行傅里叶反变换
xden = real(xden);
xden = abs(xden);
%%%%%%%%%% 小波分析
lev = 5;
xd = wden(xi,'heursure','s','one',lev,'sym8');
subplot(312);
plot(xd);
axis([1 2048 - 15 15]);
title('小波降噪后的信号');
grid on;
subplot(313);
plot(xden);
axis([1 2048 - 15 15]);
title('傅里叶分析消噪后的信号');
grid on;
```

FFT 频谱分析如图 9-53 所示。

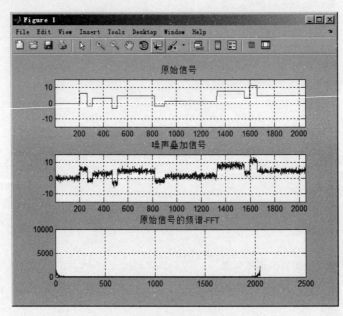

图 9-53　FFT 频谱分析

小波变换与 FFT 频谱分析比较如图 9-54 所示。

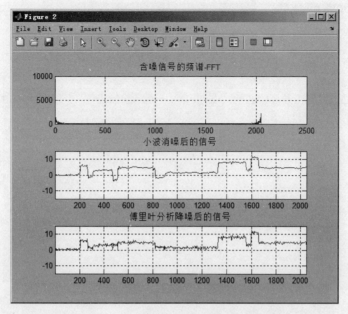

图 9-54　小波变换与 FFT 频谱分析比较

9.6　小波工具箱应用

小波工具箱（Wavelet Toolbox）包含了图像化的工具和命令行函数,它可以实现如下功能:

（1）测试、探索小波和小波包的特性。

（2）测试信号的统计特性和信号的组分。

（3）对一维信号执行连续小波变换。

（4）对一维、二维信号执行离散小波分析和综合。

（5）对一维、二维信号执行小波包分解。

（6）对信号或图像进行压缩、去噪。

在展示数据方面,可以实现如下功能:

（1）显示目标信号。

（2）放大感兴趣的区域。

（3）通过配色设计来显示小波系数细节。

（4）通过工具箱可以方便地导入、导出信息到磁盘或 MATLAB 工作空间。

在 MATLAB 主界面,命令行输入 wavemenu,进入小波包分析主界面,如图 9-55 所示。参数功能界面如图 9-56 所示。

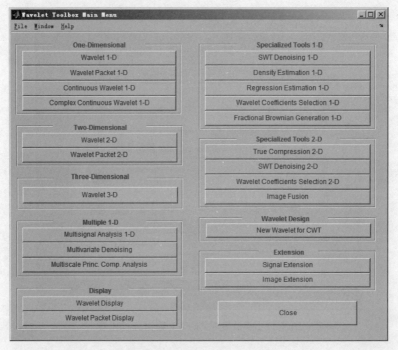

图 9-55　小波分析主界面

图 9-56　参数功能界面

9.6.1　基于小波工具箱的一维小波包分析

选择一维小波包分析 Wavelet Packet 1-D，进入一维小波包分析界面，如图 9-57 所示。

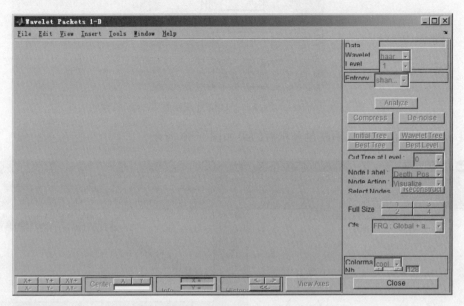

图 9-57　Wavelet Packet 1-D 小波分析

选择 File-load-Signal 命令，选择文件 toolbox-wavelet-wavedemo-wnoislop. mat，将 wnoislop 信号加载到一维小波包分析主界面，如图 9-58 所示。

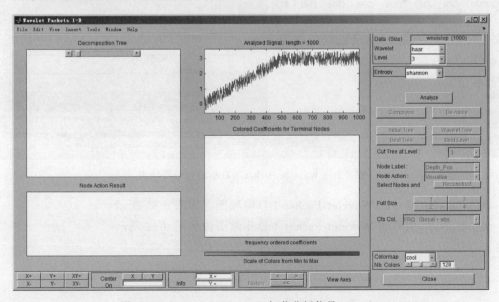

图 9-58　Wavelet Packet 1-D 加载分析信号 wnoislop

小波包的小波基函数和分解层数以及熵值选择如图 9-59 所示。

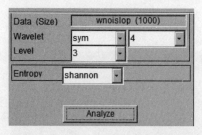

图 9-59 Wavelet Packet 1-D 信号基函数和分解层数

将 wnoislop 信号进行小波包分析后结果如图 9-60 所示。

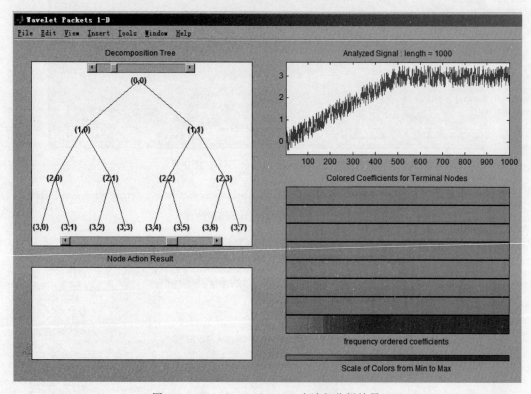

图 9-60 Wavelet Packet 1-D 小波包分析结果

对 wnoislop 信号的 Wavelet Packet 1-D 降噪图像如图 9-61 所示。

对 wnoislop 信号的 Wavelet Packet 1-D 压缩图像如图 9-62 所示。

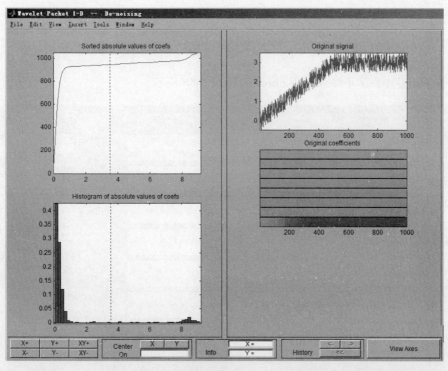

图 9-61　wnoislop 的小波包降噪

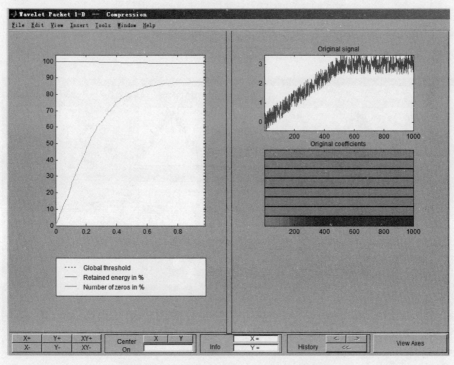

图 9-62　wnoislop 信号的小波包压缩图像

9.6.2 基于小波工具箱的 Wavelet 1-D 分析

选择 Wavelet 1-D 并加载信号 noissin，如图 9-63 所示。

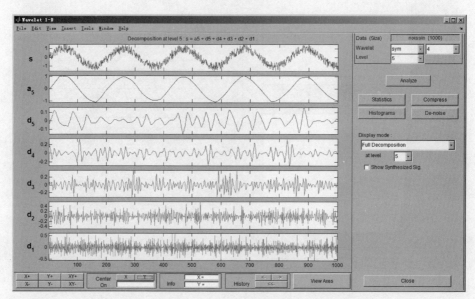

图 9-63　Wavelet 1-D 分析信号 noissin 的结果

Display mode(显示模式)支持多种模式选择，具体介绍如下。

（1）Show and Scroll 模式，分析结果如图 9-64 所示。

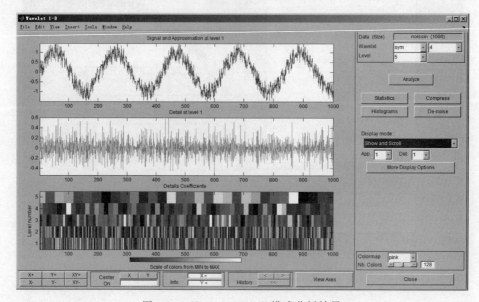

图 9-64　Show and Scroll 模式分析结果

（2）Full Decomposition 模式，分析结果如图 9-65 所示。

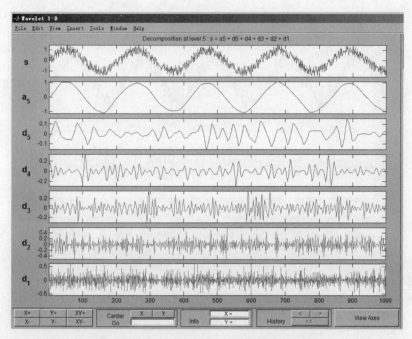

图 9-65　Full Decomposition 模式分析结果

（3）Separate Mode 模式，分析结果如图 9-66 所示。

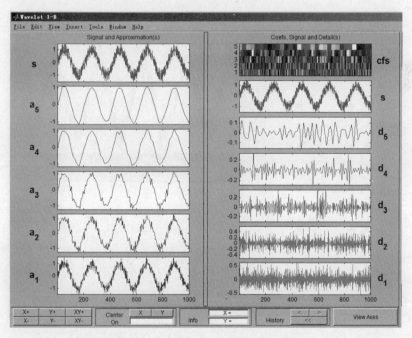

图 9-66　Separate Mode 模式分析结果

（4）Superimpose Mode 模式，分析结果如图 9-67 所示。

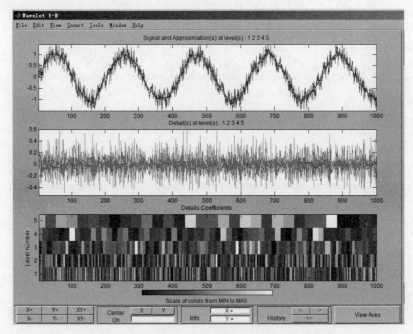

图 9-67　Superimpose Mode 模式分析结果

（5）Tree Mode 模式，分析结果如图 9-68 所示。

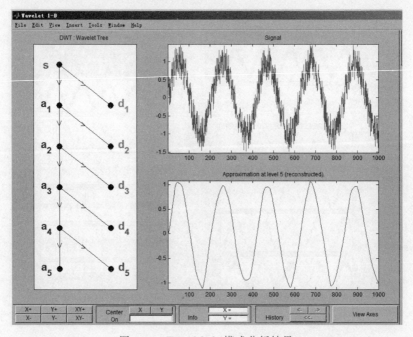

图 9-68　Tree Mode 模式分析结果

分析数据导出可使用 Export to Workspace 命令,结果如图 9-69 所示。

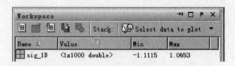

图 9-69 分析数据导出为 sig_1D

9.7 本章小结

    本章详细介绍了小波分析的相关概念以及 MATLAB 实现,小波分析是当前应用数学和工程学科中一个迅速发展的领域,与傅里叶变换相比,小波变换是空间(时间)和频率的局部变换,因而能有效地从信号中提取关键信息。通过伸缩和平移等运算功能,可对函数或信号进行多尺度的细化分析,解决了傅里叶变换的许多问题。小波变换联系了应用数学、物理学、计算机科学、信号与信息处理、图像处理和地震勘探等多个学科。小波分析结合了泛函分析、傅里叶分析、样条分析和数值分析;同时,小波分析是时间-尺度分析和多分辨分析的一种技术,应用领域包括信号分析、语音合成、图像识别、计算机视觉、数据压缩、地震勘探及大气与海洋波分析等。

第10章 语音信号处理与MATLAB实现

语音信号处理,是用数字信号处理技术对语音信号进行处理的一门学科。语音信号均采用数字方式进行处理,语音信号的数字表示可分为两类,分别为波形表示和参数表示。波形表示通过采样和量化保存模拟信号的波形;而参数表示将语音信号表示为某种语音产生模型的输出,是对数字化语音进行分析和处理后得到的结果。

语音是由发声器官在大脑的控制下产生的生理运动,发音器官包括肺、气管、喉(包括声带)、咽、鼻和口等,这些器官共同形成一条形状复杂的管道,其中,喉以上的部分为声道,它随发出声音的不同形状而变化;喉的部分称为声门。发声器官中,肺和器官是整个系统的能源,喉是主要的声音产生机构,而声道则对生成的声音进行调制。

产生语音的能量,来源于正常呼吸时肺部呼出的稳定气流,喉部的声带既是阀门又是振动部件。声带间的部位为声门,说话时,声门处气流冲击声带产生振动,然后通过声道响应变成语音,发不同音时声道形状不同,所以能听到不同的声音,喉部的声带对发音影响很大,其为语音提供主要的激励源,声带振动产生声音,声带开启和闭合使气流形成一系列脉冲,每开启和闭合一次的时间即振动周期,称为基音周期,其倒数为基因频率,简称基频。

语音由声带振动或不经声带振动而产生,其中由声带振动产生的称为浊音,不由声带振动产生的称为清音。对于浊音、清音和爆破音,其激励源不同,浊音是位于声门处的准周期麦种序列,清音是位于声道的某个收缩区的空气湍流,爆破音是发音器官在口腔中形成阻碍,然后气流冲破阻碍而发出的。

当激励频率等于振动物体固有的频率时,便以最大振幅来振荡,在该频率上,传递函数有极大值,这种现象称为共振,一个共振体可能存在多个相应强度不同的共振频率。声道是分布参数系统,可以看作是谐振腔,有很多谐振频率。谐振频率由每一瞬间的声道外形决定。这些谐振频率称为共振峰频率(共振峰),是声道的重要声学特性,这个线性系统的特征频率特性称为共振峰特性,决定了信号的频谱的包络。为了得到高质量的语音,需采用尽可能多的共振峰。

汉语的特点是音素少,音节少,大约有 64 个音素,400 个左右的音节,即 400 个左右的基本发音,考虑每个音节有 5 种音调,即有 1200 多个不同的发音。元音属于浊音,脉冲间隔为基音周期,其作用于声道,得到的语音信号是基音与声道冲激响应的卷积,基音的频谱是间隔为基频的脉冲序列的频谱与声门波频谱的乘积。语音信号可看作遍历随机过程,其统计特性可用信号幅度的概率密度及统计量(均值和自相关函数)来描述,其幅度分布有两种近似的形式,分别为修正 Gamma 分布和 Laplacian 分布。

根据语音的产生机理,语音信号是时变过程,因此需要一些合理的假设,使得在较短的时间间隔内表示语音信号时,可采用线性时不变模型,在语音信号经典模型中,语音信号被看作线性时不变系统在随机噪声或准周期脉冲序列下的输出,这一模型用数字滤波器原理进行公式化以后,作为语音处理技术的基础。基于简化模型,假设声道是由半径不同的无损声管级联得到的,得到级联无损声管模型的传输函数,该传输函数为全极点函数,只是对鼻音和摩擦音需加入一些零点,但由于任何零点可用多极点逼近,因此可用全极点模型模拟声道,另一方面,比较级联无损声管与全极点数字滤波器的性质,用数字滤波器模拟声道特性是一种常用的方法。语音信号产生的模型如图 10-1 所示。

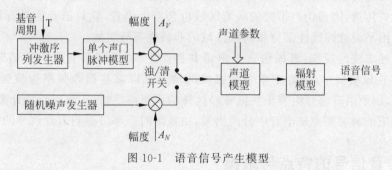

图 10-1　语音信号产生模型

10.1　语音信号模型

发浊音时,声门脉冲波类似于斜三角形脉冲,因而激励信号为以基音周期为周期的斜三角脉冲。声道模型有两种,一是将其视为有多个不同截面积的声管级联而成(声管模型),看作四端网络,具有反射系数,这些系数与 LPC 参数间有唯一的对应关系,声道可由一组截面积或一组反射系数表示;二是将其视为一个谐振腔(共振峰模型),全极点函数的共振峰用自回归(AR)模型近似。

声道终端为口和唇,声道模型输出为速度波,语音信号为声压波,二者比值称为辐射阻抗,用来表征口和唇的辐射效应,也包括头部的绕射效应。辐射在高频端较显著,在低频段影响较小,因而辐射模型为一阶高通滤波器形式。语音信号模型中,如不考虑周期冲击脉冲串模型,则斜三角波模型为二阶低通,辐射模型为一阶高通,因而实际信号分析中常采用预加重技术,即对信号取样后插入一阶高通滤波器,从而只剩下声道部分,便于对声道参数进行分析。

包括激励模型、声道模型和辐射模型的语音信号数字模型如图 10-2 所示。

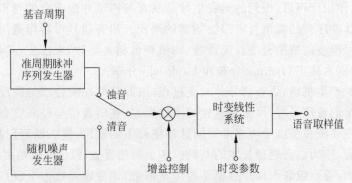

图 10-2　语音信号数字模型

在非线性模型的分析中,声道中传播的气流不总是平面波,有时分离,有时附着在声道壁上。气流通过真正的声带和伪声带间的腔体时会存在涡流,经过伪声带后的气流又重新以平面波形式传播,因而伪声带处的涡流区域也会产生语音,且对语音信号有调制作用,所以语音信号由平面波的线性部分和涡流区域的非线性部分组成。

基于上述非线性现象,考虑语音由声道共振产生,可得到语音产生的调频-调幅(FM-AM)模型。在该模型中,语音中单个共振峰的输出是以该共振峰频率为载频进行 FM 和 AM 的结果,因而语音信号由若干共振峰经这样的调制再叠加,从而用能量分离算法将与每个共振峰对应的瞬时频率从语音中分离出来,由该瞬时频率可得到语音信号的特征。

10.2　语音信号的特点与采集

语音信号的特点分为时域和频域两方面,其特征是随着时间而变化,但在一段较短的时间间隔内,语音信号保持平稳。使用 wavread 函数读取一个 wav 格式文件,将采样数据返回到 Y,调用格式如下:

```
y = wavread(filename)
[y, Fs] = wavread(filename)
[y, Fs, nbits] = wavread(filename)
[y, Fs, nbits, opts] = wavread(filename)
[...] = wavread(filename, N)
[...] = wavread(filename, [N1 N2])
[...] = wavread(..., fmt)
siz = wavread(filename,'size')
```

其功能有如下 3 个:

(1) 返回采样频率到 fs。

（2）返回前 N 个采样点。

（3）返回 N1 到 N2 的采样点。

MATLAB 示例程序如下：

```
% Create WAV file in current folder
load handel.mat
hfile = 'handel.wav';
wavwrite(y, Fs, hfile)
clear y Fs
% Read the data back into MATLAB, and listen to audio.
[y, Fs, nbits, readinfo] = wavread(hfile);
sound(y, Fs);
% Pause before next read and playback operation.
duration = numel(y) / Fs;
pause(duration + 2)
% Read and play only the first 2 seconds.
nsamples = 2 * Fs;
[y2, Fs] = wavread(hfile, nsamples);
sound(y2, Fs);
pause(4)
% Read and play the middle third of the file.
sizeinfo = wavread(hfile, 'size');
tot_samples = sizeinfo(1);
startpos = tot_samples / 3;
endpos = 2 * startpos;
[y3, Fs] = wavread(hfile, [startpos endpos]);
sound(y3, Fs);
subplot(311)
plot(y)
title('y 信号 - handel.mat');
grid on;
subplot(312)
plot(y2)
title('y2 信号 - 前 2 秒采样信号');
grid on;
subplot(313)
plot(y3)
title('y3 信号');
grid on;
```

变量读出的结果如图 10-3 所示。

程序运行结果如图 10-4 所示。

对载入的语音信号的频谱分析，实现程序如下：

```
% 语音信号时域频域显示 %
[y,Fs,bits] = wavread('wavgeshi.wav');
% 读出信号、采样率和采样位数
```

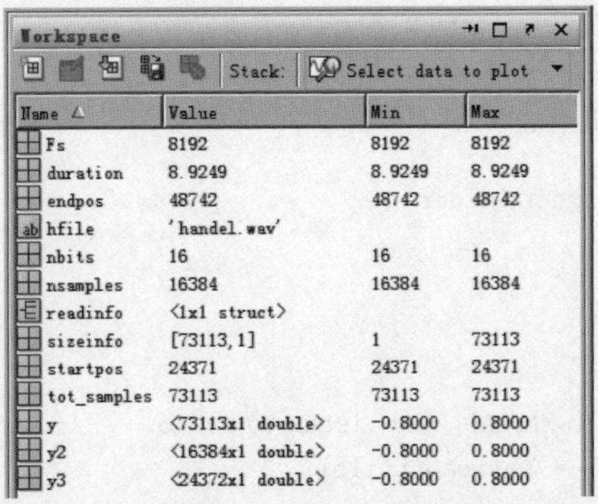

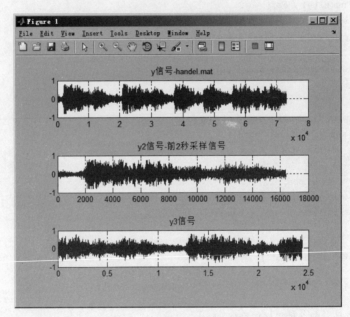

图 10-3 变量存储值

图 10-4 按指令输出的波形

```matlab
y = y(:,1);
% 取单声道
sigLength = length(y);
Y = fft(y,sigLength);
Pyy = Y. * conj(Y) / sigLength;
halflength = floor(sigLength/2);
f = Fs * (0:halflength)/sigLength;
%%%%%%%%%%%%% 频域图和时域图
subplot(311)
t = (0:sigLength - 1)/Fs;
plot(t,y);
xlabel('Time(s)');
```

```
grid on;
subplot(312)
plot(f,Pyy(1:halflength + 1));
xlabel('Frequency(Hz)');
axis([0 15000 0 13]);
grid on;
subplot(313)
plot(f,Pyy(1:halflength + 1));
xlabel('Frequency(Hz) − high');
axis([7000 10000 0 0.7]);
grid on;
```

程序运行结果如图 10-5 所示。

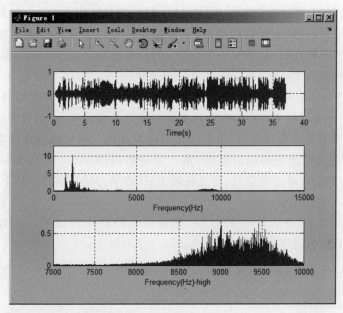

图 10-5　语音信号频谱分析

10.3　短时傅里叶变换的频谱分析

使用短时傅里叶变换,基于 spectrogram 函数得到信号的频谱图,调用格式如下:

S = spectrogram(x)

S = spectrogram(x, window)

S = spectrogram(x, window, noverlap)

S = spectrogram(x, window, noverlap, nfft)

S = spectrogram(x, window, noverlap, nfft, fs)

[S, F, T] = spectrogram(x, window, noverlap, F)

[S, F, T] = spectrogram(x, window, noverlap, F, fs)

```
[S,F,T,P] = spectrogram(...)
spectrogram(...)
```

当无输出参数时,会自动绘制频谱图;有输出参数时,则会返回输入信号的短时傅里叶变换,也可以从函数的返回值 S、F、T、P 绘制频谱图,x 为输入信号的向量,默认情况下,即没有后续输入参数,x 将被分成 8 段分别做变换处理,如果 x 不能被平分成 8 段,则会做截断处理;默认情况下,window 的窗函数默认为 nfft 长度的汉明窗;noverlap 为每段的重叠样本数,默认值是在各段之间产生 50% 的重叠;nfft 为 FFT 变换的长度,默认为 256 和大于每段长度的最小 2 次幂之间的最大值,此参数除了使用一个常量外,还可以指定一个频率向量 F;fs 为采样频率,默认值为归一化频率,指定为[ ],即 1Hz。

如果 window 为一个整数,x 将被分成 window 段,每段使用汉明窗函数加窗。如果 window 是一个向量,x 将被分成 length(window)段,每段使用 window 向量指定的窗函数加窗。如果想获取 specgram 函数的功能,只需指定一个 256 长度的汉宁窗函数。overlap 是各段之间重叠的采样点数,必须为一个小于 window 或 length(window)的整数,表示为两个相邻窗不是尾接着头的,而是两个窗有重叠的部分。

S 为输入信号 x 的短时傅里叶变换,它的每列包含一个短期局部时间的频率成分估计,时间沿列增加,频率沿行增加。F 为在输入变量中使用 F 频率向量,函数使用 Goertzel 方法计算在 F 指定的频率处计算频谱图,指定的频率被四舍五入到与信号分辨率相关的最近的 DFT 容器中。T 为频谱图计算的时刻点,值为所分各段的中点。P 为能量谱密度(Power Spectral Density,PSD),对于实信号,P 是各段 PSD 的单边周期估计;对于复信号,当指定 F 频率向量时,P 为双边 PSD。

计算并显示二次扫频信号的 PSD 图,扫频信号的频率开始于 100Hz,在 1s 时经过 200Hz,MATLAB 示例程序如下:

```
%%%% 扫频信号的频率开始于 100Hz,在 1s 时经过 200Hz
T = 0:0.001:2;
X = chirp(T,100,1,200,'q');
subplot(211)
spectrogram(X,128,120,128,1E3);
title('Quadratic Chirp');
%%%% 扫频信号由直流开始,在 1s 时经过 150Hz,控制频率轴显示在 y 轴上
X2 = chirp(T,0,1,150);
[S2,F2,T2,P2] = spectrogram(X2,256,250,256,1E3);
subplot(212)
surf(T2,F2,10 * log10(P2),'edgecolor','none');
axis tight;
view(0,90);
xlabel('Time (Seconds)');
ylabel('Hz');
title('线性扫频信号的 PSD 图');
```

扫频信号的 PSD 图如图 10-6 所示。

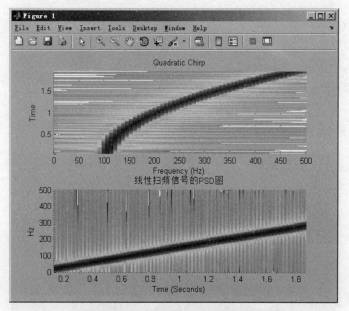

图 10-6　扫频信号的 PSD 图

10.4　语音信号压缩与去噪处理

使用 wdencmp 函数对语音信号实现压缩处理，程序如下：

```
% 语音信号的读入
sound = wavread('wavgeshi.wav');
% 用小波函数 haar 对信号进行 3 层分解
[C, L] = wavedec(sound, 3, 'haar');
alpha = 2.5;
% 获取信号压缩的阈值
[thr, nkeep] = wdcbm(C, L, alpha);
% 对信号进行压缩
[cp, cxd, lxd, per1, per2] = wdencmp('lvd', C, L, 'haar', 3, thr, 's');
subplot(3, 1, 1);
plot(sound);
title('原始语音信号');
grid on;
subplot(3, 1, 2);
plot(cp);
title('压缩后的语音信号');
grid on;
%%%%% alpha = 4.5;
alpha_1 = 2.5;
% 获取信号压缩的阈值
```

```
[thr_1,nkeep_1] = wdcbm(C,L,alpha_1);
% 对信号进行压缩
[cp_1,cxd_1,lxd_1,per1_1,per2_1] = wdencmp('lvd',C,L,'sym4',3,thr_1,'s');
subplot(3,1,3);
plot(cp_1);
title('压缩后的语音信号 - sym4');
grid on;
```

处理后的波形如图 10-7 所示。

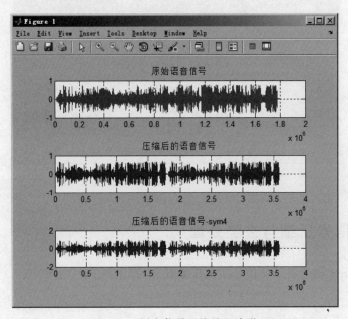

图 10-7　语音信号压缩处理波形

对叠加噪声的语音信号进行降噪并估计其性能,实现程序如下:

```
% 在噪声环境下语音信号的增强
sound = wavread('wavgeshi.wav');    % 语音信号的读入
sound_1 = sound(:,1);
cound = length(sound_1);
noise = 0.1 * randn(1,cound);
%%%% 噪声产生并叠加
y = sound_1' + noise;
% 用小波函数 db6 对信号进行分解
[C,L] = wavedec(y,4,'db6');
% 估计尺度 1 的噪声标准偏差
sigma = wnoisest(C,L,1);
alpha = 2;
% 获取消噪过程中的阈值
thr = wbmpen(C,L,sigma,alpha);
keepapp = 1;
```

```
%  对信号进行降噪
yd = wdencmp('gbl',C,L,'db6',3,thr,'s',keepapp);
subplot(3,1,1);
plot(sound);
title('原始语音信号');
grid on;
subplot(3,1,2);
plot(y);
title('输入语音信号');
grid on;
subplot(3,1,3);
plot(yd);
title('降噪后的语音信号');
grid on;
```

降噪波形如图 10-8 所示。

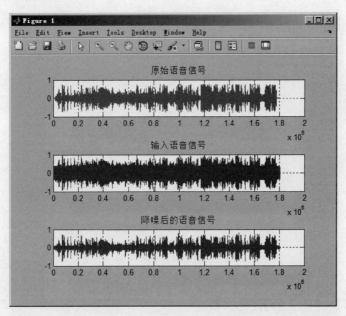

图 10-8　语音信号降噪波形

噪声场景下的语音信号增强程序如下：

```
%  在噪声环境下语音信号的增强
sound = wavread('wavgeshi.wav');
% 语音信号的读入
sound_1 = sound(:,1);
cound = length(sound_1);
noise = 0.1 * randn(1,cound);
%%%% 噪声产生并叠加
y = sound_1' + noise;
```

```
%  获取消噪过程中的阈值
[thr,sorh,keepapp] = ddencmp('den','wv',y);
%  对信号进行降噪
yd = wdencmp('gbl',y,'db4',2,thr,sorh,keepapp);
subplot(3,1,1);
plot(sound);
title('原始语音信号');
grid on;
subplot(3,1,2);
plot(y);
title('输入语音信号');
grid on;
subplot(3,1,3);
plot(yd);
title('降噪后的语音信号');
grid on;
```

语音信号增强波形如图 10-9 所示。

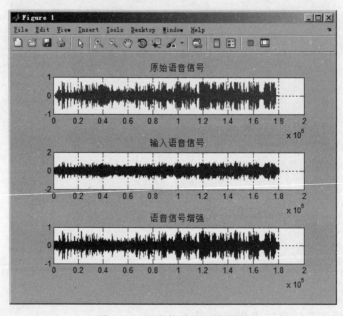

图 10-9 语音信号增强波形图

10.5 本章小结

本章介绍了语音信号处理中的模型搭建与仿真,包括语音信号的产生及特点、信号的采集和频谱分析以及利用小波分析对语音信号进行处理,涵盖了语音信号处理常用的函数调用方法。

第 **11** 章 数字图像信号去噪处理与 MATLAB 实现

数字图像是用工业相机、摄像机、扫描仪等设备经过拍摄得到的二维数组,该数组的元素称为像素,其值称为灰度值。图像处理技术包括图像压缩,增强和复原,以及匹配、描述和识别。人的视觉系统可以帮助人类从外界获取 75% 以上的信息,而图像、图形又是所有视觉信息的载体,尽管人眼的鉴别力很高,可以识别上千种颜色,但很多情况下,图像对于人眼来说是模糊的甚至是不可见的,通过图像增强技术,可以使模糊甚至不可见的图像变得清晰。按照颜色和灰度的多少可以将图像分为二值图像、灰度图像、索引图像和真彩色 RGB 图像 4 种基本类型。图像分析包含以下 6 个方面。

(1) 图像变换:由于图像阵列很大,直接在空间域中进行处理,涉及计算量很大。因此,采用各种图像变换的方法,如傅里叶变换、沃尔什变换、离散余弦变换等间接处理技术,将空间域的处理转换为变换域处理,不仅可减少计算量,而且可获得更有效的处理(如傅里叶变换可在频域中进行数字滤波处理)。目前,新兴的小波变换在时域和频域中都具有良好的局部化特性,它在图像处理中也有着广泛而有效的应用。

(2) 图像编码压缩:图像编码压缩技术可减少描述图像的数据量,以便节省图像传输、处理时间,并减少所占用的存储器容量。压缩可以在不失真的前提下获得,也可以在允许的失真条件下进行。编码是压缩技术中最重要的方法,它在图像处理技术中是发展最早且比较成熟的技术。

(3) 图像增强和复原:图像增强和复原的目的是为了提高图像的质量,如去除噪声、提高图像的清晰度等。图像增强不考虑图像降质的原因,突出图像中感兴趣的部分,例如,强化图像高频分量,可使图像中物体轮廓清晰,细节明显;强化低频分量,可减少图像中噪声影响。图像复原应根据降质过程建立"降质模型",再采用某种滤波方法,恢复或重建原来的图像。

(4) 图像分割:图像分割是数字图像处理中的关键技术之一。图像分割是将图像中有意义的特征部分提取出来,如图像中的边缘、区域等,这是进一步进行图像识别、分析和理解的基础。

(5) 图像描述：图像描述是图像识别和理解的必要前提。作为最简单的二值图像可采用其几何特性描述物体的特性，一般图像的描述方法采用二维形状描述，它有边界描述和区域描述两类方法。对于特殊的纹理图像可采用二维纹理特征描述。随着图像处理研究的深入发展，已经开始进行三维物体描述的研究，提出了体积描述、表面描述和广义圆柱体描述等方法。

(6) 图像分类(识别)：图像分类(识别)属于模式识别的范畴，其主要内容是图像经过某些预处理(增强、复原、压缩)后，进行图像分割和特征提取，从而进行判决分类。图像分类常采用经典的模式识别方法，有统计模式分类和句法(结构)模式分类，包括模糊模式识别和人工神经网络模式识别。

图像分析是从图像中抽取某些有用的度量、数据或信息，图像分析的基本步骤是把图像分割成一些互不重叠的区域，每个区域是像素的一个连续集，度量它们的性质和关系，最后把得到的图像关系结构和描述景物分类的模型进行比较，以确定其类型。识别或分类的基础是图像的相似度。相似度可用区域特征空间中的距离来定义，除此之外，基于像素值的相似度量是图像函数的相关性，在关系结构上的相似度称为结构相似度。

11.1 图像导入的基本 MATLAB 函数

在图像的读取部分主要介绍图像在工作空间的数据读取和展示，提高对比度以及直方图显示。指令如下：

```
I = imread('pout.tif');
figure
imshow(I)
%% 读取和展示图像
whos I
figure
imhist(I)
%%%%%%%%%%%%%%
I2 = histeq(I);
figure
imshow(I2)
figure
imhist(I2)
%% 直方图 - 直方图均衡
```

读取和展示图像如图 11-1 所示。

提高对比度的图像如图 11-2 所示。

直方图及直方图均衡显示如图 11-3 所示。

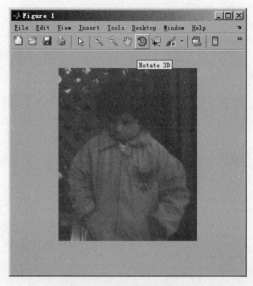

图 11-1　图像读取与展示

图 11-2　提高对比度的图像

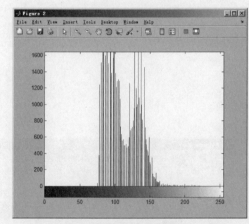

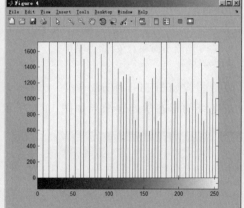

图 11-3　直方图及直方图均衡显示

11.2　图像增强及 MATLAB 分析

图像增强是增强图像中的有用信息,它可以是一个失真的过程,其目的是改善图像的视觉效果,针对给定图像的应用场合,有目的地强调图像的整体或局部特性,将原来不清晰的图像变得清晰或强调某些感兴趣的特征,扩大图像中不同物体特征之间的差别,抑制不感兴趣的特征,使之改善图像质量、丰富信息量,加强图像判读和识别效果,满足某些特殊分析的需要。

图像增强分析的实现程序如下：

```
%%%%% 读取图像到工作空间
I = imread('rice.png');
imshow(I)
%%%%% 形态学处理：开操作,删除米粒(灰度级的形态学)
background = imopen(I,strel('disk',15));
figure
imshow(background)
%%%%% 背景分布展示
figure
surf(double(background(1:8:end,1:8:end))),zlim([0 255]);
set(gca,'ydir','reverse');
%%%%% 剪掉背景
I2 = I - background;
figure
imshow(I2)
%%%%% 增强对比度显示
figure
I3 = imadjust(I2);
imshow(I3);
%%%%% 获得二值图像
level = graythresh(I3);
%%%%% 自动获得最佳阈值
figure
bw = im2bw(I3,level);
bw = bwareaopen(bw, 50);
%%%%% 删除小面积对象,除去噪声
imshow(bw)
```

原始图像如图 11-4 所示。

灰度级的形态学处理结果如图 11-5 所示。

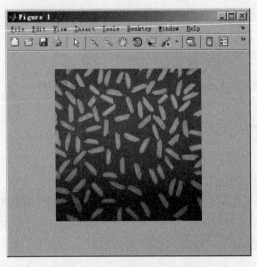

图 11-4　待增强的目标图像

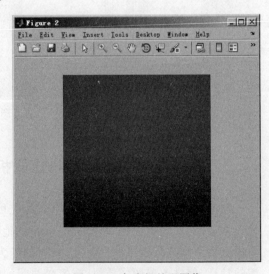

图 11-5　灰度级处理图像

背景分布参数显示如图 11-6 所示。

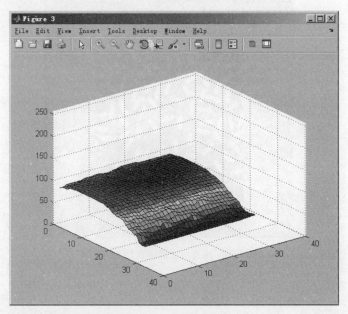

图 11-6　背景分布参数显示

剪掉背景的图像如图 11-7 所示。

增强对比度的图像如图 11-8 所示。

图 11-7　剪掉背景图像

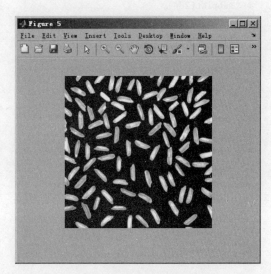

图 11-8　增强对比度图像

获得二值图像如图 11-9 所示。

由均衡化后的直方图得到均衡后的图像，实现程序如下：

图 11-9　二值图像结果

```
%%%%%%%%% 灰度
P = imread('brother.jpg');
I = rgb2gray(P);
subplot(231);
imshow(I,[]);
title('原始图像 1');
subplot(234);
imhist(I);
title('直方图 1');
grid on;
%%%%% 由原始图像得到的直方图
J = imadjust(I,[0.15 0.9],[0 1]);
subplot(232);
imshow(J);
title('直方图 1->图像 2');
%%%%%%%%% 由新直方图得到的新图像
subplot(235);
imhist(J);
title('直方图 2');
grid on;
%%%%%% 利用 imadjust 调节后的新直方图 2
K = histeq(I);
subplot(233);
imshow(K);
title('直方图 2 - >图像 3');
%%%%%% 由均衡化后的直方图得到的均衡后的图像
subplot(236);
imhist(K);
```

```
title('直方图 3');
grid on;
%%%%% 均衡化后的直方图
```

灰度处理后的图像及直方图如图 11-10 所示。

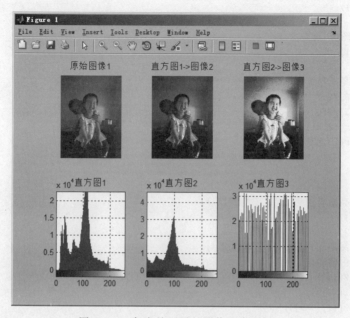

图 11-10　灰度处理后的图像及直方图

图像平滑处理程序如下：

```
%%%%%%%% 平滑
P = imread('brother.jpg');
I = rgb2gray(P);
subplot(121);
imshow(I);
title('原始图像');
I1 = imnoise(I,'salt & pepper');
subplot(122);
imshow(I1);
title('加入椒盐噪声后的图像');
h1 = ones(3,3)/9;
h2 = ones(5,5)/25;
K1 = imfilter(I1,h1);
K2 = imfilter(I1,h2);
%%%%%%%%% 滤波输出
figure
subplot(121),
imshow(K1,[]),
title('加入椒盐噪声后 3 * 3 平均滤波');
subplot(122),
```

```
imshow(K2,[]),
title('加入椒盐噪声后 5 * 5 平均滤波');
%%%%%%%%% gaussian 噪声污染
I2 = imnoise(I,'gaussian',0,0.005);
figure;
subplot(121);
imshow(I);
title('原始图像');
subplot(122);
imshow(I2);
title('加入高斯噪声后的图像');
h1 = ones(3,3)/9;
h2 = ones(5,5)/25;
K1 = imfilter(I2,h1);
K2 = imfilter(I2,h2);
figure
subplot(121),
imshow(K1,[]),
title('加入高斯噪声后 3 * 3 平均滤波');
subplot(122),
imshow(K2,[]),
title('加入高斯噪声后 5 * 5 平均滤波');
%%%%%%%%% 中值滤波
J1 = medfilt2(I1);
J3 = medfilt2(I2);
J2 = medfilt2(I1,[5 5]);
J4 = medfilt2(I2,[5 5]);
figure;
subplot(121),
imshow(J1),
title('加入椒盐噪声后 3 * 3 窗口中值滤波');
subplot(122),
imshow(J3),
title('加入椒盐噪声后 5 * 5 窗口中值滤波');
figure;
subplot(121),
imshow(J2),
title('加入高斯噪声后 3 * 3 窗口中值滤波');
subplot(122),
imshow(J4),
title('加入高斯噪声后 5 * 5 窗口中值平均滤波');
%%%%%%%%% 乘性噪声污染
I3 = imnoise(I,'speckle',0.08);
figure
subplot(121);
imshow(I);
title('原始图像');
subplot(122);
imshow(I3);
title('加入乘性噪声后的图像');
```

```
K1 = imfilter(I3,h1);
K2 = imfilter(I3,h2);
figure
subplot(121),
imshow(K1,[]),
title('加入乘性噪声后 3 * 3 平均滤波');
subplot(122),
imshow(K2,[]),
title('加入乘性噪声后 5 * 5 平均滤波');
```

加入椒盐噪声污染的结果如图 11-11 所示。

图 11-11　加入椒盐噪声后的图像

椒盐噪声平均滤波效果如图 11-12 所示。

图 11-12　椒盐噪声平均滤波效果

高斯噪声污染的结果如图 11-13 所示。

图 11-13　加入高斯噪声后的图像

高斯噪声平均滤波效果如图 11-14 所示。

图 11-14　高斯噪声平均滤波效果

加入椒盐噪声后中值滤波效果如图 11-15 所示。

加入高斯噪声后中值滤波效果如图 11-16 所示。

加入乘性噪声污染的结果如图 11-17 所示。

加入乘性噪声平均滤波效果如图 11-18 所示。

图 11-15   椒盐噪声中值滤波效果

图 11-16   高斯噪声中值滤波效果

图像锐化处理程序如下：

```
%%%%%%%%% 锐化
P = imread('brother.jpg');
I = rgb2gray(P);
subplot(121);
imshow(I,[]);
title('原始图像');
K = histeq(I);
subplot(122);
imshow(K);
```

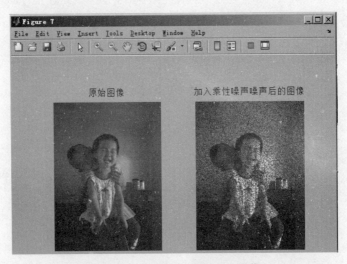

图 11-17　加入乘性噪声后的图像

图 11-18　乘性噪声平均滤波效果

```
title('由均衡化后的直方图得到的均衡后的图像');
%%%%%% 直方图
figure
subplot(211);
imhist(I)
title('图像直方图');
subplot(212);
imhist(K)
title('均衡后的图像直方图');
%%%%%% 边缘计算
figure
```

```
BW = edge(K,'roberts',0.1);
subplot(121);
imshow(BW);
title('均衡后的图像梯度锐化 - 0.1');
BW_1 = edge(K,'roberts',0.2);
subplot(122);
imshow(BW_1);
title('均衡后的图像梯度锐化 - 0.2');
%%%%%%J = imfilter(I,h);
figure
h = [0 - 1 0; - 1 4 - 1;0 - 1 0];
J = imfilter(I,h);
subplot(121);
imshow(J);
title('均衡后的图像拉普拉斯锐化');
% 创建滤波器
h_1 = fspecial('motion', 20, 45);
J_1 = imfilter(I,h_1);
subplot(122);
imshow(J_1);
title('fspecial - motion - 图像锐化');
```

均衡后的图像如图 11-19 所示。

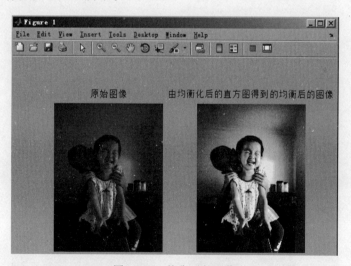

图 11-19　均衡后的图像

均衡图像对应的直方图如图 11-20 所示。

边缘计算结果如图 11-21 所示。

图像锐化结果如图 11-22 所示。

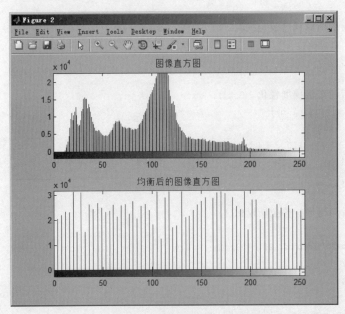

图 11-20　均衡图像对应的直方图

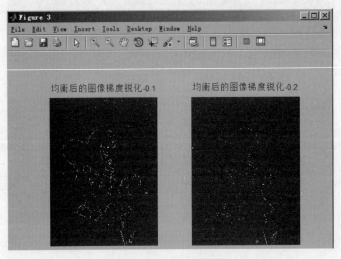

图 11-21　边缘计算结果

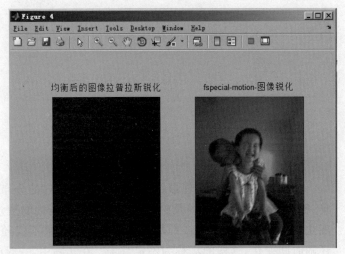

图 11-22　图像锐化结果

11.3　本章小结

本章介绍了数字图像处理的相关技术,从图像中抽取某些有用的度量、数据或信息,目的是得到某种数值结果。图像分析的内容和模式识别、人工智能的研究领域有交叉,但图像分析与典型的模式识别有所区别。图像分析不限于把图像中的特定区域按固定数目的类别加以分类,它主要是提供关于被分析图像的一种描述。为此,既要利用模式识别技术,又要利用关于图像内容的知识库,即人工智能中关于知识表达方面的内容。图像分析需要用图像分割方法抽取出图像的特征,然后对图像进行符号化的描述,这种描述不仅能对图像中是否存在某一特定对象做出回答,还能对图像内容做出详细描述。图像处理的各个内容是互相关联的,一个实用的图像处理系统需要结合应用几种图像处理技术才能得到所需的结果。图像数字化是将一个图像变换为适合计算机处理的形式的第 1 步,图像编码技术可用以传输和存储图像,图像增强和复原是图像处理的最后目的,并为进一步的处理做准备。通过图像分割得出的图像特征将作为参数输出,也可作为下一步图像分析的基础。图像匹配、描述和识别将对图像进行比较和配准,通过分别提取图像的特征及相互关系,得到图像符号化的描述,再把它同模型比较,以确定其分类。图像匹配过程将建立两张图片之间的几何对应关系,度量其类似或不同的程度,匹配用于图片与图片、图片与背景之间的配准,如检测不同时间所拍图片之间景物的变化,找出运动物体的轨迹。

以图片分析和理解为目的的分割、描述和识别,用于各种自动化系统,包括字符和图形识别、机器人装配和检验、自动军事目标识别和跟踪、指纹识别、X 光照片和血样的自动处理等。在这类应用中,往往需要综合应用模式识别和计算机视觉等技术,图像处理更多的是作为前置处理而加以运用的,其他应用还包括卫星图像处理(Satellite Image Processing)、医学图像处理(Medical Image Processing)、面孔识别(Face Detection)、特征识别(Feature Detection)、显微图像处理(Microscope Image Processing)、汽车障碍识别(Car Barrier Detection)等。

第12章 场论信号的MATLAB处理

物理学中把某个物理量在空间的一个区域内的分布称为场,如温度场、密度场、引力场、电场及磁场等。如果形成场的物理量只随空间位置变化,不随时间变化,这样的场称为定常场;如果不仅随空间位置变化,还随时间变化,这样的场称为不定常场。在实际中,一般的场都是不定常的场,但为了研究方便,可以把在一段时间内物理量变化很小的场近似地看作定常场。

经典场论是描述物理场和物质相互作用的研究的物理理论,一个物理场可以视为在空间和时间的某一点赋予一个物理量(连续方式)。例如,在气象预报中,风速可以用在空间的每一点赋予一个向量来表述,经典场论通常是指表述两类基本自然力(电磁力和重力)的物理理论。

在理论物理学中,量子场论(Quantum Field Theory)是量子力学和狭义相对论相结合的物理理论,已被广泛应用于粒子物理学和凝聚态物理学中。量子场论为描述多自由度系统,尤其是包含粒子产生和湮灭的过程,提供了有效的描述框架。非相对论性的量子场论又称量子多体理论,主要被应用于凝聚态物理学,如描述超导性的BCS理论。而相对论性的量子场论则是粒子物理学不可或缺的组成部分,自然界人类所知的有4种基本相互作用,分别为强相互作用、电磁相互作用、弱相互作用和引力。强作用有量子色动力学;电磁相互作用有量子电动力学;弱作用有费米点作用理论。后来弱作用和电磁相互作用实现了形式上的统一,通过希格斯机制产生质量,建立了弱电统一的量子规范理论,即GWS(Glashow Weinberg Salam)模型,量子场论成为现代理论物理学的主流方法和工具。

12.1 标量场的 MATLAB 可视化

标量场是指一个仅用其大小就可以完整表征的场。一个标量场 u 可以用一个标量函数 $u(x,y,z)$ 来表示。标量场分为实标量场和复标量场,其中,实标量场是最简单的场,它只有一个实标量,而复标量是一个复数的场,它有两个独立的场量,这相当于场量有两个分量。

下面介绍基于 plot 函数的标量可视化、基于 mesh 函数生成网线面并指定颜色绘制三维网格图、基于 surf 函数绘制三维曲面、基于 contour 函数绘制矩阵的等高线图、基于 pcolor 函数绘制伪彩色图、基于 isosurface 函数实现隐函数的等值曲线、基于 slice 函数实现矩阵数据处理等 7 种场景。

（1）场景一：基于 plot 函数的标量可视化，调用格式如下。

```
plot(Y)
plot(X1,Y1,…,Xn,Yn)
plot(X1,Y1,LineSpec,…,Xn,Yn,LineSpec)
plot(X1,Y1,LineSpec,'PropertyName',PropertyValue)
plot(axes_handle,X1,Y1,LineSpec,'PropertyName',PropertyValue)
h = plot(X1,Y1,LineSpec,'PropertyName',PropertyValue)
```

MATLAB 示例程序如下：

```
%%%% sin(x)函数
figure(1)
x = −pi:.1:pi;
y = sin(x);
subplot(311)
plot(x,y)
title('sin(x)');
grid on;
%%%% 增加属性参数的 sin(x)
x = −pi:pi/10:pi;
y = tan(sin(x)) − sin(tan(x));
subplot(312)
plot(x,y,'−−rs','LineWidth',2,…
                'MarkerEdgeColor','k',…
                'MarkerFaceColor','g',…
                'MarkerSize',10)
title('增加属性参数的 sin(x)');
grid on;
%%%% 改变坐标的 sin(x)
x = −pi:.1:pi;
y = sin(x);
subplot(313)
plot(x,y)
set(gca,'XTick',−pi:pi/2:pi)
set(gca,'XTickLabel',{'−pi','−pi/2','0','pi/2','pi'})
title('改变坐标的 sin(x)');
grid on;
%%%% 增加注释等参数的 sin(x)
figure(2)
x = −pi:.1:pi;
y = sin(x);
subplot(211)
p = plot(x,y)
set(gca,'XTick',−pi:pi/2:pi)
set(gca,'XTickLabel',{'−pi','−pi/2','0','pi/2','pi'})
```

```
xlabel('-\pi \leq \Theta \leq \pi')
ylabel('sin(\Theta)')
title('Plot of sin(\Theta)')
% \Theta appears as a Greek symbol
% Annotate the point (-pi/4, sin(-pi/4))
text(-pi/4,sin(-pi/4),'\leftarrow sin(-\pi\div4)',...
    'HorizontalAlignment','left')
% Change the line color to red and
% set the line width to 2 points
set(p,'Color','red','LineWidth',2)
grid on;
%%%% 共坐标曲线图
subplot(212)
plot(rand(12,1))
% hold axes and all lineseries properties, such as
% ColorOrder and LineStyleOrder, for the next plot
hold all
plot(randn(12,1))
set(0,'DefaultAxesColorOrder',[0 0 0],...
    'DefaultAxesLineStyleOrder','-|-.|--|:')
plot(rand(12,1))
hold all
plot(rand(12,1))
hold all
plot(rand(12,1))
grid on;
```

基于 plot 函数实现的图像如图 12-1 所示。

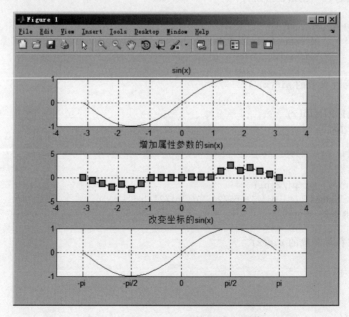

图 12-1　基于 plot 函数的输出图像

基于 plot 函数的多线处理图像如图 12-2 所示。

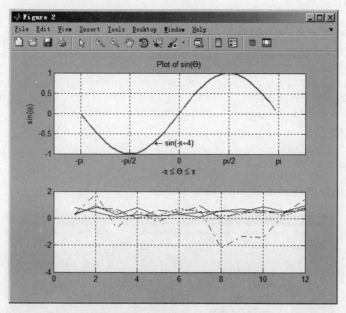

图 12-2　基于 plot 函数的多线处理图像

（2）场景二：基于 mesh 函数生成网线面，由指定的颜色绘制三维网格图，空间中的点为所画曲面网线的交点，调用格式如下。

```
mesh(X,Y,Z)
mesh(Z)
mesh(...,C)
mesh(...,'PropertyName',PropertyValue,...)
mesh(axes_handles,...)
meshc(...)
meshz(...)
h = mesh(...)
```

MATLAB 对 mesh、meshc、meshz 函数实现的示例程序如下：

```
subplot(221)
[X,Y] = meshgrid(-8:.5:8);
R = sqrt(X.^2 + Y.^2) + eps;
Z = sin(R)./R;
mesh(X,Y,Z)
title('mesh')
subplot(222)
[X_2,Y_2] = meshgrid(-3:.125:3);
Z_2 = peaks(X_2,Y_2);
meshc(X_2,Y_2,Z_2);
axis([-3 3 -3 3 -10 5])
```

```
title('meshc')
subplot(223)
[X_3,Y_3] = meshgrid( - 3:.125:3);
Z_3 = peaks(X_3,Y_3);
meshz(X_3,Y_3,Z_3)
title('meshz')
subplot(224)
[X,Y] = meshgrid( - 8:.5:8);
R = sqrt(X.^2 + Y.^2) + eps;
Z = sin(R)./R^2;
mesh(X,Y,Z)
title('mesh sin(R)./R^2')
```

基于 mesh 函数实现的图像如图 12-3 所示。

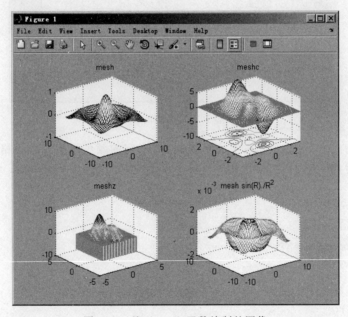

图 12-3　基于 mesh 函数绘制的图像

（3）场景三：基于 surf 函数绘制得到的是着色的三维曲面，调用格式如下。

```
surf(Z)
surf(Z,C)
surf(X,Y,Z)
surf(X,Y,Z,C)
surf(...,'PropertyName',PropertyValue)
surf(axes_handles,...)
surfc(...)
h = surf(...)
```

MATLAB 对 surf、surfc、surfl 函数实现显示峰值表面的等高线示例程序如下：

```
subplot(121)
[X,Y,Z] = peaks(30);
surfc(X,Y,Z)
colormap hsv
axis([-3 3 -3 3 -10 5])
title('surfc(X,Y,Z)')
subplot(122)
k = 5;
n = 2^k - 1;
[x,y,z] = sphere(n);
c = hadamard(2^k);
surf(x,y,z,c);
colormap([1  1  0; 0  1  1])
axis equal
title('surf(x,y,z,c)')
```

基于 surf 函数实现的图像如图 12-4 所示。

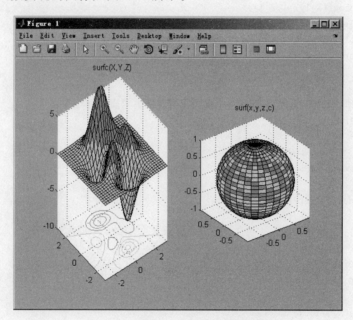

图 12-4 基于 surf 函数绘制的图像

（4）场景四：基于 contour 函数绘制输入矩阵的等高线图，调用格式如下。

```
contour(Z)
contour(Z,n)
contour(Z,v)
contour(X,Y,Z)
contour(X,Y,Z,n)
contour(X,Y,Z,v)
contour(...,LineSpec)
```

```
contour(axes_handle,...)
[C,h] = contour(...)
```

MATLAB 对 contour 函数实现所得矩阵等高线示例程序如下。

```
subplot(221)
%%%%% 使用 meshgrid 函数生成矩阵 X 和 Y。创建第 3 个矩阵 Z 并绘制其等高线
x = linspace( - 2 * pi,2 * pi);
y = linspace(0,4 * pi);
[X,Y] = meshgrid(x,y);
Z = sin(X) + cos(Y);
contour(X,Y,Z)
title('sin(X) + cos(Y)')
grid on;
[X_1,Y_1] = meshgrid( - 2:.2:2, - 2:.2:3);
Z_1 = X_1. * exp( - X_1.^2 - Y_1.^2);
subplot(222)
[C,h] = contour(X_1,Y_1,Z_1);
set(h,'ShowText','on','TextStep',get(h,'LevelStep') * 2)
colormap cool
title('contour(X,Y,Z)')
grid on;
subplot(223)
%%%%% 通过属性设置为 on 来创建一个等高线图并显示等高线标签
Z_2 = peaks;
[C_2,h_2] = contour(interp2(Z_2,4));
text_handle = clabel(C_2,h_2);
set(text_handle,'BackgroundColor',[1 1 .6],...
    'Edgecolor',[.7 .7 .7])
title('contour(interp2(Z,4))')
grid on;
%%%%% 创建 peaks 函数的一个等高线图并仅显示 Z = 1 的一个等高线层级
subplot(224)
x_3 = - 3:0.125:3;
y_3 = - 3:0.125:3;
[X_3,Y_3] = meshgrid(x_3,y_3);
Z_3 = peaks(X_3,Y_3);
v = [1,1];
contour(X_3,Y_3,Z_3,v)
title('特定 z 的单个等高线')
grid on;
figure
contour3(X,Y,Z,10)
```

基于 contour 函数实现的图像如图 12-5 所示。

三维等高线图像如图 12-6 所示。

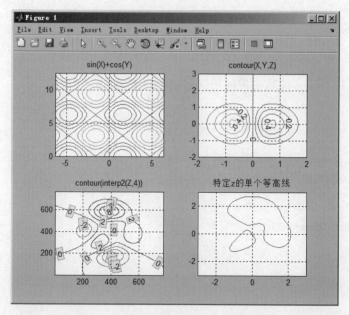

图 12-5 基于 contour 函数实现的图像

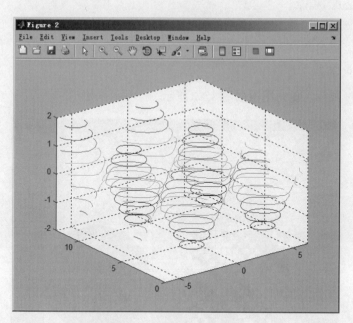

图 12-6 三维等高线图像

（5）场景五：基于 pcolor 函数绘制伪彩色图，由参数定义颜色阵列，系统通过参数中的每相邻的 4 点定义的曲面补片生成一个伪彩色图，形成的彩色图是从上面向下面得到的"平面"曲面图，pcolor 调用格式如下：

```
pcolor(C)
pcolor(X,Y,C)
pcolor(axes_handles,...)
h = pcolor(...)
```

MATLAB 对 pcolor 函数实现的矩阵示例程序如下：

```
subplot(121)
%%%% pcolor(hadamard(20))
pcolor(hadamard(20))
colormap(gray(30))
%%%% 灰度阶数控制
axis ij
axis square
title('pcolor(hadamard(20))')
grid on;
subplot(122)
n = 6;
r = (0:n)'/n;
theta = pi * ( - n:n)/n;
X_1 = r * cos(theta);
Y_1 = r * sin(theta);
C_1 = r * cos(2 * theta);
pcolor(X_1,Y_1,C_1)
axis equal tight
title('pcolor(X,Y,C)')
```

基于 pcolor 函数实现的图像如图 12-7 所示。

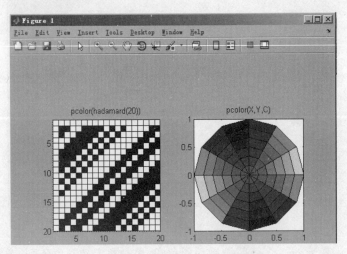

图 12-7　基于 pcolor 函数实现的图像

（6）场景六：基于 isosurface 函数，实现根据 isovalue 中指定的 isosurface 值从体积数据内计算等值面数据，连接具有指定值的点，isosurface 调用格式如下：

```
fv = isosurface(X,Y,Z,V,isovalue)
fv = isosurface(V,isovalue)
fvc = isosurface(...,colors)
fv = isosurface(...,'noshare')
fv = isosurface(...,'verbose')
[f,v] = isosurface(...)
[f,v,c] = isosurface(...)
isosurface(...)
```

MATLAB 对 isosurface 函数实现隐函数的等值曲线示例程序如下：

```
subplot(221)
[x,y,z,v] = flow;
p = patch(isosurface(x,y,z,v,-3));
isonormals(x,y,z,v,p)
set(p,'FaceColor','red','EdgeColor','none');
daspect([1 1 1])
view(3);
axis tight
camlight
lighting gouraud
title('patch(isosurface(x,y,z,v,-3))')
grid on;
subplot(222)
[x,y,z,v] = flow;
[faces,verts,colors] = isosurface(x,y,z,v,-3,x);
patch('Vertices', verts, 'Faces', faces, ...
    'FaceVertexCData', colors, ...
    'FaceColor','interp', ...
    'edgecolor', 'interp');
view(30,-15);
axis vis3d;
colormap copper
title('patch(isosurface(x,y,z,v,-3))-view(30,-15)')
grid on;
subplot(223)
patch('Vertices', verts, 'Faces', faces, ...
    'FaceVertexCData', colors, ...
    'FaceColor','interp', ...
    'edgecolor', 'interp');
view(90,-15);
axis vis3d;
colormap copper
title('patch(isosurface(x,y,z,v,-3))-view(90,-15)')
```

```
grid on;
subplot(224)
patch('Vertices', verts, 'Faces', faces, ...
    'FaceVertexCData', colors, ...
    'FaceColor','interp', ...
    'edgecolor', 'interp');
view(160, -55);
axis vis3d;
colormap copper
title('patch(isosurface(x, y, z, v, -3)) - view(160, -55)')
grid on;
```

基于 isosurface 函数实现的图像如图 12-8 所示。

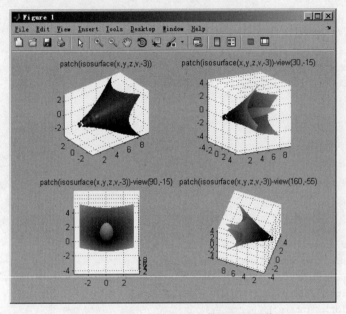

图 12-8　基于 isosurface 函数实现的图像

（7）场景七：基于 slice 函数，实现在流体空间分布等多种场景中，定位空间点 P(x,y,x) 的物理属性值，并绘制三维空间分布图，对处理空间场景有十分重要的意义。slice 调用格式如下。

```
slice(V, sx, sy, sz)
slice(X, Y, Z, V, sx, sy, sz)
slice(V, XI, YI, ZI)
slice(X, Y, Z, V, XI, YI, ZI)
slice(..., 'method')
slice(axes_handle,...)
h = slice(...)
```

MATLAB 对 slice 函数实现矩阵数据处理示例程序如下：

```
subplot(221)
[x,y,z] = meshgrid(0:.5:10,0:.5:10,0:.5:10);
c = x.^2 + y.^2 + z.^2;
xs = [0,2,4,6,8,10];
ys = [4];
zs = [6];
% xs,ys,zs 可决定切片形式和位置,helpslice 具体含义
slice(x,y,z,c,xs,ys,zs)
colormap hsv
subplot(222)
[x,y,z] = meshgrid(-5:0.5:5,-5:0.5:5,-5:0.5:5);
v = x.*exp(-x.^2-y.^2-z.^2);
sx = 1;sy = 2;sz = 0;
slice(x,y,z,v,sx,sy,sz);
xlabel('x');ylabel('y');zlabel('z')
title('patch(isosurface(x,y,z,v,-3))-view(160,-55)')
grid on;
subplot(223)
[x,y,z] = meshgrid(-2:.2:2,-2:.25:2,-2:.16:2);
v = x.*exp(-x.^2-y.^2-z.^2);
xslice = [-1.2,.8,2]; yslice = 2; zslice = [-2,0];
slice(x,y,z,v,xslice,yslice,zslice)
colormap hsv
% for i = -2:.5:2
for i = 0.5
    hsp = surf(linspace(-2,2,20),linspace(-2,2,20),zeros(20)+i);
    rotate(hsp,[1,-1,1],30)
    xd = get(hsp,'XData');
    yd = get(hsp,'YData');
    zd = get(hsp,'ZData');
    delete(hsp)
    slice(x,y,z,v,[-2,2],2,-2)
        % Draw some volume boundaries
    hold on
    slice(x,y,z,v,xd,yd,zd)
    hold off
    axis tight
    view(-5,10)
    drawnow
end
subplot(224)
[xsp,ysp,zsp] = sphere;
slice(x,y,z,v,[-2,2],2,-2)
% Draw some volume boundaries
for i = -3:.2:3
```

```
    hsp = surface(xsp + i, ysp, zsp);
    rotate(hsp, [1 0 0], 90)
    xd = get(hsp, 'XData');
    yd = get(hsp, 'YData');
    zd = get(hsp, 'ZData');
    delete(hsp)
    hold on
    hslicer = slice(x, y, z, v, xd, yd, zd);
    axis tight
    xlim([ - 3, 3])
    view( - 10, 35)
    drawnow
    delete(hslicer)
    hold off
end
```

基于 slice 函数实现的切片图像如图 12-9 所示。

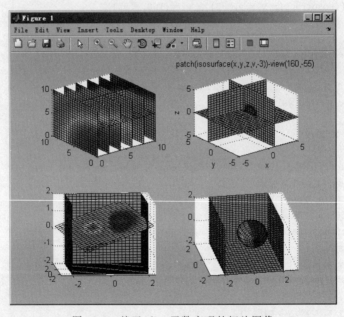

图 12-9　基于 slice 函数实现的切片图像

（8）场景八：基于 NaN 函数实现不可使用的数据处理，MATLAB 对不可使用数据处理的示例程序如下。

```
[x, y] = meshgrid( - 10:0.1:10);
z = x.^2 + y.^2;
subplot(221)
mesh(x, y, z)
sel = x < sin(y);
```

```
z(sel) = nan;
subplot(222)
mesh(x, y, z)
subplot(223)
[x_1, y_1, z] = sphere(50);
z1 = z;
z1(:, 1:6) = nan;
c1 = ones(size(z1));
surf(4 * x_1, 4 * y_1, 3 * z1, c1);
hold on
subplot(224)
[x_1, y_1, z] = sphere(50);
z1 = z;
z1(:, 1:6) = nan;
c1 = ones(size(z1));
surf(4 * x_1, 4 * y_1, 3 * z1, c1);
hold on
z2 = z;
c2 = 2 * ones(size(z2));
c2(:, 1:6) = 3 * ones(size(c2(:, 1:6)));
surf(2 * x_1, 2 * y_1, 2 * z1, c2);
% colormap([0, 0.8, 0; 0.1, 0, 0; 0.2, 0, 0]);
grid on;
hold off
```

基于 NaN 函数实现不可使用数据处理的图像如图 12-10 所示。

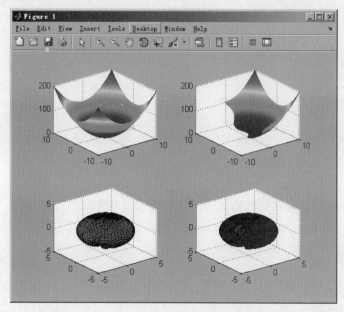

图 12-10　基于 NaN 函数实现不可使用数据处理的图像

12.2　矢量场的 MATLAB 可视化

在一定的单位制下,用一个实数就可以表示的物理量是标量,如时间、质量、温度等;在这里,实数表示的是这些物理量的大小。和标量不同,矢量是除了要指明其大小还要指明其方向的物理量,如速度、力、电场强度等,矢量可采用有向线段、文字、单位矢量、分量表示等多种方式来描述。矢量的严格定义是建立在坐标系的旋转变换基础上的,常见的矢量场包括 Maxwell 场和重矢量场。

选用三维球坐标,如果质点位于坐标原点(0,0,0),则牛顿引力场是一个向量场,物理中,最常用的向量场有风场、引力场和电磁场,对矢量场,则用一些有向曲线来形象表示矢量在空间的分布,称为力线或流线。

下面介绍基于 meshgrid 函数生成网格采样点、基于 quiver 函数实现速度图、基于 streamline 函数绘制矢量函数的流线图 3 种场景。

(1) 场景一:基于 meshgrid 生成网格采样点。

在计算机中对数据进行绘图操作时,需要一些采样点,根据这些采样点来绘制出整个图形。在进行三维绘图操作时,涉及 x、y、z 三组数据,而 x、y 这两组数据可以看作是在 Oxy 平面内对坐标进行采样得到的坐标对(x, y),meshgrid 是 MATLAB 中用于生成网格采样点的函数,MATLAB 对 meshgrid 函数示例程序如下:

```
subplot(211)
[x,y] = meshgrid(1:0.8:10,1:1:20);
% 生成网格
z = sin(x) + cos(y);
surf(x,y,z);
title('步幅 0.5');
% 画图函数
subplot(212)
[x,y] = meshgrid(1:0.1:10,1:0.2:20);
% 生成网格
z = sin(x) + cos(y);
surf(x,y,z);
% 画图函数
title('步幅 0.1');
```

基于 meshgrid 函数实现空间数据的图像如图 12-11 所示。

(2) 场景二:基于 quiver 函数画矢量函数的箭头图(速度图),MATLAB 对 quiver 函数的调用格式如下。

```
quiver(x,y,u,v)
quiver(u,v)
quiver(...,scale)
quiver(...,LineSpec)
```

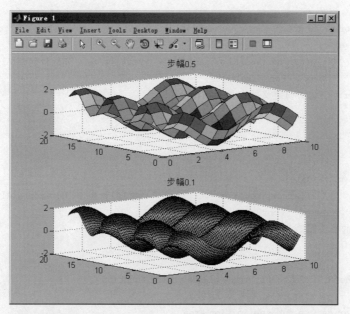

图 12-11　基于 meshgrid 函数实现空间数据的图像

```
quiver(...,LineSpec,'filled')
quiver(...,'PropertyName',PropertyValue,...)
quiver(axes_handle,...)
h = quiver(...)
```

基于 quiver 函数实现速度图的示例程序如下:

```
subplot(311)
[X,Y] = meshgrid( - 2:.2:2);
Z = X. * exp( - X.^2 - Y.^2);
[DX,DY] = gradient(Z,.2,.2);
contour(X,Y,Z)
hold on
quiver(X,Y,DX,DY)
title('矢量梯度场');
colormap hsv
hold off
subplot(312)
%%  draw the velocity vector arrow of the vector function
%%%% i * x + j * y
% generate grids in a sub - definition area
x = - 1:0.5:1;
y = - 1:0.5:1;
% generate the function values
u = x;
```

```
v = y;
% draw vector arrow graph
quiver(x, y, u, v)
text(0.5, 0, '$ \leftarrow \vec{F} = \vec{i}x + \vec{j}y $', 'HorizontalAlignment', 'left',
'Interpreter', 'latex', 'FontSize', 15);
title('quiver (x, y,u,v)定义的向量箭头图');
grid on;
axis equal
subplot(313)
scale = 0.2
quiver(x, y, u, v,scale)
text(0.5, 0, '$ \leftarrow \vec{F} = \vec{i}x + \vec{j}y $', 'HorizontalAlignment', 'left',
'Interpreter', 'latex', 'FontSize', 15);
title('输出的箭头图箭头的比例 scale = 0.2');
grid on;
axis equal
%%   draw the velocity vector arrow of the vector function
%%%% (i * y + j * x)/sqrt(x^2 + y^2)
% generate grids in a sub-definition area
figure
subplot(311)
R = 2:2:6;
theta = -pi:pi/4:pi;
x = R' * cos(theta);
y = R' * sin(theta);
% generate the function values
rr = sqrt(x.^2 + y.^2);
fx = -y./rr;
fy = x./rr;
% [FX,FY] = meshgrid(fx,fy);
% draw vector arrow graph
scale = 0.2;
quiver(x, y, fx, fy,scale)
text(4, 2, '$ \vec{F} = \frac{ - \vec{i}y + \vec{j}x}{\sqrt{x^{2} + y^{2}} } $ ',
'HorizontalAlignment', 'left', 'Interpreter', 'latex', 'FontSize', 15);
title('输出的箭头图环形分布');
grid on;
axis equal
%%   draw the velocity vector arrow of the vector function
%%%% (i * y + j * x)/sqrt(x^2 + y^2)输出的箭头图不再是环形分布,而变成 x - y 平面上的均匀分布
% generate grids in a sub-definition area
subplot(312)
R = 2:2:6;
theta = -pi:pi/4:pi;
x = R' * cos(theta);
```

```
y = R' * sin(theta);
% generate the function values
rr = sqrt(x.^2 + y.^2);
fx = - y./rr;
fy = x./rr;
%[FX,FY] = meshgrid(fx,fy);
% draw vector arrow graph
scale = 0.2;
quiver(fx, fy, scale)
text(4, 2, ' $ \vec{F} = \frac{ - \vec{i}y + \vec{j}x}{\sqrt{x^{2} + y^{2}} } $ ',
'HorizontalAlignment', 'left', 'Interpreter', 'latex', 'FontSize', 15);
title('输出的箭头图 x - y 平面上的均匀分布');
grid on;
axis equal
subplot(313)
%%   draw the velocity vector arrow of the vector function
%%%% (i*y + j*x)/sqrt(x^2 + y^2),quiver(x,y,u,v,LinSpec)用于限定箭头的属性,比如颜色,线型
% generate grids in a sub - definition area
R = 2:2:6;
theta = - pi:pi/4:pi;
x = R' * cos(theta);
y = R' * sin(theta);
% generate the function values
rr = sqrt(x.^2 + y.^2);
fx = - y./rr;
fy = x./rr;
%[FX,FY] = meshgrid(fx,fy);
% draw vector arrow graph
scale = 0.2;
quiver(x, y, fx, fy, scale,'.r')
text(4, 2, ' $ \vec{F} = \frac{ - \vec{i}y + \vec{j}x}{\sqrt{x^{2} + y^{2}} } $ ',
'HorizontalAlignment', 'left', 'Interpreter', 'latex', 'FontSize', 15);
title('quiver(x,y,u,v,LinSpec)限定箭头的属性');
grid on;
axis equal
```

基于 quiver 函数实现的矢量梯度场箭头图如图 12-12 所示。

属性限定的箭头图如图 12-13 所示。

(3) 场景三：基于 streamline 函数绘制矢量函数的流线图。

三维向量 (U,V,W) 的流线型矢量场中, (X,Y,Z) 定义了矢量 (U,V,W) 的坐标, 而且 (X,Y,Z) 是三维的数据网格(通常情况下, 调用 meshgrid 函数可以生成数据网格), streamline 函数用于绘制矢量函数的流线图(速度图), MATLAB 对 streamline 函数的调用格式如下：

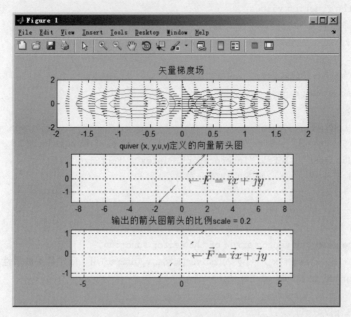

图 12-12　基于 quiver 函数实现的矢量梯度场箭头图

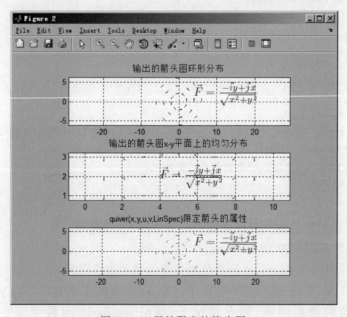

图 12-13　属性限定的箭头图

```
streamline(X, Y, Z, U, V, W, startx, starty, startz)
streamline(U, V, W, startx, starty, startz)
streamline(XYZ)
streamline(X, Y, U, V, startx, starty)
streamline(U, V, startx, starty)
streamline(XY)
streamline(..., options)
streamline(axes_handle, ...)
h = streamline(...)
```

基于 streamline 三维流线图的 MATLAB 示例程序如下：

```
% 在二维平面上绘制一个正点电荷的电场线图
k = 8.9875e + 9;
% 比例系数
e = 1.602e - 19;
% 指定点电荷电量为一个电子带电量绝对值
ke = k * e;
% k by e
d = - 2:0.05:2;
[x, y] = meshgrid(d, d);
% 计算电位
V = ke ./ sqrt(x.^2 + y.^2 + 0.01);
% 加了一个 0.01,防止分母为 0
% 求电势的梯度,即电场强度
[E_x, E_y] = gradient(V);
% 负梯度
subplot(121)
sx = [linspace( - 1, 1, 10), linspace(1, 1, 10), linspace( - 1, 1, 10), linspace( - 1, - 1, 10)];
sy = [linspace(1, 1, 10), linspace( - 1, 1, 10), linspace( - 1, - 1, 10), linspace( - 1, 1, 10)];
hold on;
streamline(x, y, E_x, E_y, sx, sy);
contour(x, y, V, linspace(min(V(:)), max(V(:)), 60));
grid on;
title('正负点电荷电场线分布图');
hold off;
subplot(122)
load wind
[sx, sy, sz] = meshgrid(80, 5:10:80, 0:5:55);
h = streamline(x, y, z, u, v, w, sx, sy, sz);
set(h, 'Color', 'red')
view(3)
title('Wind 数据集加载的流线图');
grid on;
```

基于 streamline 函数实现的流线图如图 12-14 所示。

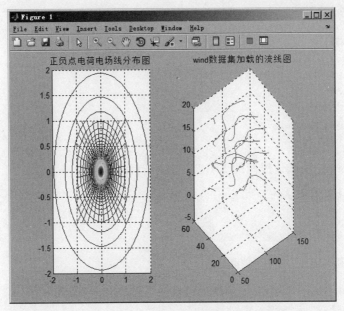

图 12-14　基于 streamline 函数实现的流线图

12.3　梯度、散度、旋度的 MATLAB 可视化

梯度(gradient)表示某一函数在该点处的方向导数沿着该方向取得最大值,即函数在该点处沿着该方向(此梯度的方向)变化最快,变化率最大(为该梯度的模)。我们通常需要对场量问题进行建模,然后可以得到对应的函数,通过对其进行最小化,得到所需要的参数,从而得到具体的模型。在优化问题中,只有少部分可以得到解析解(如最小二乘法),而大部分优化问题只能迭代求解,而迭代求解中两种最常用的方法为梯度下降法与牛顿法。梯度是建立在偏导数与方向导数概念基础上的,所谓偏导数,是对于一个多元函数,选定一个自变量并让其他自变量保持不变,只考查因变量与选定自变量的变化关系。对于多元函数而言,假设其偏导数都存在,则该函数共有 n 个偏导数,偏导数只能表示多元函数沿某个坐标轴方向的导数,如对于二元函数 $\partial z\,\partial x = 2x$ 表示函数沿 X 轴方向的导数,而 $\partial z\,\partial y = 2y$ 表示函数沿 Y 轴方向的导数。除了沿坐标轴方向上的导数,多元函数在非坐标轴方向上也可以求导数,这种导数称为方向导数。很容易发现,多元函数在特定点的方向导数有无穷多个,表示函数值在各个方向上的增长速度。

散度(divergence)用于表示空间各点矢量场发散的强弱程度,物理上,散度的意义是场的有源性。当 div F>0 时,表示该点有散发通量的正源(发散源);当 div F<0 时,表示该点有吸收通量的负源(洞);当 div F=0 时,表示该点无源。对气体而言,散度是描述空气从周围汇合到某一处或从某一处流散开来程度的量,水平散度是气体在单位时间内水平面积的变化率,如果面积增大,散度取正值,为水平辐散;如果面积缩小,散度取负值,为水平辐

合。三维空间中,表示任意气块在单位时间内单位体积的变化率,气块的体积膨胀称为辐散,气块体积收缩称为辐合。

　　旋度是向量分析中的一个向量算子,可以表示三维向量场对某一点附近的微元造成的旋转程度,向量提供了向量场在这一点的旋转性质,旋度向量的方向表示向量场在这一点附近旋转度最大的环量的旋转轴,它和向量旋转的方向满足右手定则,旋度向量的大小则是绕着这个旋转轴旋转的环量与旋转路径围成的面元的面积之比。旋度是向量场的一种强度性质,对应的广延性质是向量场沿一个闭合曲线的环量,如果一个向量场中处处的旋度都是0,则称这个场为无旋场。

　　基于 gradient 函数的梯度计算,MATLAB 调用格式如下:

```
FX = gradient(F)
[FX,FY] = gradient(F)
[FX,FY,FZ,...] = gradient(F)
[...] = gradient(F,h)
[...] = gradient(F,h1,h2,...)
```

基于 gradient 函数梯度计算的 MATLAB 示例程序如下:

```
%%%% 计算梯度 x . * exp( - x.^2 - y.^2)
x = linspace( - 2, 2, 25);
y = linspace( - 2, 2, 25);
subplot(121)
[xx, yy] = meshgrid(x, y);
zz = xx. * exp( - xx.^2 - yy.^2);
h = contour(zz, 12);
clabel(h);
[dx, dy] = gradient(zz,.2,2);
hold on;
quiver(dx, dy);
title('Xexp( - x^2 - y^2)函数的梯度计算');
grid on;
%%%% 计算梯度 sqrt(xx.^2 + yy.^2)
subplot(122)
zz = sqrt(xx.^2 + yy.^2);
h = contour(zz, 12);
clabel(h);
[dx, dy] = gradient(zz,.2,2);
hold on;
quiver(dx, dy);
title('(x^2 + y^2)函数的梯度计算');
grid on;
```

基于 gradient 函数实现的梯度计算向量图如图 12-15 所示。

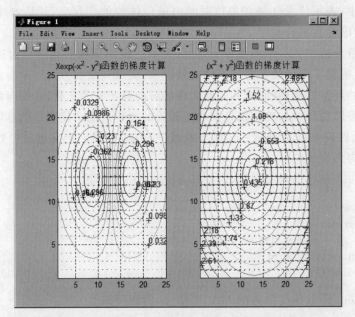

图 12-15   基于 gradient 函数实现的梯度计算向量图

基于 divergence 函数的向量场散度计算，MATLAB 调用格式如下：

```
div = divergence(X, Y, Z, U, V, W)
div = divergence(U, V, W)
div = divergence(X, Y, U, V)
div = divergence(U, V)
```

基于 divergence 函数的散度计算的 MATLAB 示例程序如下：

```
%%%% 计算散度 divergence
load wind
div = divergence(x, y, z, u, v, w);
h = slice(x, y, z, div, [90 134], 59, 0);
shading interp
daspect([1 1 1])
axis tight
camlight
set([h(1), h(2)], 'ambientstrength', .6)
title('以切片平面显示散度');
```

基于 divergence 函数实现的向量场散度计算如图 12-16 所示。

基于 curl 函数计算向量场的旋度和角速度，MATLAB 调用格式如下：

```
[curlx, curly, curlz, cav] = curl(X, Y, Z, U, V, W)
[curlx, curly, curlz, cav] = curl(U, V, W)
[curlz, cav] = curl(X, Y, U, V)
```

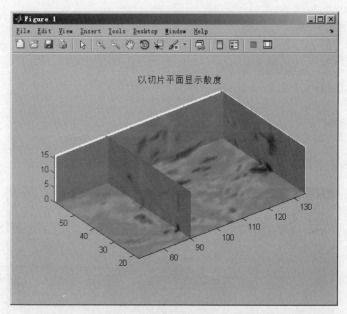

图 12-16　基于 divergence 函数实现的向量场散度计算

```
[curlz,cav] = curl(U,V)
[curlx,curly,curlz] = curl(...), [curlx,curly] = curl(...)
cav = curl(...)
```

其中,curl(X,Y,Z,U,V,W) 计算与三维向量场 U、V、W 的流(以每时间单位的弧度表示)、垂直的旋度 (curlx, curly, curlz) 和角速度 (cav),数组 X、Y 和 Z 用于定义 U、V 和 W 的坐标,必须单调,X、Y 和 Z 具有相同数量的元素。

基于 curl 函数计算矢量函数旋度的 MATLAB 示例程序如下:

```
load wind
subplot(211)
cav = curl(x,y,z,u,v,w);
h = slice(x,y,z,cav,[90 134],59,0);
shading interp
daspect([1 1 1]);
axis tight
colormap hot(16)
camlight
set([h(1),h(2)],'ambientstrength',.6)
title('以切片平面显示旋度');
subplot(212)
k = 4;
x = x(:,:,k);
y = y(:,:,k);
u = u(:,:,k);
```

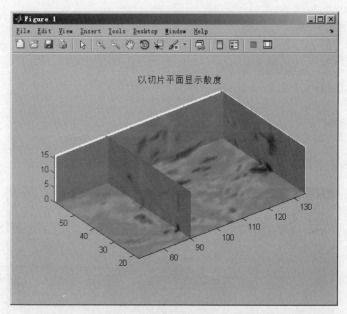 以切片平面显示散度

```
v = v(:,:,k);
cav = curl(x,y,u,v);
pcolor(x,y,cav);
shading interp
hold on
quiver(x,y,u,v,'y');
hold off
colormap('copper');
title('基于流带的速度向量显示');
```

基于 curl 函数实现的矢量函数旋度计算,其分布场如图 12-17 所示。

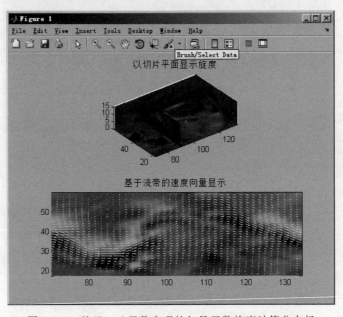

图 12-17　基于 curl 函数实现的矢量函数旋度计算分布场

12.4　拉普拉斯运算的 MATLAB 可视化

拉普拉斯算子(Laplace Operator)是 n 维欧几里得空间中的一个二阶微分算子,定义为梯度(∇f)的散度($\nabla \cdot$ f)。

基于 del2 函数的离散拉普拉斯算子是利用差分得到微分计算的结果,MATLAB 的调用格式如下:

```
L = del2(U)
L = del2(U,h)
L = del2(U,hx,hy)
L = del2(U,hx,hy,hz,...)
```

del2 所有点之间使用默认间距 h＝1,返回应用于 U 的拉普拉斯微分运算子的离散近似值。第 1 个间距值 hx 指定点的 x 间距(标量)或 x 坐标(向量),如果是向量,则其长度必须等于 size(U,2)。第 2 个间距值 hy 指定点的 y 间距(标量)或 y 坐标(向量),如果是向量,则其长度必须等于 size(U,1)。所有其他间距值指定 U 中对应维度的各点的间距(标量)或坐标(向量),对于 n＞2 的情况,如果第 n 个间距输入是向量,则其长度必须等于 size(U,n)。

基于 del2 函数的拉普拉斯算子 MATLAB 示例程序如下:

```
%%%% 函数的拉普拉斯算子
[x,y] = meshgrid( - 5:0.25:5, - 5:0.25:5);
%%%% 定义函数 U(x,y) = 1/3. * (x.^4 + y.^4)
U = 1/3. * (x.^4 + y.^4);
%%%% 使用 del2 计算函数的拉普拉斯算子
%%%%U 中各点之间的间距在所有方向上都相等,因此只要指定一个间距输入 h 即可
h = 0.25;
L = 4 * del2(U,h);
%%%% 此函数的拉普拉斯算子等于 ΔU(x,y) = 4x^2 + y^2
figure
surf(x,y,L)
grid on;
title('计算 \Delta U(x,y) = 4x^2 + 4y^2')
xlabel('x')
ylabel('y')
zlabel('z')
view(35,14)
%%%% 对数函数的拉普拉斯算子
[x,y] = meshgrid( - 5:5, - 5:0.5:5);
U = 0.5 * log(x.^2. * y);
hx = 1;
hy = 0.5;
L = 4 * del2(U,hx,hy);
figure
surf(x,y,real(L))
hold on
surf(x,y,real(U))
grid on;
title('计算 U(x,y)  \Delta U(x,y)')
xlabel('x')
ylabel('y')
zlabel('z')
view(41,58)
```

基于 del2 函数实现的拉普拉斯算子如图 12-18 所示。

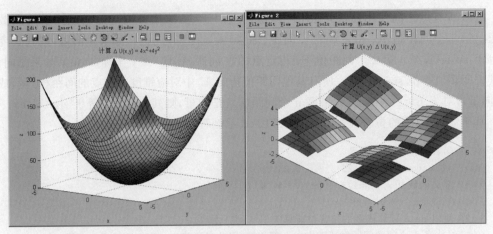

图 12-18　基于 del2 函数实现的拉普拉斯算子

12.5　基于 PDEtool 求解微分方程的 MATLAB 可视化

　　MATLAB 的 PDEtool 为微分方程的求解及其可视化提供了重要途径。对于泊松方程的求解，在 PDEtool 环境下（PDE Specification），选择 pde 类型（包括椭圆型偏微分方程 Elliptic、抛物型偏微分方程 Parabolic、双曲型偏微分方程 Hyperbolic、本征型偏微分方程 Eigenmodes 4 种类型），MATLAB 已经给出方程通式，典型二阶偏微分方程的区别在于 u 对 t 的导数阶次。椭圆型 PDEs 中，c、a、d 和 f 可以是给定的函数或者常数，但是其他类必须都是常数。这里只需对应确定 c、a、f 和 d 的值，即方程的参数由 a、c、d 和 f 确定，求解域由图形确定，求解域确定好后，需要对求解域进行栅格化，如图 12-19 所示。

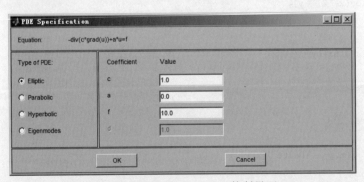

图 12-19　PDE Specification 控制界面

　　打开 Boundary Condition 界面，选择条件类型，通式已经给出，只需对应写入 h 和 r，如图 12-20 所示。

　　在 Plot Parameters 界面可调节作图设置，如图 12-21 所示。

　　进行运算画图的结果输出如图 12-22 所示。

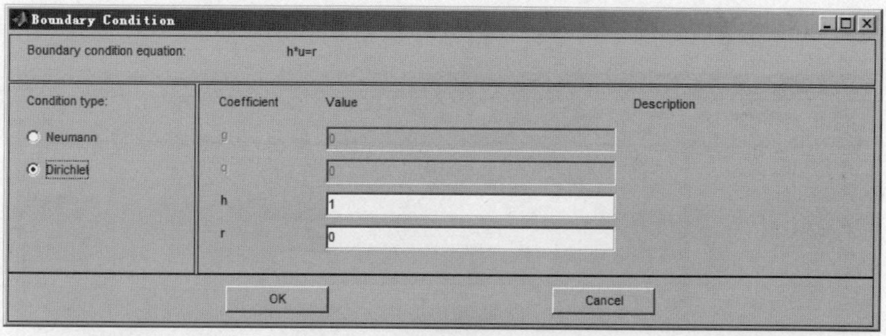

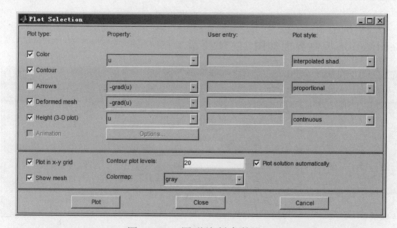

图 12-20 狄利克雷边界设置

图 12-21 图形绘制参数设置

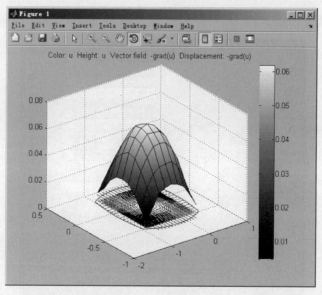

图 12-22 运算结果显示

设定区域的泊松方程求解，选择边界限制条件，如图 12-23 所示。

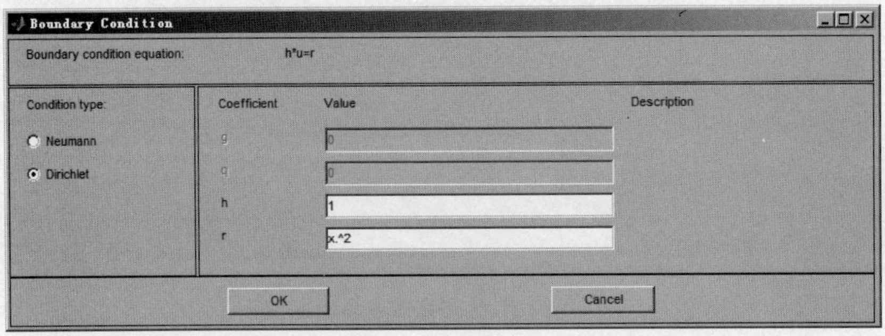

图 12-23　边界设置

PDE Specification 控制界面如图 12-24 所示。

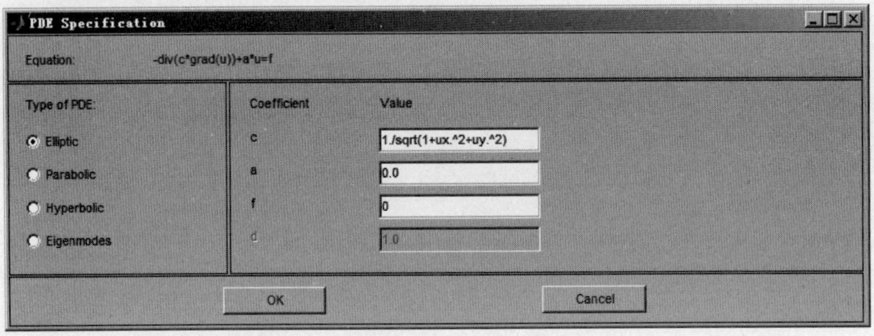

图 12-24　PDE Specification 控制界面

Solve Parameters 设置如图 12-25 所示。

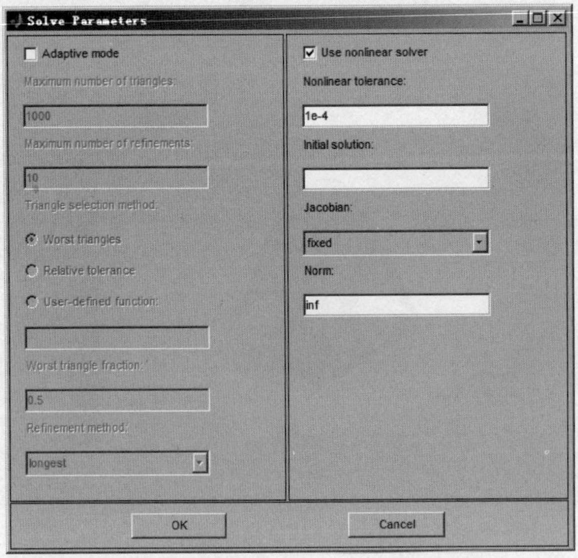

图 12-25　Solve Parameters 设置

运算结果输出如图 12-26 所示。

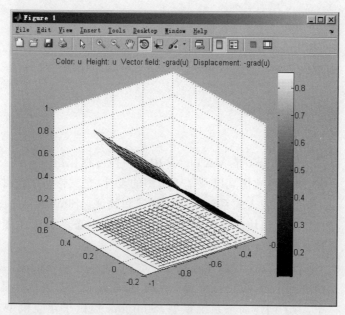

图 12-26　运算结果输出

12.6　本章小结

　　本章基于 MATLAB 可视化，介绍了标量场和矢量场的表示方法，以及 PDEtool GUI 的数值求解问题，PDEtool 提供偏微分方程工具箱图形用户界面，可以构造几何体模型（CSG 模型），绘制重叠的实体对象，能够辅助绘制二维域并为 PDE 问题定义边界条件，此外，还可以指定偏微分方程，创建、检查和优化网格，以及基于 GUI 计算和显示解决方案。

第13章 Simulink信号分析与处理

    Simulink 是 MATLAB 中的一种可视化仿真工具,是一个模块图环境,用于多域仿真以及基于模型的设计,它支持系统设计、仿真、自动代码生成以及嵌入式系统的连续测试和验证。Simulink 提供图形编辑器、可自定义的模块库以及求解器,能够进行动态系统建模和仿真,包括通信、控制、信号处理、视频处理和图像处理系统。

    Simulink 可以用连续采样时间、离散采样时间或两种混合的采样时间进行建模,也支持多速率系统,即系统中的不同部分具有不同的采样速率,为了创建动态系统模型,Simulink 提供了建立模型方块图的图形用户接口,这个创建过程只需单击和拖动鼠标操作就能完成,它提供了快捷、直接的方式,而且可以立即看到系统的仿真结果,Simulink 的应用特点分为以下几方面:

    (1) 丰富的可扩充的预定义模块库。

    (2) 交互式的图形编辑器来组合和管理直观的模块图。

    (3) 以设计功能的层次性来分割模型,实现对复杂设计的管理。

    (4) 通过 Model Explorer 导航、创建、配置、搜索模型中的任意信号、参数、属性,生成模型代码。

    (5) 提供 API,用于与其他仿真程序的连接或与手写代码集成。

    (6) 使用 Embedded MATLAB 模块在 Simulink 和嵌入式系统执行中调用 MATLAB 算法。

    (7) 使用定步长或变步长运行仿真,根据仿真模式(Normal, Accelerator,Rapid Accelerator)决定以解释性的方式运行或以编译 C 代码的形式来运行模型。

    (8) 图形化的调试器和剖析器来检查仿真结果,诊断设计的性能和异常行为。

    (9) 可访问 MATLAB 从而对结果进行分析与可视化,定制建模环境,定义信号参数和测试数据。

    (10) 用模型分析和诊断工具来保证模型的一致性,确定模型中的错误。

13.1 Simulink 模型建立

Simulink 的启动界面为模型库浏览器,如图 13-1 所示。

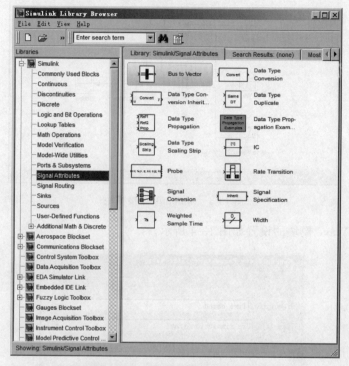

图 13-1　Simulink 模型库浏览器

Simulink 模型库编辑界面如图 13-2 所示。

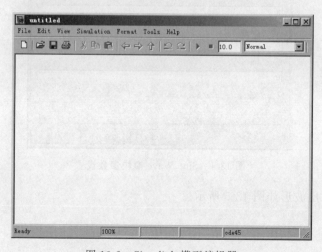

图 13-2　Simulink 模型编辑器

对于 3 个正弦信号相加后做积分处理的 Simulink 模型,模块连接示例如图 13-3 所示。

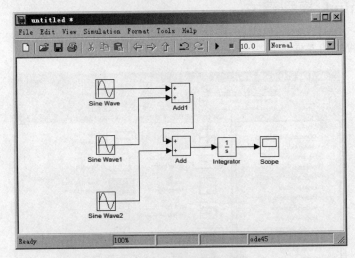

图 13-3　Simulink 连接模块

其中,Sine Wave 模块的设置如图 13-4 所示。

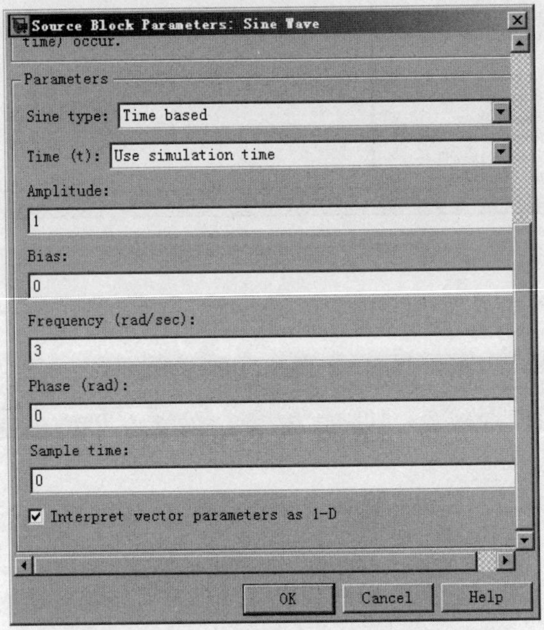

图 13-4　Sine Wave 模块参数设置

Scope 模块输出波形如图 13-5 所示。

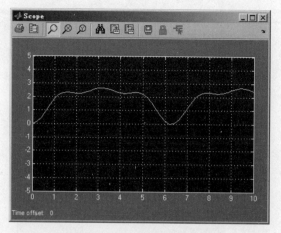

图 13-5　Scope 模块输出波形

13.2　Simulink 离散信号产生及时间变量变换

Simulink Sources 模块库中的子模块及功能包括：In1(子系统输入)、Constant(生成一个常量值)、Signal Generator(生成变化的波形)、Ramp(生成一连续递增或递减的信号)、Sine Wave(生成正弦波)、Step(生成一阶跃函数)、Repeating Sequence(生成一重复的任意信号)、Pules Generator(生成有着规则间隔的脉冲)、Chirp Signal(产生一个频率递增的正弦波)、Ground(接地)、Clock(提供仿真时间)、Digital Clock(提供给定采样频率的仿真时间)、From File(从文件读取数据)、From Workspace(从工作空间的矩阵中读取数据)、Random Number(生成正态分布的随机数)、Uniform Random Number(生成均匀的随机数)、Band-Limited White Noise(给连续系统引入白噪声)。

下面介绍基于 Simulink 产生单位冲激信号、单位阶跃信号、正弦波信号、周期三角波信号、周期锯齿波信号和周期方波信号，基于 Simulink 在 n 为[-10 10]区内产生离散的斜坡信号，基于 Simulink 实现子系统对信号处理以及系统幅频特性和相位特性模拟 4 种场景。

(1) 场景一：基于 Simulink 产生单位冲激信号、单位阶跃信号、正弦波信号、周期三角波信号、周期锯齿波信号和周期方波信号。Simulink 完成建模后的编辑区如图 13-6 所示。

Step 模块和 Sine Wave 模块的参数设置如图 13-7 所示。

Repeating Sequence Interpolated 模块和 Pulse Generator 模块的参数设置如图 13-8 所示。

Scope 模块的 General 和 Data History 参数设置如图 13-9 所示。

进行仿真前设置系统仿真参数，包括仿真开始和结束时间、运算算法、优化参数，如图 13-10 所示。

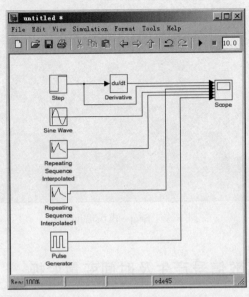

图 13-6　Simulink 完成建模后的编辑区(1)

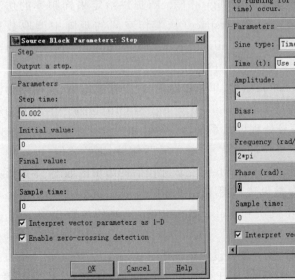

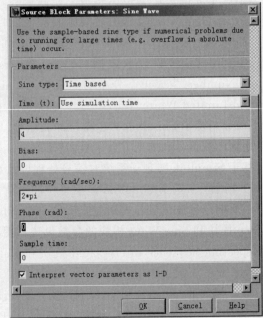

图 13-7　Step 模块和 Sine Wave 模块参数设置(1)

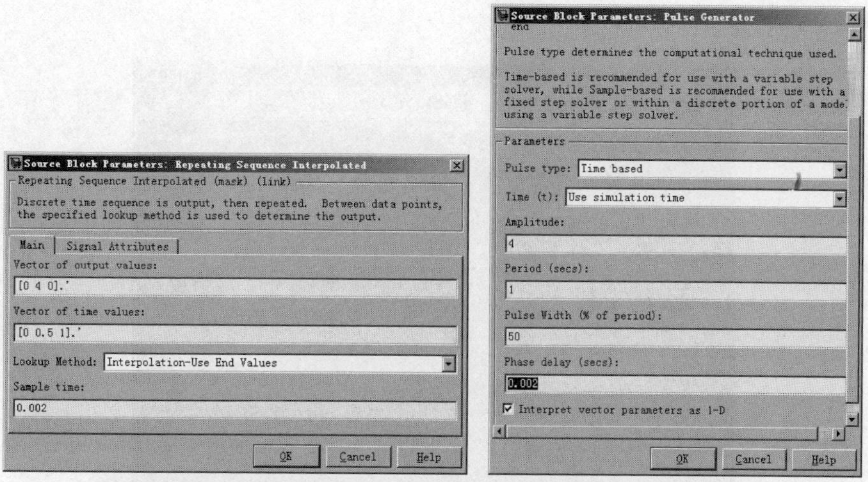

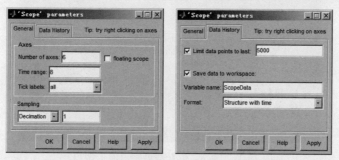

图 13-8 Repeating Sequence 模块和 Pulse Generator 模块参数设置

图 13-9 General 和 Data History 参数设置

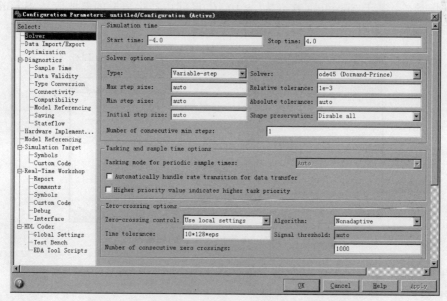

图 13-10 Configuration Parameters 仿真参数设置

得到的仿真结果如图 13-11 所示。

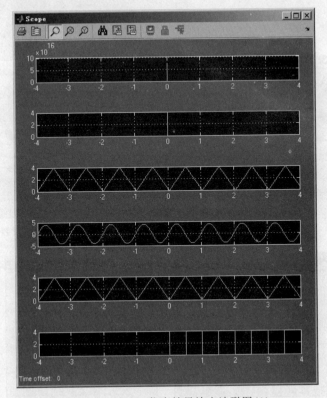

图 13-11　Scope 仿真结果输出波形图(1)

　　(2) 场景二: 基于 Simulink 在 n 为[—10 10]区间内产生离散的斜坡信号,Simulink 完成建模后的编辑区如图 13-12 所示。

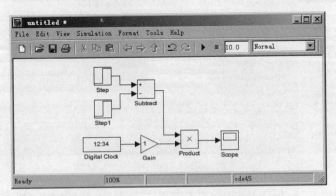

图 13-12　Simulink 完成建模后的编辑区(2)

Step 模块和 Digital Clock 模块的参数设置如图 13-13 所示。

Gain 模块的参数设置如图 13-14 所示。

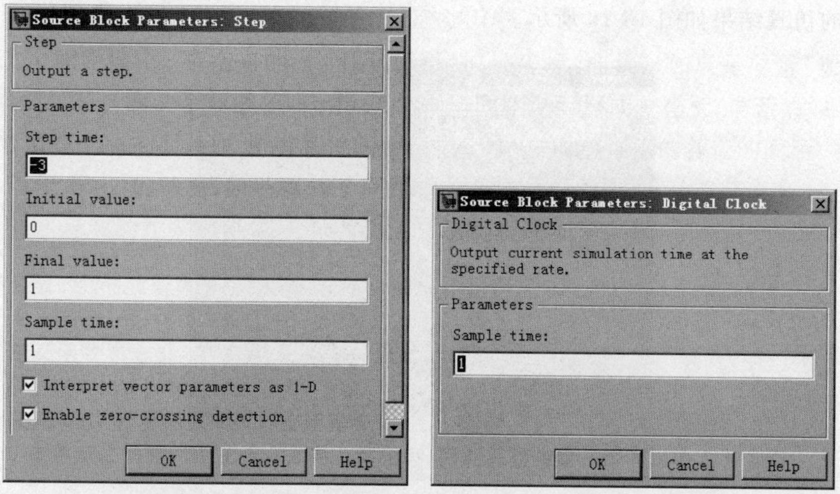

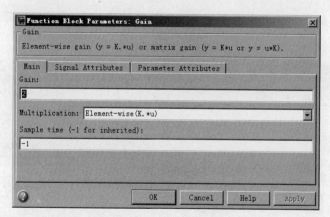

图 13-13　Step 模块和 Digital Clock 模块参数设置(2)

图 13-14　Gain 模块参数设置

Product 模块的参数设置如图 13-15 所示。

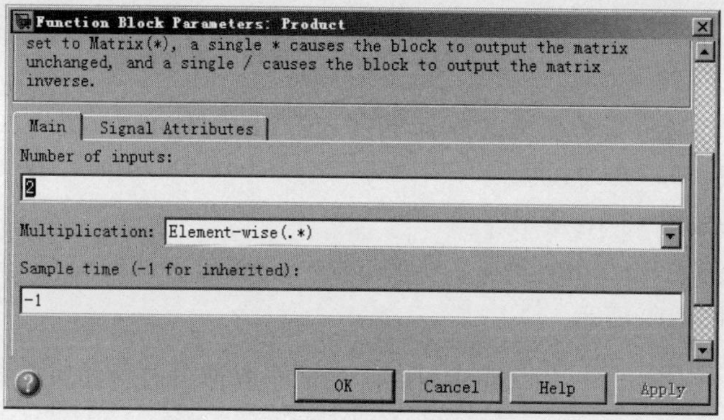

图 13-15　Product 模块参数设置

得到的仿真结果如图 13-16 所示。

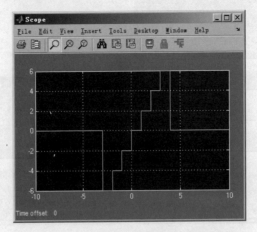

图 13-16　Scope 仿真结果输出波形图（2）

（3）场景三：基于 Simulink 实现子系统对信号处理，Simulink 完成建模后的结构框图如图 13-17 所示。

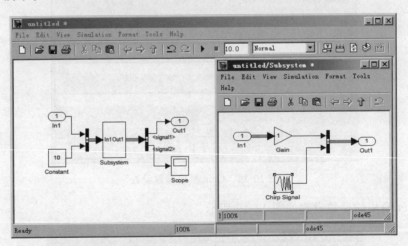

图 13-17　Simulink 子系统模型框架

Subsystem 窗口显示了子系统的内部框图，包含的部件有 In 模块、Gain 模块、Bus 模块、Chirp Signal 模块和 Out 模块。

系统仿真结果如图 13-18 所示。

（4）场景四：基于 Simulink 实现系统幅频特性和相位特性的模拟，Simulink 完成建模后的结构框图如图 13-19 所示。

系统仿真结果如图 13-20 所示。

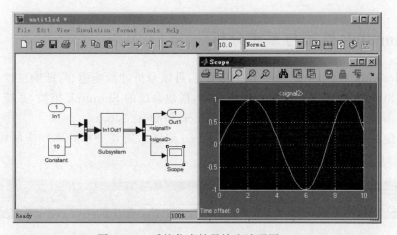

图 13-18　系统仿真结果输出波形图(1)

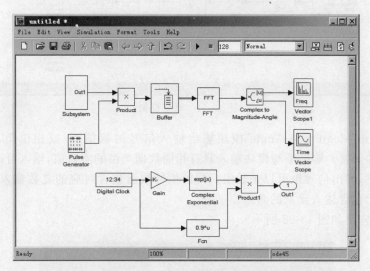

图 13-19　Simulink 系统模型框架以及子模块连接图

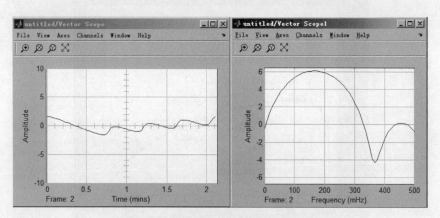

图 13-20　系统仿真结果输出波形图(2)

13.3　Simulink 信号与系统分析

基于 Simulink 建模，主要专注于系统模型，可以分析冲激响应、阶跃响应以及任意输入信号时的输出响应，根据实际系统的物理关系，搭建系统的 Simulink 模型，系统的输入端口和输出端口不能用实际的源，而要采用 In1 block 和 Out1 block。

对于特定的 LTI 稳定系统（由 Transfer Fcn 配置），需要分析频率响应的幅度特性，系统框架如图 13-21 所示。

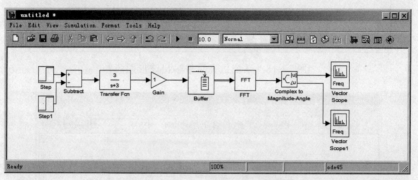

图 13-21　系统框架

Complex to Magnitude-Angle 模块输出输入信号的幅值和/或相位角，具体取决于 Output 参数的设置。输出是与模块输入具有相同数据类型的实数值，输入可以是复信号数组，这种情况下，输出信号也可以是数组。幅值信号数组包含对应的复数输入元素的幅值。同样，角度输出包含输入元素的角度。

仿真结果输出如图 13-22 所示。

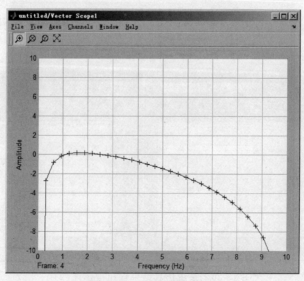

图 13-22　幅频特性输出

输入为单位阶跃信号时,系统函数由二阶微分方程确定,对应的系统框架如图 13-23 所示。

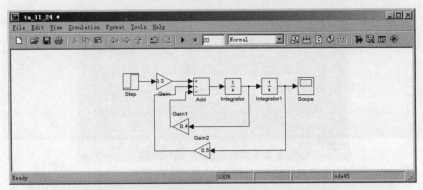

图 13-23 系统函数为二阶微分方程的系统框架图

Scope 模块仿真结果输出如图 13-24 所示。

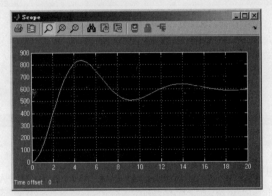

图 13-24 单位阶跃响应波形图

基于传递函数模块,分析输入为单位阶跃信号时的系统响应,对应的系统框架如图 13-25 所示。

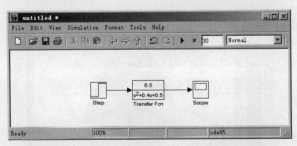

图 13-25 输入为单位阶跃信号的系统框架图

已知传递函数时,Scope 模块仿真结果输出如图 13-26 所示。

基于 Simulink 的单位冲激响应分析,State Space 模块配置系统状态方程参数,对应的系统框架如图 13-27 所示。

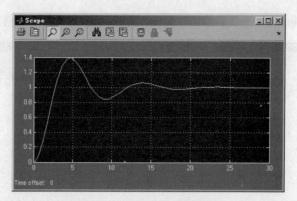

图 13-26　系统响应波形图

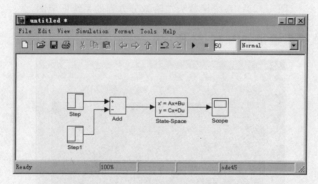

图 13-27　单位冲激系统框架图

State Space 模块的配置如图 13-28 所示。

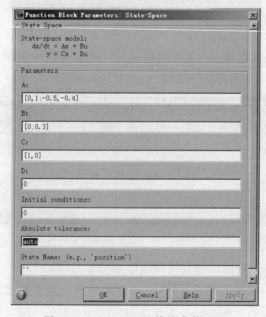

图 13-28　State Space 模块参数配置

Scope 模块仿真结果输出如图 13-29 所示。

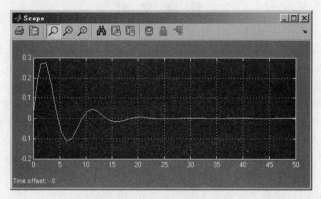

图 13-29 仿真结果输出波形

13.4 本章小结

Simulink 具有适应面广、结构和流程清晰、仿真精细、贴近实际、效率高、灵活等优点，已被广泛应用于控制理论和数字信号处理的复杂仿真和设计。Simulink 与 MATLAB 相集成，能够在 Simulink 中将 MATLAB 算法融入模型，还能将仿真结果导出至 MATLAB 做进一步分析。Simulink 的应用领域包括汽车、航空、工业自动化、大型建模、复杂逻辑、物理逻辑和信号处理等方面。Simulink 用于动态系统和嵌入式系统的多领域仿真和基于模型的设计工具，对各种时变系统，Simulink 提供了交互式图形化环境和可定制模块库来对其进行设计、仿真、执行和测试。

参 考 文 献

[1] 梅中磊,李月娥,马阿宁.MATLAB 电磁场与微波技术仿真[M].北京:清华大学出版社,2020.

[2] 徐国保,张冰,石丽梅,等.MATLAB/Simulink 权威指南:开发环境、程序设计、系统仿真与案例实战[M].北京:清华大学出版社,2019.

[3] 谭鸽伟,冯桂,黄公彝,等.信号与系统:基于 MATLAB 的方法[M].北京:清华大学出版社,2019.

[4] 陈天华.数字图像处理及应用:使用 MATLAB 分析与实现[M].北京:清华大学出版社,2019.

[5] 沈再阳.MATLAB 信号处理[M].北京:清华大学出版社,2017.

[6] 李献,骆志伟,于晋臣.MATLAB/Simulink 系统仿真[M].北京:清华大学出版社,2017.

[7] 苏庆堂.MATLAB 原理及应用案例教程[M].北京:清华大学出版社,2016.

[8] 王健,赵国生.MATLAB 数学建模与仿真[M].北京:清华大学出版社,2016.

[9] 余胜威.MATLAB 数学建模经典案例实战[M].北京:清华大学出版社,2015.

[10] 余胜威.MATLAB 数学建模经典案例实战[M].北京:清华大学出版社,2015.

[11] 李根强,龚文胜,肖要强,等.MATLAB 及 Mathematica 软件应用[M].北京:人民邮电出版社,2016.

[12] 于广艳,吴和静,张尔东,等.MATLAB 简明实例教程[M].南京:东南大学出版社,2016.

[13] 陈明,郑彩云,张铮.MATLAB 函数和实例速查手册[M].北京:人民邮电出版社,2014.

[14] 张岩.MATLAB 图像处理超级学习手册[M].北京:人民邮电出版社,2014.

[15] 石良臣.MATLAB/Simulink 系统仿真超级学习手册[M].北京:人民邮电出版社,2014.

[16] 孔玲军.MATLAB 小波分析超级学习手册[M].北京:人民邮电出版社,2014.

[17] 张铮,倪红霞,苑春苗,等.精通 MATLAB 数字图像处理与识别[M].北京:人民邮电出版社,2013.

[18] 张水英,徐伟强.通信原理及 MATLAB/Simulink 仿真[M].北京:人民邮电出版社,2012.

图书资源支持

感谢您一直以来对清华大学出版社图书的支持和爱护。为了配合本书的使用，本书提供配套的资源，有需求的读者请扫描下方的"书圈"微信公众号二维码，在图书专区下载，也可以拨打电话或发送电子邮件咨询。

如果您在使用本书的过程中遇到了什么问题，或者有相关图书出版计划，也请您发邮件告诉我们，以便我们更好地为您服务。

我们的联系方式：

教学资源·教学样书·新书信息

地　　址：北京市海淀区双清路学研大厦 A 座 714

邮　　编：100084

电　　话：010-83470236　010-83470237

资源下载：http://www.tup.com.cn

客服邮箱：tupjsj@vip.163.com

QQ：2301891038（请写明您的单位和姓名）

人工智能科学与技术
人工智能|电子通信|自动控制

资料下载·样书申请

书圈

用微信扫一扫右边的二维码，即可关注清华大学出版社公众号。